"十四五"普通高等教育本科部委级规划教材

U0728645

烟草化学

Yancao Huaxue

毛多斌 程传玲 张改红 白冰◎主编

中国纺织出版社有限公司

图书在版编目（CIP）数据

烟草化学 / 毛多斌等主编. --北京：中国纺织出
版社有限公司，2024.5
"十四五"普通高等教育本科部委级规划教材
ISBN 978-7-5229-1485-5

Ⅰ．①烟… Ⅱ．①毛… Ⅲ．①烟草质量化学—高等职
业教育—教材②烟叶—化学分析—高等职业教育—教材
Ⅳ．①TS41

中国国家版本馆 CIP 数据核字（2024）第 051524 号

责任编辑：毕仕林 国 帅 特约编辑：徐美玉
责任校对：王蕙莹 责任印制：王艳丽

中国纺织出版社有限公司出版发行
地址：北京市朝阳区百子湾东里 A407 号楼 邮政编码：100124
销售电话：010—67004422 传真：010—87155801
http://www.c-textilep.com
中国纺织出版社天猫旗舰店
官方微博 http://weibo.com/2119887771
三河市宏盛印务有限公司印刷 各地新华书店经销
2024 年 5 月第 1 版第 1 次印刷
开本：787×1092 1/16 印张：14.5
字数：335 千字 定价：68.00 元

本书编委会

前　言

　　教育是国之大计、党之大计。党的二十大报告再次强调建设教育强国并提出新的更高要求，意义重大且深远。培养什么人、怎样培养人、为谁培养人是教育的根本问题。育人的根本在于立德。全面贯彻党的教育方针，落实立德树人根本任务，培养德智体美劳全面发展的社会主义建设者和接班人。所以，《烟草化学》编写，融入了思政元素，把立德树人的根本任务贯穿始终。

　　烟草是一种特殊的、重要的经济作物，最常见的烟制品——卷烟是一种特殊的消费品。烟草是税收的重要来源，为国家和地方财政增收、经济发展作出积极贡献。随着科技发展和人们生活水平的提高，烟草及其制品的质量变得越来越重要。烟草及其制品的质量是复杂的综合性概念，包括内在质量、外观质量、物理特性、化学成分和安全性等，各方面质量指标间的平衡协调程度决定着其使用价值。烟草及其制品的质量和可用性又因时间、地域和人们消费习惯的变化而变化。因此研究其质量和可用性要考虑多方面的因素。外观质量可用分级来鉴定，内在质量用感官评吸来鉴定，感官鉴定经验性和技术性强，存在一定的主观性和随意性。外观质量和内在质量是密切联系的，都是其物质基础，即烟草化学成分在外观特征和烟气特征上的表现，这种表现具有规律性和普遍性。长期以来许多烟草科技工作者不断探索，从烟草化学成分含量及其相互关系上得到评定烟草品质的客观指标。因此，烟草化学应运而生，并且成为烟草专业领域的基础理论学科。

　　烟草化学是以化学的理论和方法研究烟草及其制品化学成分的种类、结构、性质、变化规律的学科，其主要任务是阐明烟草化学组成的基本理论和基础知识，论述各种化学成分在烟草生长、成熟、调制、陈化、加工等过程中动态变化的化学本质，为通过农业技术、生物技术、化学技术、工艺技术提高烟草及其制品质量提供理论基础，指导烟草工农业生产。烟草化学涉及的知识面十分广泛，它与有机化学、无机化学、分析化学（含仪器分析）、生物化学、植物生理学、烟草栽培学、烟草调制学、卷烟工艺学等都有着密切的联系。现代分析测试技术的飞速发展和烟草行业的巨大变革，既为烟草化学的发展提供了条件，又给烟草化学提出了新的要求。

　　本书共分十一章：第一章为绪论，重点介绍了烟草化学的形成、发展和最新发展趋势；第二章到第十一章分别对烟草十大类化学组分进行了详细论述，分别是烟草水分，烟草糖类，烟草含氮化合物，烟草生物碱，烟草有机酸，烟草酚类化合物，烟草色素，烟草脂类化合物，烟草醇类、酯类和羰基化合物，烟草矿质元素。各组分主要介绍物质种类、结构、性质、组成比例、变化特点，阐述各组分在烟草生长发育过程中合成和积累规律，在烟叶成熟、调制、陈化、加工过程中的降解和转化规律，以及这些变化对烟草及其制品质量的影响。第一章、第四章由郑州轻工业大学张改红编写；第二章由河南中烟工业有限责任公司陈芝飞编写；第三章由郑州轻工业大学程传玲编写；第五章由甘肃烟草工业有限责任公司李山编写；第六章由河北中烟工业有限责任公司何峰编写；第七章由河北中烟工业有限责任公司冯文宁编写；第八章由河北中烟工业有限责任公司马戎编写；第九章、第十章和第十一章由郑州轻工业大学白冰编写。

本书在编写过程中参阅了闫克玉主编的《烟草化学》以及许多专家和学者的研究成果，在此谨向这些专家和学者表示衷心感谢。由于编者水平有限，本书内容难免存在疏漏，敬请广大读者批评、指正。

编　者

2024 年 5 月

目　　录

配套资源

第一章　绪论

烟草是一种重要的经济作物，它是消费品和税收的重要来源，为国家和地方财政增收、经济发展做出积极贡献。

烟草生产是自然再生产过程和经济再生产过程结合起来的物质生产。自然条件、社会需求和社会经济技术条件是制约烟草生产的重要因素。可能性与必要性共同决定了烟草生产及其规模的大小。

多年来，人们对烟草的质量状况十分关注，提高烟草及其制品质量的意识不断增强，多种新技术、措施不断涌现。为了获得理想的经济效果，必须严格遵守自然规律和经济规律发展烟草生产、提高烟草及其制品的质量。

烟草的化学成分是决定烟草品质的内在因素。品质因素在很大程度上决定着烟草的经济价值。烟草的化学成分与烟草的类型、品种、栽培、调制、加工有相当密切的关系。烟草从栽培到制成供人们消费的烟制品，经历了一系列的变化过程，在这些过程中，对于烟草吸食品质起主导作用的化学成分的质和量的变化，直接影响烟制品的质量。

不同的生长环境和田间管理技术导致烟叶内干物质的质和量的差异；采收后的烟叶经过调制、贮存、陈化等加工，使烟叶中的化学成分发生变化；不同的叶组配方和加工工艺直接决定烟制品的质量；卷烟燃烧的本质也是复杂的化学反应过程。

为了阐述上述各种过程中所发生的化学反应的实质，就必须用科学的方法揭示烟草及其制品的化学组成、结构、性质及其相关的化学变化规律，于是从化学角度研究烟草的新学科——烟草化学应运而生，并不断形成和发展。

研究烟草化学的目的就在于运用现代科学理论和测试技术阐明烟草生长、调制、加工等过程以及烟草作为消费品使用的化学本质，系统地总结和推广先进生产经验和科研成果，指导烟草的工农业生产。将科学技术转化为生产力，提高烟草经济效益，改进烟草吸食品质，满足不断变化的消费需求，提高吸烟的安全性。无数事实已经证明，烟草化学已经成为指导烟草工农业生产的重要理论学科，对于烟草行业的发展和减少对消费者健康的危害已经发挥并将继续发挥重要作用。

第一节　烟草化学成分与质量的关系

烟草作为特殊的经济作物有其本身的质量要求，烟草制品作为特殊的消费品也有其本身的质量要求。烟叶质量是烟草制品质量的基础，传统的质量概念包括色、香、味三个方面，即色泽美观、香气浓郁、吃味醇和、无杂气和刺激性。随着"吸烟与健康"问题的提出，对烟叶及其制品质量的要求和过去有较大的不同，不仅注重色、香、味，而且更加注重其安全

1

性。烟草制品要求有浓郁的香气，饱满的吃味，适当的劲头，焦油量和烟碱含量低。对烤烟原料来说，要求高浓度、高香味、高烟碱、低焦油的烟叶。这就要求生产的烟叶必须成熟，有协调的化学成分和有利的物理性能。

烟草及其制品的质量是由许多因素构成的，因时、因地、因人而变化。概括起来，包括五个方面：①外观质量，指人们的感官直接感触和识别的烟叶外观因素，如烟叶大小、形状、颜色、光泽、成熟度、组织结构、油分等。②内在质量，靠人们的口腔、鼻腔、喉部等感官感觉鉴别，如烟叶和烟制品的香气、吃味、刺激性、杂气、余味、劲头等。外观质量与内在质量有密切的关系：外观质量好，其内在质量好；外观质量差，内在质量也较差。外观质量在很大程度上反映了其内在质量的特点和好坏。③物理特性，烟叶物理特性是衡量烟叶质量的又一个方面，如吸湿性、燃烧性、弹性、填充性、单位面积质量等，在不同程度上反映了烟叶的内在质量及其工艺价值。④化学成分，化学成分是决定烟叶及其制品质量的内在因素。⑤安全性，烟叶及其制品的安全性也是质量中一项重要的、不可缺少的内容，是当前人们极为关注的问题。外观质量、内在质量、物理特性和安全性都与化学成分有着密切的关系。化学成分与烟叶质量的关系是一个复杂的问题，几十年来，国内外烟草工作者对各类型的烟草进行了大量的化学研究，已有报道烟叶和烟气的化学成分有7000多种，对某些化学成分与内在质量的关系也已基本搞清，但是还有一些尚未知道的成分，用化学成分表示烟叶质量的全貌，还没有得出定论。烟叶化学成分与烟草的类型、栽培、调制和加工有密切的关系，烟气化学成分与烟支的加工工艺和燃吸状态有密切的关系，因此，烟叶和烟气的化学成分的进一步深入研究，对于阐明烟叶质量的全貌、指导烟草栽培、指导烟草工业生产、提高烟叶及其制品的质量都有重要意义。

第二节　烟草的化学组成

烟草在生长发育过程中，不断地从土壤里和空气中吸收水分、养分和二氧化碳，通过植株内部的生理生化作用，形成了许多复杂的化学物质。由于烟草利用的主要是叶片，而且叶片必须经过适当调制才具有使用价值和商品价值，所以人们主要研究调制后的烟叶化学成分。

烟叶中的化学成分虽然是多种多样且极为复杂的，但是根据元素的组成，可以概况地分为三大类：第一类是含有碳、氢、氧三种元素的化合物；第二类是除含有碳、氢、氧外，还含有氮元素的化合物；第三类是矿物质。按照化学组成，烟草也可以分为无机成分和有机成分，无机成分主要是水和矿物质；有机成分主要包括糖类、含氮化合物、烟草生物碱类、有机酸类、酚类化合物、色素、挥发油、树脂、油、脂、蜡及醇类、酯类、醛类、酮类等。

第三节　烟草化学的形成和发展

从国外种植烟草以来已有1500多年的历史，而国内烟草种植历史相对较短，有400多年。烟草化学的发展，国外起步也较早，可以追溯到20世纪初，至今已有100多年的历史，而国内起步相对较晚，从 20 世纪的 50 年代开始。20 世纪初即对烟草的化学组成和大类的划分有了基本的了解。到了 20 世纪 30 年代，许多科研工作者从烟草化学成分含量及其相互之间的关系得出能够评价烟质的客观指标，并取得了一定的进展，例如从水溶性糖类、含氮化合物和生物碱类的含量比例判定其与烟质之间的相关性。概括地说，烟草化学就是运用化学的理论和方法对烟草和烟气的化学组成、理化特性、变化机理、不同成分对烟质的影响进行研究的一门新兴的学科。

1936 年布鲁克纳（H. Bruckner）根据烟草中各种成分对烟质的影响，将它们分为四类：

（1）与烟气强度有关的成分，如含氮化合物，包括总氮量、蛋白质和烟碱等。

（2）影响香气的成分，如单宁（多酚）和树脂等。

（3）影响烟气醇和性和芳香性的成分，如糖分、淀粉、草酸等。

（4）与刺激性有关的成分，如细胞壁物质（果胶、聚戊糖、纤维素和木质素）、灰分（总灰分、钾和硝酸盐）、柠檬酸等。

布鲁克纳还认为烟叶的 pH 值表示碱性含氮化合物的强度和碱性矿物质的刺激性，间接影响到香气，列入不良因素之一。应用上述概念，他提出了计算烟草品质指数的方程式：

$$布鲁克纳品质指数 = \frac{提高品质的成分}{减低品质的成分} \times 400$$

$$= \frac{糖分 + 淀粉 + 草酸 + 单宁 + 树脂}{细胞壁物质 + 灰分 + 柠檬酸 + 含氮化合物 + pH 值} \times 400$$

1948 年培瑞基（C. Pyriki）简化布鲁克纳的计算公式，提出以"（还原性物质+溶解性糖类+多酚+树脂+蜡）×400"为提高品质的成分，以"烟碱+总氮+灰分"为减低品质的成分。1958 年又作了进一步的修改，其计算公式如下：

$$培瑞基品质指数 = \frac{总还原糖 + 树脂 + 蜡}{灰分 + 烟碱 + 蛋白质 + 氨氮量 + 其他含氮化合物} \times 400$$

按这两个方程式计算所得的结果基本是一致的，并且都与评吸结果相符合。当时，美国曾规定烟叶品质指数的范围为 1~100，品质指数越大，烟叶品质越好。除美国以外，加拿大、津巴布韦等国家也曾用品质指数来评价烟叶品质的好坏。但是，由于这两个品质指数需要许多成分的分析数据，有利成分和不利成分只是量的叠加，忽视了不同成分对烟质影响的大小，与实际情况也有出入，因此在生产上未被广泛采用。

1953 年施木克（Schmuck）在对香料烟和烤烟进行大量研究的基础上，提出以水溶性糖类和蛋白质含量之比来衡量香料烟和烤烟的质量，即施木克值。分析的项目虽然不多，但应用于烟叶或卷烟产品时，表现出一定的规律性。从施木克值的性质来分析，实质上是一个酸碱平衡的协调问题，因为烟叶中水溶性糖类在燃吸时产生酸性反应，蛋白质产生碱性反应。在实际应用中，并不是施木克值越高越好，因为烟气的酸性过强，同样产生刺激性，而且含氮化合物过少，一般烟味平淡，香气不足，所以施木克值的应用是有一定范围的。

类似的研究还有很多，例如菲利普斯（Phillips）和巴科特（Bacot）认为烟叶成分可分为两类：一类是对烟叶品质起好作用的，主要是糖类和淀粉；另一类是对烟叶品质起坏作用的，主要是总氮、蛋白质、果胶质、聚戊糖、纤维素、木质素、草酸、柠檬酸、烟碱等。

1954 年，英国皇家医学会分离鉴定了一些烟草中的化学成分，经动物实验后，提出了"吸烟和健康"的报告。

1964 年，美国外科医生联合咨询委员会发表了"吸烟和健康"的报告，提出吸烟和肺癌有关。至此，掀起了全世界规模最大的、持续时间最长的反吸烟浪潮。烟气化学成分的分析研究也得到了迅速发展。烟草化学的研究脱离了经典分析的范畴，进入了一个较高水平的阶段。许多国家的卫生部门、医学学会和科研单位都开展了吸烟与健康问题的广泛研究，例如，形态学、病理学、生理学和药理学的研究，测试诱变剂和致癌剂方法的发展，烟草成分在生物有机体中的生化研究，吸烟与心血管系统、呼吸系统、内分泌系统、新陈代谢、孕妇与胎儿的关系以及被动吸烟等问题的研究等。随着各项研究的不断深入，吸烟与健康的关系日趋明朗。与此同时，烟草科技也得到了较大发展，出现了许多新工艺、新技术、新材料、新产品。低焦油卷烟的出现表明了烟草生产从单纯经营型转向与追求社会效益相结合，烟草工业有了新的变革和发展。正是这些研究中，化学、生物、医学等学科的科学家和烟草科学家一起，运用当代最新测试技术和方法，比较全面地分析了烟叶和烟气的化学成分，探讨了相应的化学反应机制，进一步研究了烟气成分与烟质的关系，使人们对烟草和烟气的本质有了比较全面的认识，至此，烟草化学才发展成为一门独立的学科。

第四节　烟草化学的研究内容

烟草化学是指导烟草农业生产、卷烟工业生产和烟草科学研究的重要基础理论之一，它是一门新兴的学科，既与化学有关，又与烟草科学有关。烟草化学研究的主要内容有：

（1）烟草及烟气的化学成分与品质的关系；
（2）烟草化学成分的变化规律及影响因素；
（3）吸烟与健康的关系；
（4）烟草化学成分分析的方法和设备；
（5）烟草化学成分的提取利用；
（6）新型香精、香料的开发；
（7）生物技术在烟草中的应用。

由此可见，烟草化学这门课程，涉及化学的各个方面，如无机化学、有机化学、分析化学、生物化学、物理化学等，都是学好烟草化学的基础。烟气是在燃吸过程中产生的，既是一个化学过程，又是一个物理过程，其反应机制就更为复杂，要研究烟支的燃烧机制和分离鉴定烟气的化学成分，需要的知识更广更深。

第五节　学习烟草化学的目的及意义

随着现代科学技术的发展和人们消费水平的提高，烟草行业不仅要生产足够的烟草原料和卷烟产品，满足消费者的需求，而且要提高烟草原料质量、提高卷烟产品质量、提高卷烟安全性，更好地为消费者服务。烟草化学是烟草原料生产和卷烟工业生产的重要理论基础，对于烟草化学的学习和研究是具有重要意义的。

首先，烟草是特殊经济作物，烟草制品是特殊消费品，烟叶质量直接影响烟草制品质量。烟叶质量是在生长发育过程中形成的，与气候、土壤、肥料及栽培方法、调制技术有着密切的关系。其化学成分的协调性是决定烟叶质量的内在因素，生产出来的烟叶最终要用化学指标来衡量其质量的优劣。因此，学好烟草化学是指导烟草农业生产，提高烟叶质量的基础。

其次，烟草化学是指导卷烟工业生产的理论基础，与烟草工艺学的关系十分密切。从烟叶调制、复烤、发酵直到卷烟生产的整个过程，烟叶将发生一系列极其复杂的化学变化。要想使这些变化向着有利于产品质量的方向发展，就必须采取适宜的工艺技术条件，促进或控制这些变化。卷烟工艺的设计诸如配方设计、加香加料设计、制丝工艺条件设计、烟支卷制规格等，都必须以烟草化学的结论为依据。

再次，随着人们对吸烟与健康问题的普遍关注，提高卷烟安全性已成为一个总趋势。烟草作为一种天然材料，由几千种化学成分组成，卷烟在燃吸过程中，由于高温和不同燃烧状态的作用，又产生大量的新生化合物，其中确实存在微量的对人体健康有害的成分。烟草及其制品的生产一方面需要满足消费者需求，另一方面需要对消费者的健康负责，这就需要研究烟草及烟气成分中哪些是对质量有利的，哪些是对健康有害的，研究它们的结构、性质、含量，从而采取有效措施促进有利于品质的成分产生，有选择地降低有害成分，提高卷烟的安全性。这些研究是一个复杂的系统工程，需要多学科的共同努力，其中烟草化学的研究是极其重要的。

最后，在烟草行业中，从烟草栽培、烟叶收购、卷烟生产、烟叶及其制品的仓储与运输，直到吸烟的整个过程，以及吸烟与健康的研究，均需要一系列的分析和检测工作。这些分析和检测工作对于提高烟叶生产的产量和质量，提高卷烟质量及其生产水平，都具有直接的指导意义。烟草及其制品的理化性质以及由此所体现的外观质量和内在质量，都是由化学成分决定的，为稳定和提高烟草原料和卷烟产品的质量而进行的质量检测，也必须以烟草化学的理论为基础。因此，只有学好烟草化学，才能更好地进行烟草分析和质量检测。

综上所述，学习和研究烟草化学，就是为了促进烟草行业的科技进步，提高烟草原料和卷烟产品的质量及安全性，既满足消费者的需求，又对消费者健康负责。只有学习和掌握烟草化学的理论与技术，才能为加速我国烟草工农业科学技术的发展做出贡献。面对吸烟与健康问题的激烈讨论，烟草及其制品的特殊性使烟草行业成为一个与众不同的行业，它既要满足广大消费者的需求，又不能无限制地发展，随着人们生活水平的提高，广大消费者日益重视身体健康，对烟草制品提出了低毒、少害、安全等新的要求。烟草化学肩负着重要的改革使命，应当顺应时代的潮流，在理论发展的深度和广度方面不断踏上新的台阶。

思考题

①简述烟草化学的形成和发展。
②烟草化学的研究内容有哪些？
③试述学习烟草化学的目的和意义。

第二章　烟草水分

烟叶水分又称烟叶含水率、烟叶含水量，水分是烟草及其制品的重要组分之一。烟叶水分影响烟叶力学性质和热学性质，因此它是影响烟叶物理特性的因素之一。在工艺加工过程中要严格控制烟叶水分，因为它也是重要的工艺质量指标之一。

水分在烟草生产和加工过程中都起着重要作用。

烟草在生长发育过程中，水分是体内化学作用的介质，也参与很多生物化学反应，是组织和细胞所需的营养和代谢物在体内运输的载体。一部分水分和构成原生质的很多其他物质的分子或离子相结合，水分的多少影响原生质的存在状态。水分多时，原生质呈溶胶状态，生命活动旺盛；水分少时，原生质呈凝胶状态，生命活动缓慢。在烟草不同的生育时期，需要供应与之相适宜的水分，既能保证正常的新陈代谢活动，又有利于鲜烟叶质量的形成。

在烟叶初加工、卷烟制丝加工和烟叶及其制品贮存保管等一系列环节中，烟叶需要有不同的含水量与之相适应，才能达到加工的目的，保证加工的质量。在加工过程中烟叶水分含量多少，不仅直接影响其弹性、韧性、填充性和燃烧性等物理特性，颜色、光泽、香气、吃味等外观和内在质量，而且也影响烟叶内部微弱的生物化学变化，如各种酶的活动、霉菌的繁殖、内含物质的分解转化等。在各个加工环节中，对烟叶水分都有严格的控制和要求。

因此，研究烟叶水分的来源、存在的形态、增减规律等，对于改进加工条件、提高加工质量，具有重要意义。

第一节　水的结构和性质

一、水的组成和结构

水分子是由两个氢原子和一个氧原子以单键结合成的非线性极性共价化合物。氢原子的电子构型是 $1s^1$，氧原子的电子排布式是 $1s^2 2s^2 2p_x^2 2p_y^1 2p_z^1$，可以认为两个氢原子的 1s 电子云与氧原子的两个 2p 电子云交盖而成两个共价键，所以水分子的几何构型是三角形。

二、水的重要性质

纯水是无色、无味、无臭的透明液体，在标准大气压下水的凝固点是 0℃，沸点是 100℃。水的比热较一般液体高，为 4.2J/(g·℃)（14.5~15.5℃）。

（一）沸点较高

在标准大气压下，水在100℃时沸腾汽化，在减压下，沸点降低。这种性质可用于指导烟叶的回潮、干燥操作及烟叶含水量的测定。常压干燥法的原理，就是将已知重量的待测烟草样品放在热气流中，干燥温度为（100±2）℃，干燥2 h即可达到恒重，然后称重，计算与原始重量的差，以求出含水量，用百分数表示。减压干燥法和真空干燥法也是利用这种性质，排出水分快，需要温度低，大大减少氧化作用，能得到较准确的结果。

（二）水的比热较大

水的比热之所以较大，是因为当温度升高时，除了水分子动能增大需要吸收热量外，缔合分子转化为简单分子也要吸收热量。由于水的比热大，使得水温不易随气温的变化而变化。这种性质对烟草加工过程中的加热、冷却、干燥过程具有很大的实用价值。

（三）水的介电常数高

电容器极板间充满某种电介质时电容增大的倍数，叫作这种电介质的介电常数。在20℃时水的介电常数是80.36，大多数生物体的干物质（包括烟草）的介电常数为2.2~4.0。在理论上，任何物质其含水量增加1%，介电常数将增加近0.8。测定烟草水分含量的介电容量法就是以此原理为依据的。

（四）水的溶解能力强

水的介电常数大，因此水溶解离子型化合物的能力较强，至于非离子极性化合物如糖类、醇类、醛类、酮类等有机物质也均可与水形成氢键而溶于水中。即使不溶于水的物质，如脂肪和某些蛋白质，也能在适当的条件下分散在水中形成乳浊液或胶体溶液。

第二节　烟叶水分的存在形态

一、烟叶水分的来源

鲜烟叶的水分主要来自土壤和空气。干烟叶的水分来源包括两个方面：一是收获的鲜烟叶经调制处理后残存在烟叶中的水分，和生产加工过程中加入的水分（如分级时、发酵时、真空回潮时加入的水分），这些水分含量的多少与加工过程中的调整控制有关，直接关系到烟叶的加工质量；二是烟叶从空气中吸收的水分，这种水分的多少与空气的温湿度有关，直接关系到烟叶贮存和运输管理的安全性。

二、烟叶水分的存在形态

烟叶中的水分是以结合态和自由态两种形态存在的。结合水是指被胶体颗粒或其他亲水性物质牢牢吸附着的水，不易自由移动，不易丧失，在0℃以下不易结冰，也不能作为溶剂。自由水是指能够在烟叶内自由移动的水，容易从烟叶中散失，在0℃以下容易结冰，能够作为溶剂。

鲜烟叶中的蛋白质、纤维素、果胶质等大分子物质均匀分散在水中，水中溶有简单糖类、有机酸、无机盐等，形成胶体体系。在鲜烟叶中一般是大分子颗粒为分散相，水为分散介质，称为溶胶；在干烟叶中大分子颗粒形成网状，水分子分散在颗粒网中，称为凝胶。大分子物质形成胶粒，具有巨大的表面，可吸附许多物质。大分子物质表面带有电荷，水分子又具有极性，因而胶粒发生水合作用，与胶粒越近的水分子结合得越紧越强，越远的越弱。与胶粒结合紧的水层称为束缚水或结合水，束缚水以外的水叫作自由水。

当空气中的水蒸气和烟叶表面接触时，空气中水蒸气的压力大于烟叶表面上水蒸气的压力，由于吸附作用使部分水蒸气凝结在烟叶表面上。当烟叶表面水分饱和后，水分使胶体粒子表面可溶性胶体部分溶解为溶剂层，并逐步向烟叶内部渗透。这种渗透作用只有当空气相对湿度较高时才可能发生。当烟叶和水直接接触时，渗透作用会大大加强。

烟叶的多孔体有无数毛细管，具有很大的内表面。当毛细管处于缺水状态时，就有力地从空气中吸收水分，这些水分称为凝结水。很细的毛细管内形成弯月面，这种弯月面是由凝结水与毛细管壁的接触而引起的。在弯月面的凹形表面上，其饱和水蒸气压力比在平面水表面上的小，因此如果多孔体周围空气中水蒸气压力高于弯月面所需的饱和水蒸气压力水平，则水蒸气在毛细管内凝结，在这种情况下，毛细管将被水分充满。自由态的水存在于烟叶组织的细胞内和细胞间隙中。

水之所以能以各种形态存在于烟叶组织中，主要是由于水能被两种作用力即氢键结合力和毛细管力联系着。由氢键结合力联系着的水一般称为结合水（或束缚水），以毛细管力联系着的水称为自由水（或游离水）。但是结合水和自由水之间的界限很难定量地做截然区分，只能根据物理、化学性质做定性区分。

自由水是以毛细管凝聚状态存在于细胞内外的水分，可用简单加热的办法从烟叶中分离出来。这部分水与一般的水没有什么不同，在烟叶中会因蒸发而散失，也会因吸潮而增加，容易发生增减变化。

结合水是在烟叶中与蛋白质、纤维素、果胶质等成分通过氢键而结合着的。各种有机分子的不同极性基团与水形成氢键的牢固程度又有所不同。X 射线衍射的研究表明，蛋白质多肽链中赖氨酸和精氨酸残基侧链上的氨基、天冬氨酸和谷氨酸残基侧链上的羧基、肽链两端的氨基和羧基，以及果胶质中的未酯化的羧基，无论是在晶体还是在溶液里，都是呈电离或离子状态的基团（$-NH_3^+$ 和 $-COO^-$）。由于这两种基团与水分子形成氢键，键能大，结合得牢固，且呈单分子层，故称为单分子层结合水。蛋白质中的酰胺基，淀粉、果胶质、纤维素等分子中的羟基，也能与水分子形成氢键，但键能小，不牢固，称为半结合水或多分子层结合水。

结合水和自由水在性质上有着很大差别。首先，结合水的量与烟叶中有机大分子的极性基团的数量有固定的比例关系。据测定，每 100 g 蛋白质可结合水分平均高达 50 g，每 100 g 淀粉的持水能力在 30~40 g。其次，结合水的蒸气压比自由水低得多，所以结合水不易从烟叶中分离出来。结合水沸点高于一般水，而冰点却低于一般水，甚至环境温度下降到零下 20℃时还不结冰。结合水不易结冰这个特点具有重要的实际意义，由于这种性质，烟草种子（其中几乎不含自由水）能在很低的温度下保持其生命力。

结合水对烟叶中可溶性成分不起溶剂作用。自由水能被微生物所利用，结合水则不能。因此，在一定条件下，烟叶是否被霉菌感染而霉烂变质，并不取决于烟叶中水分的总含量，而仅取决于烟叶中自由水的含量。

第三节　烟叶的吸湿性和平衡水分

一、烟叶的吸湿性

烟叶能根据空气温湿度的变化从空气中吸收水分或向空气中散发水分，这种性能称为吸湿性。烟叶之所以具有吸湿性，是由于烟叶属于胶体毛细管多孔物质，其组织结构是具有毛细管的多孔体，内含成分有胶体物质（如蛋白质、果胶质、纤维素等）和晶体物质（如水溶性糖类、有机酸、无机盐等）。

（一）表面吸附和扩散作用

空气中的水蒸气凝结在某种物体表面的现象，叫作吸附。一种物质自发地进入另一种物质中，彼此相互掺和的作用，叫作扩散。空气中的水蒸气与烟叶表面接触，当空气中的水蒸气压力大于烟叶表面上的水蒸气压力时，因吸附作用使部分水蒸气凝结在烟叶表面上，这是烟叶吸湿的开始。如果烟叶表面上水蒸气压力大于空气中水蒸气压力，则烟叶表面上的水蒸气就会向空气中扩散，使烟叶的水分向空气中蒸发。水分扩散的速度与空气温度有关，温度越高，扩散也就越快。这是由于温度代表物质分子运动的平均速度，增高物质温度，也就是增加物质分子运动的速度。一方面提高温度，分子运动速度加快，空气中的水蒸气更容易和烟叶接触，同时也加快了水蒸气向烟叶表面的移动，这个过程称作外扩散；另一方面，由于烟叶表面温度升高，又加速了水蒸气或液体水由烟叶表面向内层移动，这个过程称作内扩散。

（二）毛细管的凝结作用

当烟叶周围空气的相对湿度越低、毛细管越细，水分就越要在毛细管内凝结，即空气相对湿度低于100%时，很细的毛细管也会发生凝结现象。在毛细管直径达到一定程度时，弯月面的凹度就会变浅，其表面饱和水蒸气压力和在水平面上的压力差不多是一样的，这时毛细管内不会发生水分凝结现象。

液体表面存在着表面张力，毛细管凝结水分的作用就是由表面张力所形成的。液体表面张力随着温度的升高而降低，因此，毛细管的内弯月面凹度也将随着温度的升高而变浅。当液体表面上的饱和水蒸气压力增大时，毛细管的水分只有在空气的湿度很大时才会凝结。所以当烟叶周围空气相对湿度保持一定时，毛细管的水分含量将随温度的升高而减少。

（三）胶体的渗透作用

胶体的潮润是由于表面水分饱和而造成水分向物质结构内部渗透的结果。水分可使胶态离子表面的可溶性胶体部分溶解为溶液层，通过不溶性胶质膜壁，渗透到里面的水溶性胶体部分。只有当水分在内外可溶性部分形成浓度差时，渗透作用才能发生。而这种差异只有在空气相对湿度接近饱和、形成溶剂膜相当大时才会发生。烟叶由渗透而吸收水分，就是依靠水分通过烟叶的细胞壁而渗入的。在烟叶和水直接接触时，渗透作用大大增强，烟叶表面会形成可溶性物质浓度更低的现象，这种现象就是引起烟叶水分增加的原因。

（四）晶体的潮解作用

在一定相对湿度的空气中，晶体物质和胶体物质二者对水分的吸收是不相同的。晶体物质与水接触时，将产生水化物。在一定相对湿度的空气里，晶体物质能够转变为饱和溶液，即晶体物质从空气中吸收水蒸气而溶化，若空气的相对湿度保持不变，则这种吸收一直进行到晶体完全变成溶液为止。晶体水化物能够从空气中吸收水蒸气并产生饱和溶液，这种现象只有当饱和溶液表面的饱和蒸气压力小于周围空气和晶体水化物表面水蒸气压力时才会发生，否则晶体水化物即被风化。若空气中水蒸气压力大于晶体水化物表面的水蒸气压力，但小于水化物的饱和溶液表面的水蒸气压力，那么无论如何，吸收水分和风化都不会发生。随着温度的上升，晶体吸收水分的量是增加的，所以烟叶的平衡水分随着温度的升高而增加，温度升高，晶体的潮解作用增强。

综上所述，烟叶在不同的作用下吸收水分后，由于水分和物质的结合有着不同的形式，其性质也不一样。水化物中的水和通过渗透结合的水都是和物质紧密结合在一起的，难于排除，这部分水就是结合水。毛细管凝结水很难被物质牢固保持，常呈游离状态，易于排除，这部分水就是自由水。由于水分和物质结合形式不同，不同形式所吸收和保持的水数量也有不同的比例关系。这些不同的比例关系，是由烟叶的组织结构及化学成分的差异造成的，它直接影响着烟叶的吸湿性。

二、烟叶的平衡水分

烟叶的吸湿性使它在任一空气温湿度条件下含水量相应地保持在一定的水平上。这种含水量与周围空气温湿度保持着一定的平衡关系，即烟叶表面上水蒸气压力与周围空气中水蒸气分压力相平衡，称为平衡水分。

当空气温湿度改变时，原有的平衡关系被破坏，烟叶水分也随之发生变化，直到烟叶水分与空气温湿度建立起新的平衡，即达到新的平衡水分为止。烟叶水分的变动可能是吸收水分，也可能是散发水分，这完全依据烟叶的实际水分与当时空气温湿度下应有的平衡水分而变化。当实际水分低于平衡水分，便从空气中吸收水分；反之，便向空气中散发水分，当实际水分等于平衡水分时，则既不吸收水分，也不散发水分。必须了解的是，事实上在烟叶从空气中吸收水分的同时，也在向空气中散发水分；在向空气中散发水分的同时，也从空气中吸收水分。只不过吸收水分时，吸收速度大于散发速度；散发水分时，散发速度大于吸收速度而已。达到平衡时，从空气中吸收水分的速度恰好等于向空气中散发水分的速度，因此表现为烟叶含水量的相对稳定，这种平衡是动态的平衡。

三、烟叶吸湿性和平衡水分的影响因素

首先，烟叶的平衡水分与空气相对湿度有直接的关系。空气相对湿度越高，说明空气中的水蒸气越多；反之，表示水蒸气越少。因此，空气相对湿度越高，烟叶的平衡水分越大；反之，烟叶的平衡水分越小。空气相对湿度的变动对烟叶平衡水分的影响是不均衡的，试验证明：相对湿度在70%以下时，烟叶的平衡水分随相对湿度变化而变化的幅度不大；相对湿度在70%以上时，烟叶的平衡水分随相对湿度变化而变化的幅度较大。

其次，空气温度对烟叶的平衡水分也有明显的影响。空气相对湿度以及空气中水蒸气分

压力的变化，是受空气温度影响的，因此，温度的每一次变化，都会引起烟叶平衡水分的变化。从试验的结果来看，空气温度与烟叶平衡水分的关系是：在相对湿度相同的情况下，温度越高，烟叶平衡水分越小；反之则越大。

最后，平衡水分随烟叶或卷烟的等级变化而变化。等级越高，平衡水分越大；反之则越小。烟叶的平衡水分是一级高于二级，二级高于三级，三级高于四级。卷烟的平衡水分也是随卷烟的等级降低而降低。产生这种结果的原因包括，从化学成分来看，烟叶或卷烟的等级越高，内含物质越充实，特别是亲水性胶体物质和水溶性晶体物质越多，吸湿性越强。从组织结构来看，烟叶或卷烟的等级越高，叶片厚度适中，组织疏松，弹性强，持水能力越大；等级越低，叶片越薄或越厚，组织粗糙，弹性差，持水能力越小。

闫克玉等（1992）对河南烤烟（40 级）烟叶和烟梗的平衡水分进行了系统的研究，控制温度为 25℃，相对湿度分别为 45%、65%、85%，研究结果提供了一套有价值的各等级烟叶和烟梗平衡水分的工艺参数（表 2-1）。

表 2-1　烤烟 40 级制烟叶平衡含水率（$t=25$℃）

烟叶等级	45%		65%		85%	
	叶片	烟梗	叶片	烟梗	叶片	烟梗
X_1L	7.03	7.24	12.65	13.76	18.06	19.31
X_2L	6.81	7.16	11.85	13.54	17.01	18.95
X_3L	6.43	6.45	11.45	12.81	16.13	18.45
X_4L	6.00	6.33	10.27	11.15	15.73	17.91
X_1F	7.20	7.69	12.94	14.22	18.60	19.32
X_2F	6.82	7.11	12.21	13.76	17.78	18.56
X_3F	6.68	6.90	11.69	11.28	17.28	18.55
X_4F	6.12	6.73	10.64	11.34	16.50	18.13
C_1L	8.01	8.49	14.27	14.35	20.06	21.42
C_2L	7.55	7.83	13.19	13.07	19.00	20.27
C_3L	6.97	7.47	11.80	12.49	18.31	18.47
C_1F	8.23	8.72	14.40	15.74	21.13	23.74
C_2F	7.90	8.12	12.48	12.93	19.47	21.09
C_3F	7.43	7.63	11.95	12.88	19.05	20.23
B_1L	7.28	7.41	13.36	13.16	18.86	20.29
B_2L	6.85	7.23	12.74	12.86	18.81	22.71
B_3L	6.37	6.99	11.39	11.88	15.40	18.56
B_4L	6.58	7.11	12.07	12.97	18.54	18.29
B_1F	7.64	8.30	13.31	14.35	19.95	22.07
B_2F	7.12	7.95	12.66	13.28	19.17	21.83
B_3F	7.54	7.03	10.02	11.12	16.40	17.74

烟叶等级	45%		65%		85%	
	叶片	烟梗	叶片	烟梗	叶片	烟梗
B_4F	7.03	6.97	10.95	12.28	18.80	19.50
B_1R	7.25	7.53	10.59	11.83	17.50	18.75
B_2R	6.84	7.19	11.54	12.41	17.95	19.35
B_3R	6.37	6.40	10.62	11.37	20.15	20.81
H_1F	8.21	8.82	11.12	13.68	21.10	19.14
H_2F	8.99	9.36	13.78	14.89	19.14	23.53
CX_1K	8.21	8.56	14.00	16.57	19.45	21.47
CX_2K	7.68	7.95	12.93	12.52	18.37	22.26
B_1K	7.16	7.72	13.05	14.83	19.61	21.00
B_2K	7.06	7.18	12.48	13.79	18.65	18.76
B_3K	6.50	6.95	11.56	10.70	19.38	19.94
S_1	6.73	7.38	13.11	13.40	17.91	19.43
S_2	6.41	7.01	12.86	12.94	17.03	18.77
X_2V	6.29	6.57	12.44	15.76	16.59	17.87
C_3V	6.35	6.42	11.98	13.23	18.03	18.69
B_2V	6.18	6.67	10.83	11.19	17.93	18.32
B_3V	6.12	6.59	11.46	11.47	16.39	17.23
GY_1	5.84	7.00	10.46	11.50	16.61	18.91
GY_2	5.73	5.90	10.16	11.69	16.01	18.01

其规律是：在相同温度下，同等级烟叶和烟梗的平衡水分随相对湿度增加而增加，且烟梗的平衡水分略高于烟叶。在相同温湿度条件下，中部烟叶的平衡水分最高，上部次之，下部最低；同部位烟叶的平衡水分以橘黄色最高，柠檬黄色稍低，随着烟叶含青度的增加，平衡水分明显降低；同部位烟叶的平衡水分随等级的提高而增加，随成熟度的增加而增加，随疏松程度的增加而增加，厚薄适中的烟叶平衡水分较高，身份变薄或变厚，平衡水分都降低，但变化幅度不大。

空气温度和相对湿度变化之后，烟叶的平衡水分需要经过一定时间的吸湿或散湿方能达到。达到平衡水分的时间由烟叶吸湿或散湿的速度而决定。烟叶吸湿或散湿的速度，对于加工过程和贮存保管有着重要的意义，掌握其规律性，可以用来提高加工质量和实现安全贮存。决定烟叶吸湿或散湿速度的内在因素是烟叶的化学成分和组织结构，外界因素是空气温度、相对湿度、烟叶实际水分与平衡水分的差值、空气流动速度和包装状况等。

烟叶达到平衡水分的时间一般为5~7天。我国经过长期研究和生产实践验证，规定烟叶、烟丝以及卷烟平衡水分的标准条件为：空气温度（22±1）℃，相对湿度（60±2）%。在此条件下其平衡水分为12%左右，烟叶、烟丝以及卷烟都是安全的，其品质也是稳定的。

第四节　烟草水分的表示和测定方法

一、烟草水分的表示方法

烟草水分通常有两种表示方法：绝对含水率（干基含水率）和相对含水率（湿基含水率）。

绝对含水率即用全干烟草的重量作为计算基础的含水率。它是指烟草中水分重量与全干烟草重量之比的百分率，其计算公式是：

$$W_{绝} = \frac{G_{湿} - G_{干}}{G_{干}} \times 100\%$$

式中：$W_{绝}$ 为绝对含水率；$G_{湿}$ 为湿烟草重量；$G_{干}$ 为全干烟草重量。

相对含水率是用湿烟草重量作为计算基础的含水率。它是指烟草中水分重量与湿烟草重量之比的百分率，其计算公式：

$$W_{相} = \frac{G_{湿} - G_{干}}{G_{湿}} \times 100\%$$

式中：W 相为相对含水率；G 湿为湿烟草重量；G 干为全干烟草重量。

在烟草原料加工和卷烟生产中，通常采用相对含水率来表示，由于它便于计算，在生产中广泛应用。所以，相对含水率通常简称含水率，而绝对含水率则常用于干燥方面的计算，特别是干燥速度的计算，使用此表达式较为方便。因为在干燥过程中，烟草内部的水分重量是随着干燥过程的深入而逐渐减少的，但其干物质保持基本不变。若使用相对含水率计算干燥速度时，其分母还需不断变换，计算起来非常复杂。

绝对含水率与相对含水率之间的关系是：

$$W_{绝} = \frac{W_{相}}{1 - W_{相}} \times 100\% \quad 或 \quad W_{相} = \frac{W_{绝}}{1 + W_{绝}} \times 100\%$$

二、烟草水分的测定方法

烟草含水率的测定方法有很多，在烟草质量检测和加工生产中常用的有烘箱法、电测法和红外水分仪法。

（一）烘箱法

烘箱法测定烟草水分是目前公认的标准方法，其他各种水分测量仪器都以烘箱法作为标准校正仪器的刻度曲线。其原理是将已知湿基质量的烟草样品放在烘箱内烘干，再测出烘干后的干基质量，然后计算出烟草样品的相对含水率或绝对含水率。烘箱法测定烟草水分，数值准确可靠，可用来校正其他测定方法所得结果的准确度。其缺点是测定过程相对麻烦，速度慢；烘干过程会发生部分化学分解，影响测量精度；不能连续在线测量，在连续生产中不适用。

（二）电测法

电测法的优点是直观、快速、使用非常方便，缺点是误差较大。电测法有电阻法、电容法和射频法。

1. 电阻法

目前常用的电测法是电阻法，使用的仪表是电阻式烟草水分测定仪（如武汉电子仪表二厂研制的 Se 型烟草水分仪），它是根据烟草的导电性与含水率的关系而制成的。烟草的导电性随烟草含水率的增加而增加，相应的，电阻随含水率的增加而减小。电测法测定含水率只适用于 8%~32% 的含水率，含水率在 32% 以上测定精度显著降低，含水率在 6% 以下时，已难以测定出来。

2. 电容法

电容法测定烟草水分含量是基于烟草的介电常数随含水量的变化而变化，当烟草作为电容器的电介质时，烟草中的水分将影响电容器的电容量，通过电容量的测定可以间接测量出烟草含水率（如英国 Legg 公司的 Hydro tech 烟草水分仪）。电容法测量烟草水分原理简单，精确度高，可达到 0.1%。电容法受烟草水分平衡状态影响小，抗干扰能力强，但须进行温度补偿，对不同类型烟草要进行标定，对信号源频率有一定要求。该方法测量水分的适用范围为 0~30%。

3. 射频法

射频法（频率范围在 104~106 Hz 之间的电磁波称为射频）是将一射频振荡器和一个振荡电路相耦合，当烟草进入电场时从射频电场吸收能量，耦合到振荡器的能量减少，而耦合能量的强弱由烟草含水量的大小决定，烟草水分越大，衰减越强。通过自动相位调节控制，使射频发生器和振荡电路保持谐振，就能得到烟草水分和能量衰减的关系，而产生的衰减信号经解调、放大、模拟量到数字量的转换，即可在数字表上直接显示出烟草含水率。由于电路的衰减也取决于烟草的温度，所以必须同时测出温度值，作为修正参数予以反馈。射频法测量精度高，可在线测量，不受灰尘、烟草颜色、形态和外界光线强弱的影响，测出的水分值包括烟草纤维内的水分。烟草类型、酒精和甘油会影响测量结果。该方法测量水分的适用范围为 10%~40%。

（三）红外水分仪法

红外水分仪是利用物料对红外线具有选择吸收的特性，在生产线上对物料水分进行检测的光电仪器，可以获得高精度的测量值，并具有物料瞬时含水率显示、记录水分高限位警报、反馈信号输出等功能。

仪器有一个十分准确的检测头和一个与之相配合的电子控制单元。反馈信号的工作原理是：光源灯发出的光线先由一个聚光反射镜反射回灯泡上，这样就形成了一股具有一定强度的光束，通过聚光透镜被反射出去。离开透镜的光线经过两个相同的分划板，其中一个固定，另一个装在电机的转轴上以大约 1500 r/min 的速度旋转。因此，经过运动着的分划板后光束被分开，变成一个正弦曲线波。然后，这个三角形的光波照射到一个安装在电机轴上的滤光轮上，这个轮上插有 8 个滤光片，当轮转动时，滤光片顺序横过光束的光路。滤光片中的 4个为透射可见光，4 个为透射红外光，由滤光轮调制出的这个频率的光线，由一个 45° 的平面反射镜和一个输出透镜导向照射在被检测的材料上。可见光仅用来表明光源灯已打开和指示光线的方向。反射回来的光束由主透镜聚焦并由平面反射镜射到探测器上，由探测器探测出以不同频率相比较的能量，换算出物料含水量。

红外水分仪的水分测量范围为 0~100%，精度达到 ±0.1%。目前被广泛使用在打叶复烤生产线和卷烟制丝生产线上，用来对有关工艺环节物料水分进行在线检测和控制。

第五节　烟叶水分对加工质量的影响

水分作为烟叶及其制品的重要组分之一，其含量高低，对烟叶的贮存、运输、加工性能及其制品的质量都有重要的影响。水分过高，会使烟叶颜色变深，光泽变暗；在打包堆垛时，压力增大则出油黏结成块，经氧化变黑；内部化学成分相互作用而消耗，质量降低，甚至霉烂变质失去使用价值。水分过低，烟叶韧性和弹性降低，脆性增加，在贮存、运输和加工过程中容易产生造碎，损失较大。因此，在烟草生产和加工过程中，都必须十分注意水分含量。对水分含量控制的好坏，不仅直接关系到加工质量的优劣，而且关系到烟叶原料损耗的多少。

烟叶具有吸湿性的特性，对于烟叶水分的调整和控制既有有利的一面，又有不利的一面。有利的一面是，在烟叶加工的各个环节中，为了改善它的加工性能和提高制品质量，对水分含量有不同的要求，加工过程中需要不断地改变烟叶水分，烟叶具有吸湿性，因此可以通过回潮和干燥等措施人为地调整和控制烟叶水分，达到工艺要求。不利的一面是，由于烟叶的吸湿特性，使它对外界环境条件十分敏感，空气温湿度始终影响着烟叶的水分含量，给人为地调整和控制烟叶水分保持在适宜的范围带来一定困难，特别是使贮存和运输环节中的安全性受到影响。

一、烟叶含水率对烟草物理特性的影响

（一）对填充值的影响

烟叶含水率不同，其弹性和脆性不同，填充值也不同。一般来说，烟叶含水率在6%以下时，填充值随含水率增加而增加，但水分过小，容易破碎。含水率在6%以上时，脆性随含水率增加而减小，即弹性极限增加，弹性堆积系数降低，所以填充值随含水率增加而减小。含水率每增加1%，填充值减小4%左右，含水率达到20%以上时，填充值随含水率的变化趋于平缓。

（二）对机械强度的影响

烟叶抗张强度在一定范围内随含水率增加而增大，超过一定限度，则随含水率增加而减小。实验证明，烟叶抗张强度的最大值在含水率17%左右。烟叶伸长率也随其含水率增加而增大，在含水率14%左右时急剧增大，含水率增加到17.5%以上又趋于平缓。由此可见，烟叶含水率17%时，机械强度最大，加工性能最好。

（三）对造碎率的影响

烟叶的造碎与烟叶的温度、含水率有很大关系。烟叶的抗破碎性在一定范围内随烟叶含水率和温度的升高而增强，超出这个范围，烟叶的抗破碎性反而降低。因此在烟草加工过程中，应根据烟叶的物理特性制定相应的温湿度条件，以提高烟叶、烟丝的耐加工特性，尽量减少造碎。

二、烟叶含水率对烟草化学性质的影响

（一）对烟叶"出油"或"油印"变黑的影响

烟叶含水率大，受压力大，容易细胞破裂而"出油"，黏结成块，氧化变黑，会影响烟叶的外观质量和感官质量。

（二）对酶活性的影响

烟叶含水率可影响到烟叶中酶的活性。含水率高，酶活性高，促使烟叶醇化或发酵剧烈，对色、香、味有一定的影响。

（三）对霉菌繁殖的影响

霉菌的繁殖，水分是重要条件。烟叶水分高，霉菌繁殖快，易于霉变。烟叶中的霉菌主要是青霉菌和曲霉菌，青霉菌繁殖适宜的温度是200℃左右，曲霉菌繁殖适宜的温度是250~370℃，相对湿度70%时最适宜霉菌繁殖。

三、烟叶含水率对感官质量的影响

成品烟的水分含量是影响内在质量的重要指标。烟支水分高，燃烧缓慢，每吸一口的烟气量少，烟味平淡，烟草的香气和吃味等内在质量不能充分发挥出来。且含水量高的烟支在通常的温湿度条件下经过一段时间会发霉。烟支水分低，燃烧速度快，每吸一口的烟气量大，烟味浓烈不醇和，刺激性和辛辣味增加，引起呛咳。成品烟只有含水量适宜，才能充分发挥应有的内在质量，如吃味浓度较大、香气量较大、无杂气和刺激性和余味干净舒适等。

四、烟叶含水率对加工质量的影响

（一）对烟叶分级收购的影响

在烟叶分级扎把、收购、运输、贮存过程中，如果烟叶水分过低，分级和收购时不能将叶片展开，各种外观质量因素不能充分显现，影响客观地评定烟叶等级，同时在成包和调运过程中造碎较大。如果烟叶水分过高，则烟叶颜色变深，光泽变暗，降低品质，同时造成贮存期间不安全，包温自然升高，甚至霉烂变质。

（二）对打叶复烤的影响

原烟的含水量要求为16%~18%，这种原烟含水量较大且不均匀，不宜长期贮存。因此原烟要进行打叶复烤，去除多余的水分，才能保证贮存的安全性。在打叶去梗时，控制好烟叶水分极为重要。经过真空回潮和润叶后，使含水率增加到17%以上，利于打叶去梗。如果水分太小，烟叶脆性增加，大片率降低，而且易造成大量碎损；如果水分太大，不利于梗叶分离，造成叶中含梗和梗中含叶，均达不到控制指标，甚至会堵塞打叶去梗设备，降低生产能力。

通过复烤将烟叶水分控制在一定范围内，一般要求为11%~13%，以促使烟叶的理化特性朝着有利的方向变化，提高烟叶品质，利于贮存保管，满足卷烟工业的要求。

（三）对自然陈化、人工发酵的影响

复烤后烟叶直接用来制造烟制品，仍带有不同程度的缺点，如青杂气重、刺激性大、烟

味不纯净和烟气粗糙不舒适等，必须经过自然陈化或人工发酵才能克服上述缺点。烟叶人工发酵的效果与烟叶水分关系密切，实践经验证明：一般规律是烟叶水分小，发酵进度慢，或达不到人工发酵的目的。烟叶水分大，发酵作用较猛烈，烟叶色泽较差，干物质分解消耗多，发酵速度快，容易发酵过度而降低使用价值。烟叶自然陈化的适宜水分为 11%~13%，烟叶人工发酵的适宜水分为 13%~15%。

（四）对制叶质量的影响

在烟片处理过程中，经松散回潮，增加烟片的含水率和温度，提高烟片的耐加工性，使烟片松散、无结块、无结团现象，含水率达到 17%~20%。经加料筛分进一步提高烟片的含水率和温度，使含水率达到 18%~21%。经过储叶配叶，平衡烟片的含水率和温度，以利于切叶丝。

（五）对加料加香的影响

加料后的叶片要储叶，加香后烟丝要储丝，储叶和储丝的目的都是利用一定的温湿度和时间，使添加的料液和香精渗透到烟叶或烟丝的组织结构内部，并且达到均匀一致，提高加料加香效果。储叶和储丝过程中的水分控制对于达到上述目的起着重要作用，因为烟叶或烟丝水分是其吸收料液或香精的介质，只有水分含量适宜且均匀，料液和香精才能被均衡吸收。

（六）对烘丝质量的影响

在制叶丝过程中，通过叶丝增温增湿提高温度和含水率，滚筒式增湿要达到含水率在 25%~40%，使叶丝柔软、松散、无结团现象。叶丝干燥工序要去除部分水分，使含水率降到 12%~14%，满足后续加工要求，提高叶丝填充能力和耐加工性。如果叶丝水分太小，会造成不必要的碎损。如果叶丝水分太大，由于旋转式烘丝机的转动作用会使叶丝结团，只有表面的叶丝接触烘丝筒壁而干燥，而内部的叶丝达不到烘丝除湿的目的，导致烘后叶丝的水分不均匀，缺乏弹性，填充力小，影响卷烟质量。

（七）对卷制质量的影响

烟丝水分对烟支的卷制质量极为重要。水分不均匀的烟丝会使卷烟机工作不稳定，造成烟支内烟丝密度不均匀，形成"硬段"或"软段"的"竹节烟"，从而引起烟支重量的差异和烟支燃烧速度的不均匀。如果烟丝水分太小，在卷制过程中会产生过多的烟末，形成"空头烟"；如果烟丝水分太大，会降低填充力，烟丝结团不利于弹丝松散，喂入较多的烟丝形成较硬的烟支，或者使卷烟机上自动调节烟支重量的装置将额外的水分当成烟丝的质量，而喂入较少的烟丝形成软软的烟支。

烟草在生产加工过程中对水分的要求见表 2-2。

表 2-2 各个加工环节烟草水分的适宜范围

加工环节	水分含量/%	加工环节	水分含量/%
原烟	16~18	打叶去梗	17~20
复烤烟	11~13	切丝	18~21
自然陈化	11~13	烘丝	12~14
人工发酵	13~15	卷制	11.5~12.5
真空回潮	15~17	成品烟	11.5~12.5

思 考 题

①烟叶水分的含义是什么？它的来源是什么？

②烟叶水分的存在形态有哪些？其作用机理是什么？

③什么叫烟叶的吸湿性和平衡水分？

④烟叶吸湿性和平衡水分受哪些因素影响？各种因素的影响如何？

⑤水分对烟叶质量和加工性能起什么作用？

第三章　烟草糖类

糖类是自然界中分布极为广泛的一类有机物质，在烟草植物体中的含量可达干重的 25%~50%，它是烟草光合作用的主要产物。糖类在烟草生物体中起着重要作用：①合成其他组成生物体的物质（如蛋白质、核酸、脂类等），它们分子的碳架大多是直接或间接地从糖类转化过来的。所以，糖类也是烟草生物体合成本身物质的基本原料。②烟草在生长发育过程中，所需要的能量主要是由糖类在代谢过程中提供的。它不仅在烟草生命活动中起着主导作用，而且是烟草体细胞和组织的营养物质。葡萄糖在细胞内氧化，提供大量为机体所利用的能量，淀粉则作为营养物质而积累，代谢过程需要能量时可水解为葡萄糖供利用。③糖类在烟草中充当骨架物质，如烟株茎杆、烟叶叶脉、烟叶叶片、细胞壁中的主要成分纤维素是起支持作用的骨架物质，在细胞间隙当中起胶合作用的果胶质也是骨架物质。细胞膜结构的蛋白质和脂质中有些是与糖结合而成的糖蛋白和糖脂，它们有重要的功能。

在调制后的干烟叶中，不同糖类的含量与烟叶外观质量、内在质量和物理特性有着密切关系。水溶性糖类含量高的烟叶光泽鲜明，油润富有弹性，外观质量和物理特性都较好。水溶性糖类在烟草制品燃吸过程中进行酸性反应，能调整适度的酸碱平衡，使吃味醇和。其反应产物及其衍生物大多具有优美的香气，能协调烟草香气，增加香气浓度。而糖类中的纤维素、果胶质、聚戊糖等多糖类物质对烟草的综合质量则有不良影响。因此，研究烟草中各种糖类的结构、性质和变化规律对于指导烟草栽培和烟叶加工都具有重要意义。

从化学结构上看，糖类是一大类多羟基醛或多羟基酮以及水解后能够产生多羟基醛或多羟基酮的有机物。这类化合物并非由碳和水化合而成，碳水化合物这一名称是不确切的，相对于蛋白质、脂类来说，称为糖类是比较合适的。但因历史上沿用很久，现在仍采用。

糖类按结构特点分为4类：

（1）单糖，是多羟基醛或多羟基酮，它们不能水解为更小的分子。如葡萄糖、果糖、核糖和景天庚糖等均属重要的单糖。

（2）低聚糖，是由20个以下单糖分子失水缩合而成，又能水解成单糖。按照水解后生成单糖的数目，低聚糖又可分为二糖、三糖、四糖等。其中，由两个单糖分子失水而成的二糖最为重要，如蔗糖、麦芽糖和乳糖等。

（3）多糖，是由很多个单糖分子失水聚合而成的高分子化合物，每一个多糖分子可水解产生许多个单糖分子，如淀粉、纤维素等都是多糖。

（4）糖的衍生物，包括糖的还原产物——多元醇，氧化产物——糖酸，氨基取代物——氨基糖，以及糖磷酸酯等。

第一节　单糖

一、单糖的结构和分类

按照分子中所含羰基的不同，单糖可分为两大类，即醛糖和酮糖。单糖的衍生物有糖醇、醛糖酸、糖醛酸、糖酸、氨基糖等。此外，特殊的单糖有无水糖、脱氧糖、硫糖等。

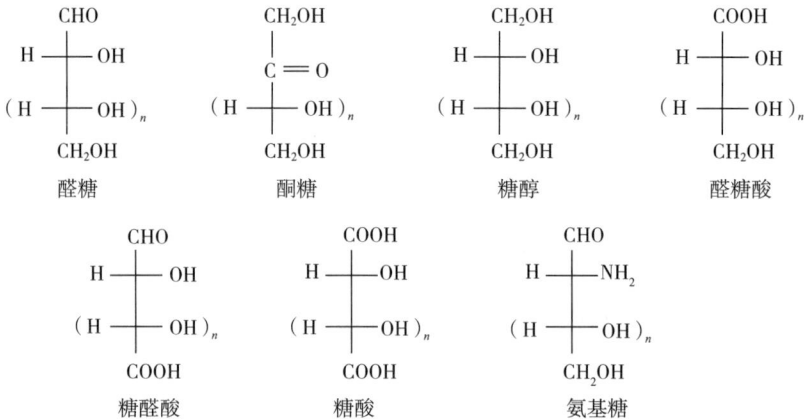

醛糖　　　　　酮糖　　　　　糖醇　　　　　醛糖酸

糖醛酸　　　　　糖酸　　　　　氨基糖

按照分子中碳原子的数目不同，单糖又可分为丙糖（三碳糖）、丁糖（四碳糖）、戊糖（五碳糖）、己糖（六碳糖）、庚糖（七碳糖）。

单糖的这两种分类法常结合使用，例如含 5 个碳原子的醛糖称戊醛糖，含 6 个碳原子的酮糖称己酮糖。核糖属戊醛糖，果糖属己酮糖。

糖的名称常与它的最初来源相联系，例如葡萄糖是从葡萄中提取出来的，麦芽糖是用麦芽制备的。单糖的名称是糖类化合物名称的基础，如葡聚糖表示由葡萄糖组成的多糖。单糖是多羟基醛或多羟基酮化合物，一般不用有机化学系统命名，除少数简单的如羟基乙醛、甘油醛、二羟丙酮按基团命名外，每种单糖有一个通俗名称，例如果糖、核糖、赤藓糖等。

下面是自然界存在的比较重要的单糖（开链式）。

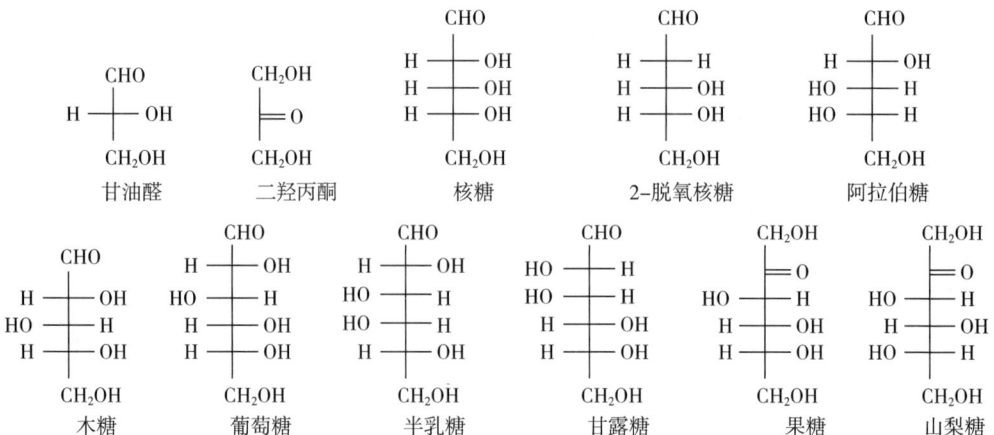

甘油醛　　　二羟丙酮　　　核糖　　　2-脱氧核糖　　　阿拉伯糖

木糖　　　　葡萄糖　　　半乳糖　　　甘露糖　　　果糖　　　山梨糖

二、单糖的立体结构

单糖分子是不对称化合物，具有旋光性。在结构上，一般可以从存在不对称碳原子来判断分子的不对称性。不对称碳原子上连接 4 个不同的原子或基团。甘油醛是一个三碳糖，2 位碳上连接着 1 个氢和 3 个不同的基团，因而是一个不对称碳原子。这个碳上的羟基有两种构型，一种在右边，另一种在左边，所以就有立体结构不同的两个异构体：D-甘油醛和 L-甘油醛（图 3-1）

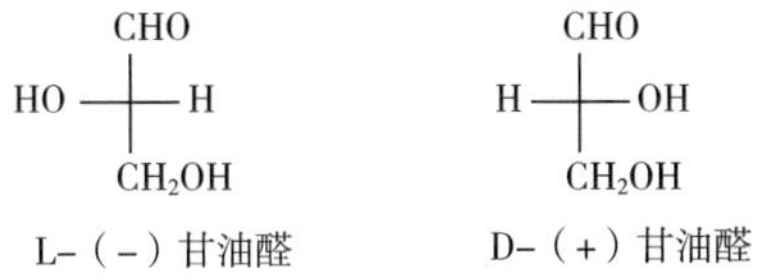

图 3-1　甘油醛的对映体

异构体的这种差别是构型上的不同。最开始将甘油醛 2 位羟基写在右边的定义为 D-型，羟基写在左边的为 L-型，后来由 X 射线衍射法测定确定下来。D-型和 L-型因互成镜像，称为"对映体"。D-甘油醛是右旋的，用"+"或"d"符号表示；L-甘油醛是左旋的，用"-"或"l"符号表示。

单糖分子中除羟基乙醛和二羟丙酮外都含有不对称碳原子。含有 n 个不对称碳原子的化合物可以有 2^n 种立体异构体（图 3-2）。

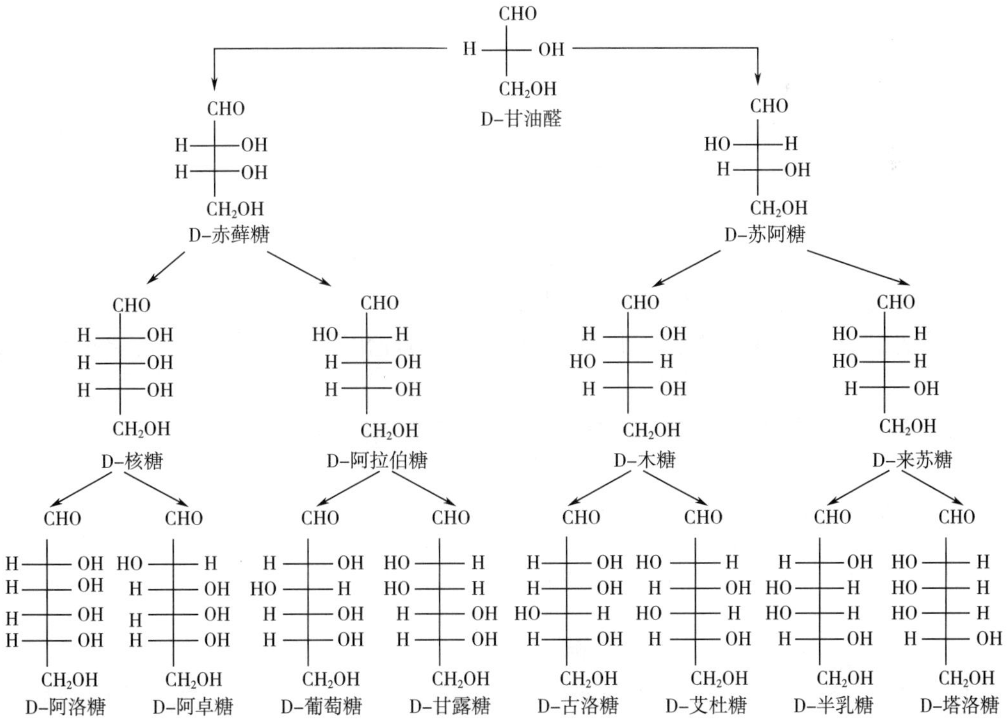

图 3-2　D-系醛糖（开链式）
（L-型醛糖是 D-型的对映体）

例如，己醛糖的结构式中，2、3、4、5 位上的是不对称碳原子，分子中有 4 个不对称碳原子，应有 16 个立体异构体。己酮糖的结构式中，3、4、5 位上的是不对称碳原子，分子中有 3 个不对称碳原子，应有 8 个立体异构体。

分子的 D、L 构型，是由离羰基最远的不对称碳原子（即倒数第 2 个碳原子）上的羟基方向来确定的。一般以甘油醛的构型为标准，与 D-甘油醛的 2-羟基方向一致的（写在右边）为 D-型，与 L-甘油醛的 2-羟基方向一致的（写在左边）为 L-型。

天然产物的单糖大多只存在一种构型。葡萄糖、果糖、核糖都是 D-型的，而它们的对映体为 L-型，只有为了证明结构或有特殊用途时，由化学合成获得。因此天然的单糖的构型并非是任何时候都必须注明的。

三、单糖的变旋现象和环状结构

（一）变旋现象

比旋光度 $[\alpha]_D^t$（也叫比旋值）是旋光化合物的物理常数。旋光性不同的化合物，它们的比旋光度是不相同的。一个化合物的比旋光度可以从一定浓度的溶液中测出，按下列公式（3-1）求出：

$$[\alpha]_D^t = \frac{\alpha \times 100}{1 \times c} \tag{3-1}$$

式中：α——测得的旋光度；

$\qquad$ D——钠光波长为 5986Å 与 5890Å；

$\qquad$ t——指定的温度，一般为 20℃；

$\qquad$ l——旋光管长度，dm；

$\qquad$ c——溶液中糖的浓度，g/100 mL。

D-葡萄糖在不同条件下得到的结晶其比旋光度是不相同的。室温时，从乙醇溶液中结晶出来的 D-葡萄糖 $[\alpha] = +113.4°$；而从吡啶溶液中结晶出来的 D-葡萄糖 $[\alpha] = +19.7°$；如果把这两种不同的结晶分别在水中放置一些时间后，可以观察到比旋光度发生变化，它们都变成 $[\alpha] = +52.5°$。这种类型的比旋光度变化称为"变旋现象"。

一个化合物的比旋光度既然是一个常数，那么，葡萄糖为什么因结晶的方法不同而有不同的比旋光度并发生变旋呢？如果根据前面的葡萄糖结构，无法用异构化来解释变旋现象。

我们知道醛类或者酮类与醇类反应后，可以形成半缩醛进而缩合成缩醛。反应过程如下：

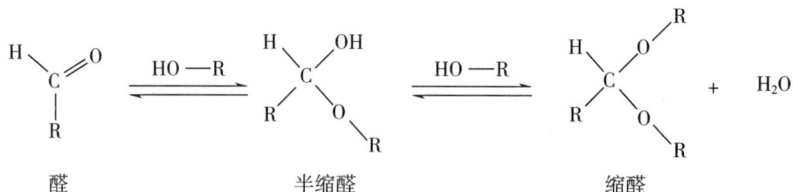

从葡萄糖的开链结构可见，它既具有醛基，也有醇羟基，因此在分子内部可以形成环状的半缩醛。成环时，葡萄糖分子中的醛基可以和 C₅ 上的羟基缩合形成六元环的半缩醛。这个由 5 个碳原子和 1 个氧原子组成的六元环，与杂环化合物吡喃的环型相似，故称为吡喃糖。

D-葡萄糖形成环状结构的示意过程和结构式如下：

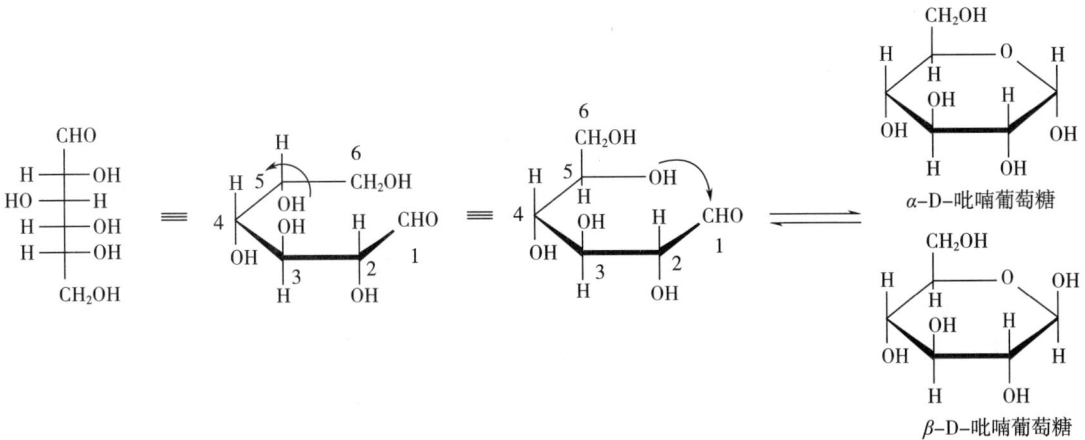

α-D-吡喃葡萄糖

β-D-吡喃葡萄糖

　　用 Fischer 投影式表示环状结构很不方便，单糖环状结构的书写以哈沃斯（Haworth）透视式最为常见。对 D 型葡萄糖来说，直链式右侧的羟基，在哈沃斯式中处在环平面下方；直链式中左侧的羟基，在环平面的上方成环时，为了使 C-5 上的羟基与醛基接近，C（4）-C（5）单键需旋转 120°，因此 D 型糖末端的羟甲基即在环平面的上方了。

　　环化后形成的两种非对映异构体称为端基异构体，也叫异头物，分别称为 α-型及 β-型异头物。一般规定半缩醛碳原子上的羟基（半缩醛羟基）与决定单糖构型的碳原子（C_5）上的羟基在同一侧的称为 α 构型，不在同一侧的称为 β 构型。或者采用另外一种判断方法：凡是半缩醛羟基与决定糖构型的碳原子（在直链式中倒数的第 2 个碳原子）上的羟基处于碳链同一边者称为 α 构型，反之则称为 β 构型。

　　上述从乙醇溶液中结晶出来的葡萄糖就是 α-D-葡萄糖，从吡啶溶液中结晶出来的葡萄糖是 β-D-葡萄糖。变旋现象就是当葡萄糖溶于水时，α-D-葡萄糖通过开链式转变为 β-D-葡萄糖，或 β-D-葡萄糖通过开链式转变为 α-D-葡萄糖这一过程的反映。在建立平衡的过程中，比旋光度不断发生变化，最后三者达到平衡时，比旋光度也达到一个平衡值而不再变化。平衡时，溶液中含 37% 的 α-D-葡萄糖、63% 的 β-D-葡萄糖，以及极少量的开链式葡萄糖。

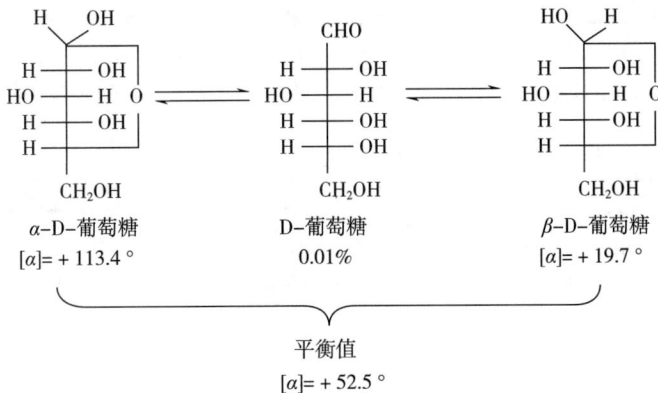

α-D-葡萄糖　　　　　D-葡萄糖　　　　　β-D-葡萄糖
$[\alpha]= + 113.4°$　　　　0.01%　　　　$[\alpha]= + 19.7°$

平衡值
$[\alpha]= + 52.5°$

　　其他的单糖，形成半缩醛后，都有 α-、β-型异构体和变旋现象。它们的比旋光度见表 3-1。

表 3-1　几种单糖的比旋光度〔α〕〔单位：(°)〕

名称	α-型	β-型	平衡
D-葡萄糖	+113.4	+19.7	+52.5
D-半乳糖	+144	+15.4	+80.2
D-甘露糖	+34	-17.0	+14.2
D-果糖	-21	-132	-92.4

（二）环状结构

从葡萄糖的半缩醛式的结构可以看出它是一个环状结构，即由氧原子连接 1 位碳与 5 位碳组成含氧六元环，由于这种环与吡喃结构相似，称为吡喃型单糖。它的结构式如下：

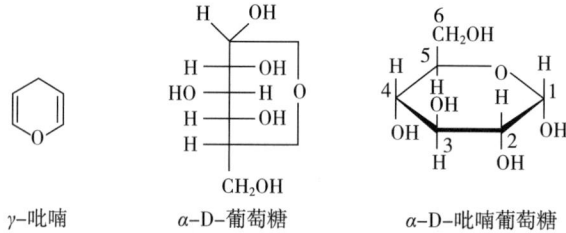

γ-吡喃　　　　　α-D-葡萄糖　　　　　α-D-吡喃葡萄糖

环状单糖也有五元环的。如己糖中的果糖，2 位酮基与 5 位羟基形成的半缩醛，是五元环；核糖是个五碳糖，1 位醛基与 4 位羟基形成的半缩醛，也是五元环。含氧五元环相当于呋喃环，因此可称为呋喃型单糖。

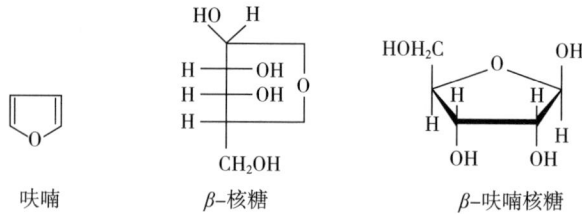

呋喃　　　　　β-核糖　　　　　β-呋喃核糖

下面是几个常见的单糖的环状结构：

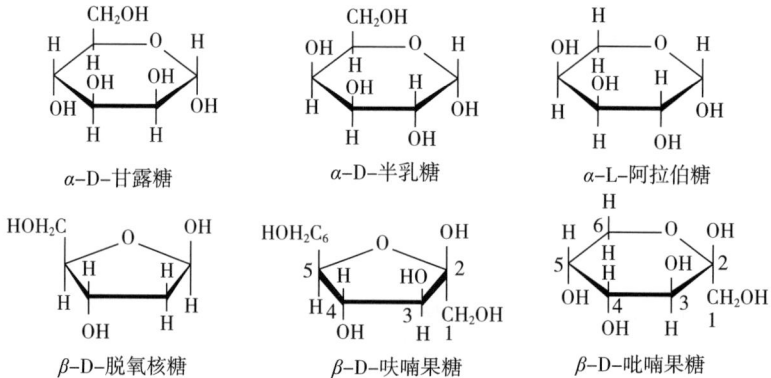

α-D-甘露糖　　　　　α-D-半乳糖　　　　　α-L-阿拉伯糖

β-D-脱氧核糖　　　　　β-D-呋喃果糖　　　　　β-D-吡喃果糖

四、单糖的衍生物

（一）单糖的磷酸酯

单糖的所有羟基及半缩醛羟基均可与酸形成酯，生物体内常见的有磷酸酯和硫酸酯。烟草生物体内的单糖磷酸酯是光合作用和呼吸作用中重要的中间代谢物，包括己糖磷酸酯和丙糖磷酸酯。主要的己糖磷酸酯有：葡萄糖-6-磷酸、葡萄糖-1-磷酸、果糖-6-磷酸、果糖-1、6-磷酸。

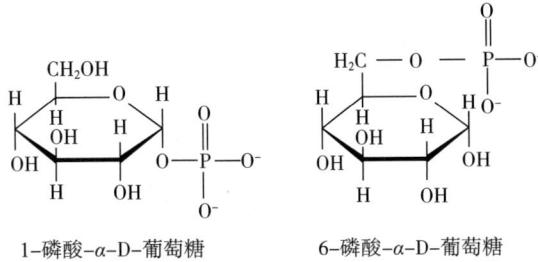

1-磷酸-α-D-葡萄糖　　　　6-磷酸-α-D-葡萄糖

（二）氨基糖

在多糖组成中常见的氨基糖，主要有氨基葡萄糖和氨基半乳糖，也称为葡糖胺和半乳糖胺，由于氨基取代的是 2 位碳上的羟基，所以全称是 2-脱氧氨基葡萄糖和 2-脱氧氨基半乳糖。在羰氨反应中，氨基化合物中的氨基和羰基化合物中的羰基之间的缩合作用，生成氮代葡萄糖基胺。在酸的催化下，引起阿玛杜里（Amadori）分子重排，而生成单果糖胺。单果糖胺具有还原能力，与葡萄糖作用生成双果糖胺。

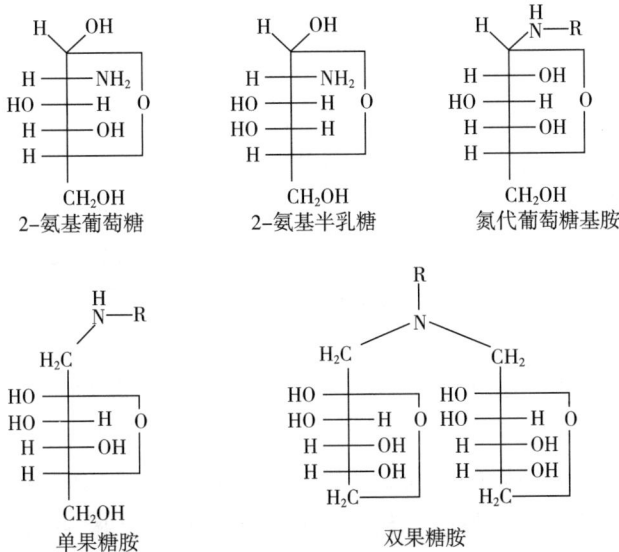

2-氨基葡萄糖　　　　2-氨基半乳糖　　　　氮代葡萄糖基胺

单果糖胺　　　　　　　　双果糖胺

（三）糖酸

醛糖氧化成相应的糖酸、糖醛酸和糖二酸，常见的有葡糖酸、葡糖醛酸、葡糖二酸和半乳糖醛酸。

（四）糖醇

糖醇是单糖的还原产物。甘露醇和山梨醇可以从葡萄糖还原制得。山梨醇和甘露醇广泛应用于卷烟工业，代替甘油作为烟草保润剂。木糖醇也因具有这种性质而被应用。

（五）糖苷

单糖环状结构中的半缩醛羟基与另一分子醇或羟基作用时，脱去一分子水而生成缩醛，糖的这种缩醛称为糖苷。例如：α-和β-D-葡萄糖的混合物，在氯化氢作用下同甲醇反应，脱去一分子水，生成 α-和 β-D-甲基葡萄糖苷的混合物。

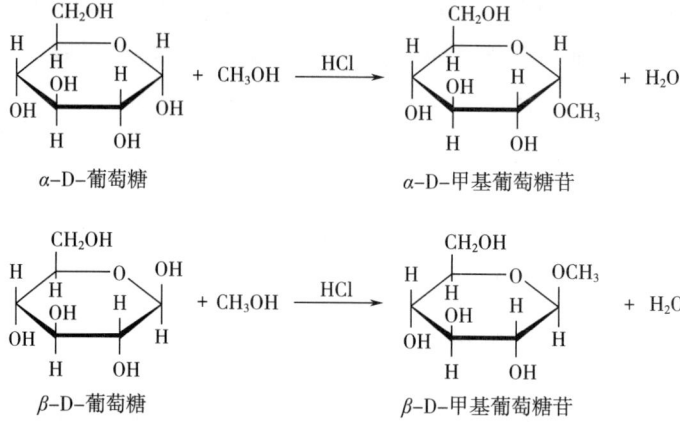

α-D-葡萄糖 + CH₃OH —HCl→ α-D-甲基葡萄糖苷 + H₂O

β-D-葡萄糖 + CH₃OH —HCl→ β-D-甲基葡萄糖苷 + H₂O

在糖苷分子中，糖的部分称为糖基，非糖部分称为配基或苷元。糖基和配基之间的键（—C—O—C—）叫作糖苷键。由于单糖的环式结构有 α- 和 β- 两种构型，所以可生成 α- 和 β- 两种构型的苷。天然糖苷多为 β- 构型。糖苷的名称是按其组成成分而命名的，并指出苷键和糖的构型。天然苷则常按其来源而用俗名。

葡萄糖苷示意图：

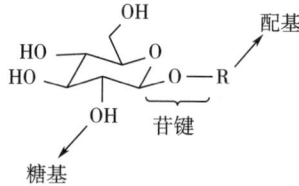

糖苷结构中已没有半缩醛羟基，在溶液中不能再转变成开链的醛式结构，所以糖苷无还原性，也没有变旋现象。糖苷在中性或碱性环境中较稳定，但在酸性溶液中或在酶的作用下，则水解生成糖和非糖部分。

糖苷是无色无臭的晶体，味苦，能溶于水及乙醇，难溶于乙醚，有旋光性，天然的糖苷多是左旋的。糖苷的化学性质和生物功能主要是由非糖体所决定的。

在生物体内，单糖是很活跃的，主要以结合的方式存在，除形成多糖外，还与非糖物质结合成糖苷后被保留下来。自然界中糖苷有两种类型：O-糖苷和 N-糖苷。配基以氧原子与糖基连接的为 O-糖苷，如多糖中的葡萄糖苷；配基以氮原子与糖基连接的为 N-糖苷，主要有核酸中的核糖的糖苷。此外，自然界中还有 C-糖苷和 S-糖苷。

常见的糖基有葡萄糖、半乳糖、鼠李糖和芸香糖等。非糖体则可以有许多种类型的化合物。烟草中存在较多的糖苷配基有花青素、芸香苷配基和苦杏仁配基。

几种常见的配基：

花青素（花色素类）　　　芸香苷配基（黄酮类）　　　苦杏仁苷配基

五、单糖的性质

（一）物理性质

单糖是无色的晶体，有吸湿性，易溶于水，可溶于乙醇，难溶于乙醚、丙酮、苯等有机溶剂。单糖都有旋光性和变旋现象。

烟草制品中使用加料加香技术已有悠久历史，尤其是在现代卷烟生产中，加料加香被认为是一项关键技术，能有效地提高产品质量。烟草加料物质的种类很多，不同的物质起不同的作用。其中调味物质能调和烟气吃味强度，减轻刺激性、辛辣味和改善余味。使用比较普遍的是甜糖类物质，如葡萄糖、蔗糖、饴糖、木糖、麦芽糖、蜂蜜等。这些甜糖类物质可使烟气强度有一定降低，刺激性和苦味减轻。同时还有一定程度的保润作用，用量适宜时，对卷烟香气的发挥起到良好作用。特别适用于糖分含量低，氮化物和烟碱含量高，烟气 pH 值偏高的烟草。深入研究这些甜糖类物质的理化特性，有利于掌握烟草加料的适宜性、均匀性，提高加料效果和作用。

1. 甜度

单糖都有甜味，甜味的大小，称为甜度。各种糖甜度大小不一，它们的相对甜度（以10%蔗糖溶液在20℃时的甜度为100）见表3-2。

表 3-2　糖的相对甜度

名称	甜度	名称	甜度
葡萄糖	74.3	蔗糖	100.0
果糖	173.4	麦芽糖	32.5
半乳糖	32.1	转化糖	127.4
木糖	40.0	山梨糖	50.0
乳糖	16.0	麦芽糖醇	90.0
木糖醇	100.0		

2. 溶解度

各种单糖都能溶解于水，但溶解度不同，果糖的溶解度最高，其次是蔗糖、葡萄糖、乳糖等。各种糖的溶解度随温度升高而增大。葡萄糖的溶解度较低，在室温下浓度为50%，浓度过高时，会有结晶析出。掌握不同糖的溶解性，能提高加料均匀性。

3. 结晶性

蔗糖易结晶，晶体体积很大。葡萄糖也易结晶，但晶体细小。果糖和转化糖较难结晶。淀粉糖浆是葡萄糖、低聚糖和糊精的混合物，不能结晶，并能防止蔗糖结晶。在烟草加糖时，糖的结晶性不同，加料效果不同。若使用易结晶的糖，则加料不均匀，糖停留在烟叶的表面上，不易被吸收进入烟叶组织结构内，加料效果差，且遇较高的相对湿度时，糖吸湿使已结晶的晶体溶解，会污染卷烟纸形成黄斑，影响烟支的外观质量。若使用不易结晶的糖，则不会出现上述现象。烟草加料宜使用果糖、转化糖或葡萄糖，不宜直接使用蔗糖。淀粉糖浆虽不易结晶，但会给烟气质量带来不良影响，也不宜使用。

4. 吸湿性和保湿性

吸湿性和保湿性指糖在空气相对湿度较高的情况下吸收水分和保持水分的性质。各种糖的吸湿性不相同，果糖、转化糖为最强，葡萄糖、麦芽糖次之，蔗糖吸湿性最小。烟草制品易受空气相对湿度的影响而吸收水分或散失水分，需要施加保润剂使其保持一定的水分，避免在干燥季节因水分太小，影响内在质量。常用的保润剂有甘油和丙二醇等，近年来发现葡萄糖氢化生成的山梨醇、木糖氢化生成的木糖醇具有良好的保润性，作为保润剂已广泛应用于烟草工业，其效果比甘油还好。吸湿性较强的果糖和转化糖除了起到加料效果外，兼有保润作用。

（二）化学性质

单糖是多羟基醛或多羟基酮，因此它具有醇、醛和酮的某些性质，同时由于分子内各基团的相互影响而产生一些新的性质。现就单糖的主要化学性质分别叙述如下。

1. 还原性

单糖在碱性溶液中极易被氧化。因此在碱性溶液中，单糖是一种强还原剂。例如单糖很容易被弱氧化剂斐林试剂（硫酸铜的碱溶液）和多伦试剂（硝酸银的氨溶液）氧化。能使斐林试剂中的二价铜离子还原成砖红色的氧化亚铜沉淀，能使多伦试剂的银氨溶液产生银镜反应。糖分子本身则发生断裂并被氧化生成小分子羧酸的混合物。反应很复杂，在反应中单糖所消耗的斐林试剂或多伦试剂超过摩尔关系时，难以按下列方程式（以葡萄糖为例）进行计算。

$$2Cu(OH)_2+葡萄糖\longrightarrow Cu_2O\downarrow+葡萄酸$$
$$Ag(NH_3)_2OH+葡萄糖\longrightarrow Ag\downarrow+NH_2OH+葡萄酸$$

单糖的醛基有还原性。酮糖分子中没有醛基，但它和一般的酮不同，它含有活泼的 α-羟基酮的结构（与酮基相邻的两个碳上有羟基），也具有还原性。酮糖能在碱性溶液中转变为醛糖，因此酮糖也能够还原斐林试剂和多伦试剂等弱氧化剂。环状结构中的半缩醛羟基，在还原性上是与醛、酮等同的，因此含有游离的半缩醛羟基的糖称为还原糖。

单糖和部分低聚糖都能在碱性溶液中与弱氧化剂发生氧化作用，这个性质叫还原性。具有还原性的糖叫还原糖。还原糖与斐林试剂的反应不仅可以定性地检验还原糖的存在，还可以进行糖的定量分析。虽然反应比较复杂，不符合定量关系，但如果将实验条件严格控制（反应的酸碱度、温度、时间等），一定量的还原糖与一定的斐林试剂反应，生成氧化亚铜（Cu_2O）的量还是一定的。因此用经验数据可以计算还原糖的含量。在烟草的常规分析中就是利用这种方法测定还原糖和水溶性总糖的。

2. 苯肼反应

苯肼是单糖的定性试剂。单糖与苯肼反应后有沉淀产生，故可检出溶液中的单糖。常温时，糖与一分子苯肼缩合成糖的苯腙。给过量的苯肼试剂加热，糖与二分子苯肼的缩合物叫糖脎。

甘露糖与苯肼的成苯腙反应：

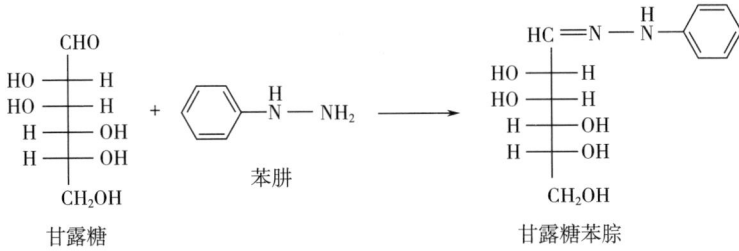

甘露糖与2分子苯肼的成脎反应：

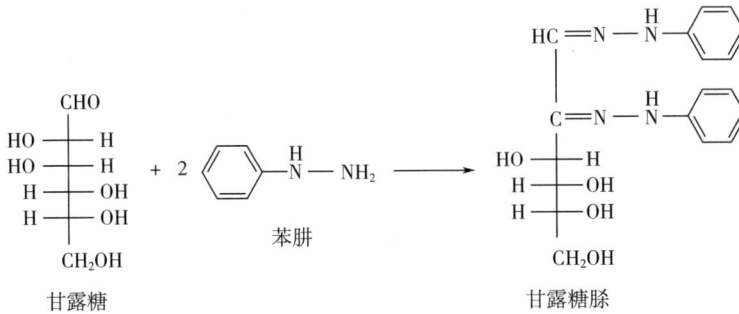

葡萄糖与2分子苯肼的成脎反应：

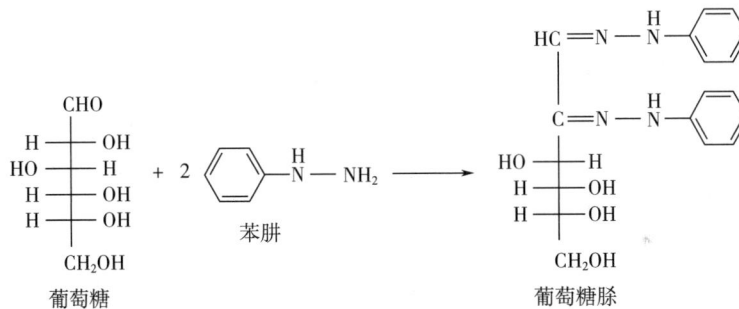

果糖和甘露糖所成的糖脎与葡萄糖脎是相同的。糖脎的溶解度小，容易得到结晶，不同的糖脎晶体形状不同，熔点也不同，所以可以用来定性鉴定。

3. 强酸作用

单糖在稀酸溶液中是稳定的，但在稀酸中加热或在强酸作用下发生复合反应生成低聚糖，发生脱水反应生成非糖物质。

（1）复合反应。受酸和热的作用，一个单糖分子的半缩醛羟基与另一个单糖分子的醇羟基缩合，失水生成双糖。若复合反应程度高，还能生成三糖和其他低聚糖。

$$2C_6H_{12}O_6 \rightleftharpoons C_{12}H_{22}O_{11} + H_2O$$

（2）脱水反应。糖受酸和加热的作用，易发生脱水反应，生成环状结构或双键化合物。例如，艾杜糖和阿卓糖与稀酸共热，生成1，6-脱水糖。与较浓的酸共热，脱水反应更易进行，并产生非糖物质。例如，戊糖生成糠醛，己糖生成5-羟甲基糠醛。己酮糖较己醛糖更易发生这种反应。戊糖和己糖经酸作用生成糠醛的反应如下：

糠醛

5-羟甲基糠醛

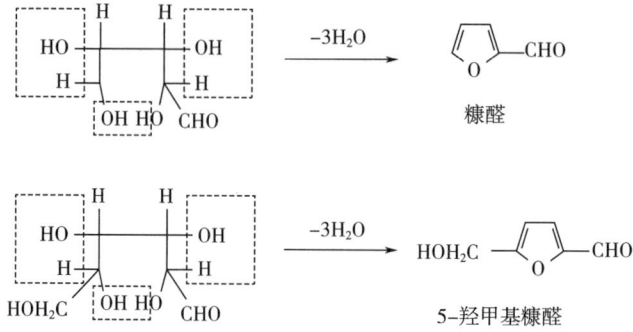

戊糖经酸作用脱掉 3 分子水，生成糠醛的反应进行得比较完全，同时产物也相当稳定。此反应被应用于戊糖或聚戊糖的定量分析，也应用于糠醛的制备。糠醛是一种化工原料，用于合成塑料、药物、染料和溶剂。玉米棒芯含有丰富的多聚戊糖，工业上将玉米棒芯用稀酸在高温高压下水解、脱水和蒸馏制成糠醛。

己糖生成 5-羟甲基糠醛可能经由 1，2-烯二醇，然后经过脱水而生成 5-羟甲基糠醛。5-羟甲基糠醛不稳定，进一步分解成甲酸、乙酰丙酸和聚合成有色物质。

4. 碱溶液作用

（1）浓碱溶液中的单糖很不稳定，能发生裂解、聚合、异构化。由这些反应所产生的分子大小不同的杂质，如小分子的糖、酸、醇和醛等可达百种之多。

（2）单糖在冷的稀碱溶液中，能发生互变异构现象。例如通过烯醇化产生差向异构体（单糖的不对称碳原子中的一个碳上的羟基在方向上有不同，葡萄糖与甘露糖互为差向异构体）。葡萄糖在稀碱溶液中异构化产生果糖、甘露糖和山梨糖。在这个异构化反应的平衡体系中，主要的成分是果糖和葡萄糖，其他单糖的量很少。

随着碱性的增加，糖的烯醇化不断进行下去，除 1，2-烯二醇以外还生成 2，3-烯二醇、3，4-烯二醇。但在弱碱作用的情况下，此烯醇化一般停止在 2，3-烯二醇阶段。

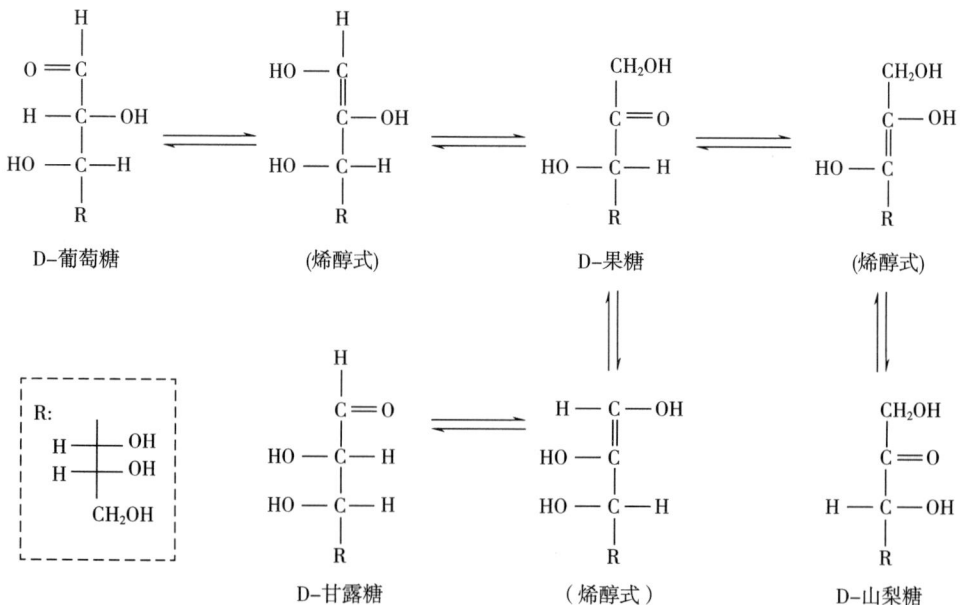

5. 美拉德反应（Maillard reaction，MR）

美拉德反应也称羰氨反应，是指含羰基化合物（如还原糖）与含氨基化合物（如氨基酸、蛋白质等）通过缩合、聚合而生成类黑色素的反应。由于此类反应得到棕色的产物且不需酶催化，所以也将其称为非酶促褐变或非酶棕色化反应。美拉德反应是由法国化学家美拉德于 1912 年首先报道而得名的。美拉德反应作为一种普遍的非酶促褐变现象，广泛存在于烟叶调制、醇化、加工过程中，其反应产物是烟草香气物质的重要来源。在烟草调制、发酵与醇化的过程中，烟叶中淀粉、蛋白质等转化为小分子糖类与氨基酸，并发生美拉德反应，生成的产物对烟草的香气、吃味有极其重要的影响。

美拉德反应是一个非常复杂的过程，需经历亲核加成、分子内重排、脱水、环化等复杂步骤。各个阶段的反应机理至今尚未完全研究清楚；反应产物的种类也很多，最主要的产物——类黑色素的结构也不太清楚。目前大多从反应时段上将美拉德反应分为初期、中期、末期三个阶段。

（1）初期阶段。这是羰氨反应开始时的化学反应阶段，主要特征为有少量水分产生，pH 下降；从宏观现象来看，并无多大变化，没有色素生成，也不会产生香气。

初期阶段包括两个过程，即羰氨缩合与分子重排。羰氨缩合，是氨基化合物的氨基与羰基化合物的羰基发生亲核加成、脱水反应，形成不稳定的亚胺衍生物 Schiffs（席夫）碱。Schiffs 碱性质不稳定，很快环化形成氮代葡萄糖基胺。分子重排，是氮代葡萄糖基胺在酸的催化下，经 Amadori 重排，生成 Amadori 重排产物，即 1-氨基-1-脱氧-2-酮糖。Amadori 重排产物并没有香味或颜色，但它是挥发性香味物质的前提成分。初期阶段反应机理见图 3-3。

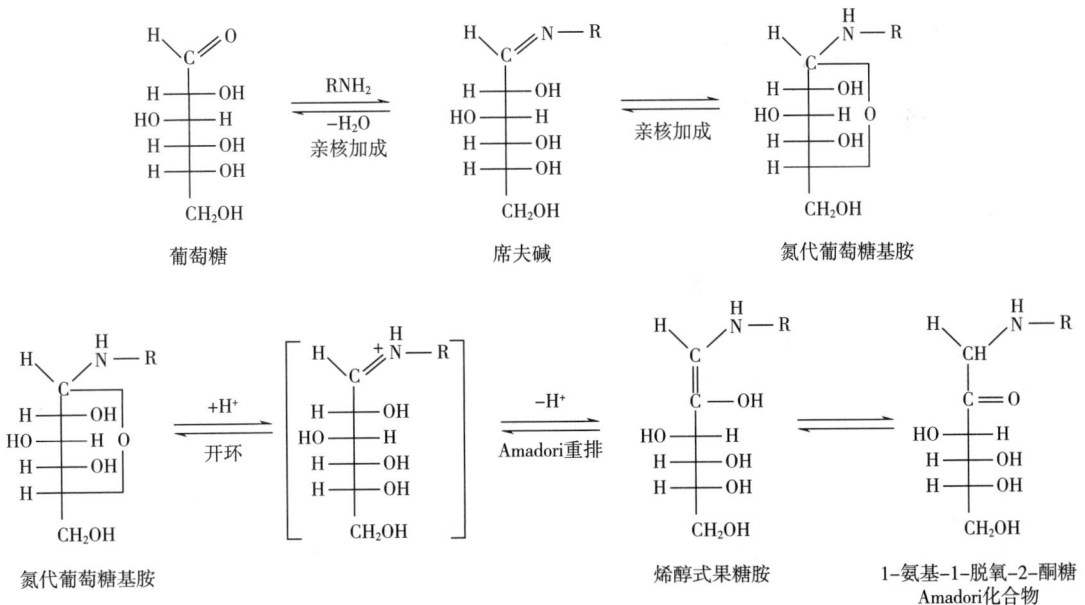

图 3-3　美拉德反应的初期阶段反应机理

果糖也能发生类似于上述两个过程的反应，经反应后得到果糖胺，而果糖胺发生 Heyenes（海因斯）重排得到 2-氨基-2-脱氧葡萄糖胺。

（2）中期阶段。初期阶段的产物不稳定，要进一步反应，此时有明显的气味产生，还原物增多，但颜色仍未明显变化，这便是处于中间阶段过程。在这一过程中，虽未见到有色物产生，但紫外吸收大增，说明已有部分大分子结构产生。对于初期反应生成的果糖胺，它在中期阶段的主要变化途径有三条：

①1，2-烯醇化途径：果糖胺经1，2-烯醇化，放出氨基物，自身脱水、环化生成羟甲糠醛（HMF）。HMF的含量积累到一定时会快速进入反应末期产生褐变，也能分解成活性更大的物质。

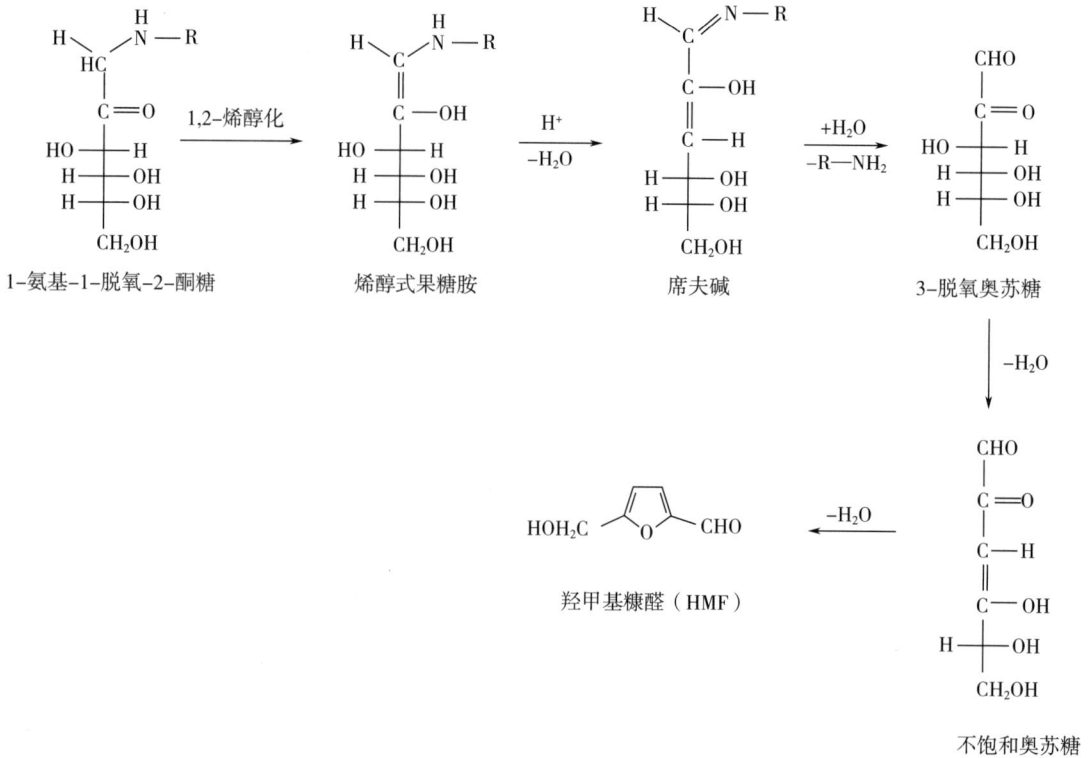

②2，3-烯醇化途径：果糖胺经2，3-烯醇化，会形成还原酮类化合物，它具有还原性，反应性强，能进一步反应，如分解、缩聚等。

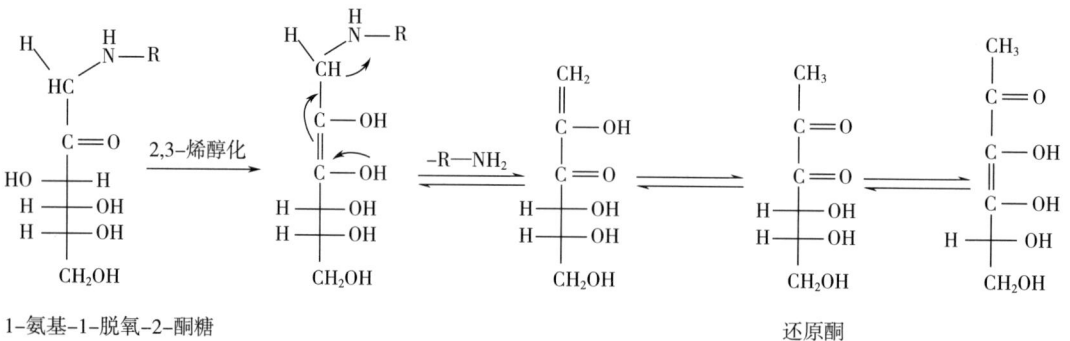

③斯特勒克降解：这是中间阶段一个不完整的途径，即利用前边两个途径中生成的二羰基类中间产物，如3-脱氧奥苏糖、还原酮等，与氨基酸发生反应，使氨基酸分解，这个反应叫作斯特勒克（Strecker）降解。反应式如下：

$$\underset{\text{二羰基物}}{\overset{\displaystyle R}{\underset{\displaystyle R'}{\overset{|}{\underset{|}{\overset{C=O}{\overset{|}{C=O}}}}}}} \quad + \quad NH_2-\underset{\displaystyle R}{\overset{|}{CH}}-COOH \quad \longrightarrow \quad \underset{\text{氨基还原酮}}{\overset{\displaystyle R}{\underset{\displaystyle R'}{\overset{|}{\underset{|}{\overset{C-NH_2}{\overset{|}{C=O}}}}}}} \quad + \quad \underset{\text{醛}}{R-CHO} \quad + \quad CO_2$$

$$\overset{\displaystyle R_3}{\underset{\displaystyle R_1}{\overset{|}{\underset{|}{\overset{C-NH_2}{\overset{|}{C-OH}}}}}} \quad + \quad \overset{\displaystyle R_4}{\underset{\displaystyle R_2}{\overset{|}{\underset{|}{\overset{HO-C}{\overset{|}{H_2N-C}}}}}} \quad \xrightarrow{\ \triangle\ } \quad \underset{\text{吡嗪}}{\left[\begin{array}{c}R_3 \quad N \quad R_4 \\ R_1 \quad N \quad R_2\end{array}\right]} \quad + \quad 2H_2O$$

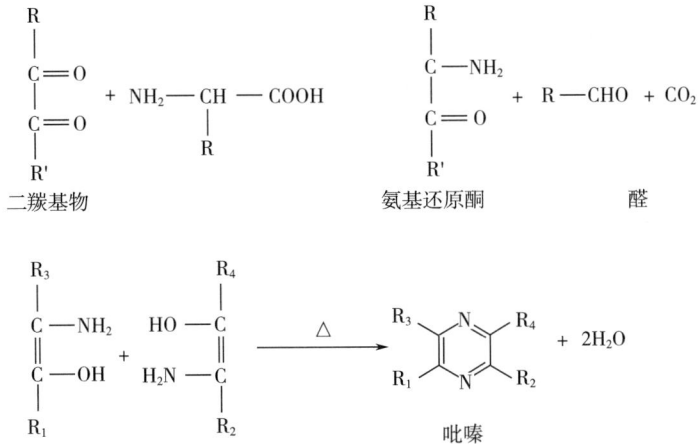

在这个反应中，氨基酸分解成 CO_2 和相应的醛，它们都能挥发，特别是醛反应性高，又有气味。而二羰基物变成氨基还原酮，它的反应性也高，加热时通过烯醇化异构化为烯醇胺。烯醇胺分子间缩合环化生成一种新的杂环化合物——吡嗪类物质，这个物质是加热香味的主要成分和特征成分。

可见，在中期反应中，有大量的裂解产物，它们是风味物质的一个重要来源。

（3）末期阶段。这个阶段中，主要发生醇醛、醛胺缩合，逐渐形成高相对分子质量的有色物质——类黑色素。它是中期阶段各种产物的随机缩聚产物，相对分子质量不定，而且往往与蛋白质中赖氨酸共价交联，形成含蛋白质的黑糊精。这个阶段最明显的特征是颜色迅速变深。另外不溶物增加，黏接性增大也很明显。

美拉德反应的影响因素主要有：反应物的种类（参与反应的糖和氨基酸）、反应温度与反应时间、pH、水分含量、金属离子等。

美拉德反应产生的致香物质主要有 4 个类别。第一类是杂环化合物，它是种类最丰富、质量分数最高的化合物，包括吡嗪、吡啶、吡咯等，主要产生坚果、焙烤或面包香等香味。第二类是环状烯醇结构化合物，如甲基环戊烯醇酮、菠萝酮、麦芽酚等，主要产生果糖、焦糖样甜香；第三类是多羰基化合物，如丙酮醛等，是焦香的主要物质来源；第四类是单羰基化合物，如斯特勒克降解产生的小分子 Strecker 醛，可产生各种醛酮类香气。

美拉德反应产物作为烟草致香物质的重要组成部分，有赋予烟草特殊的烤香、坚果香、焦糖香和提升烟气柔和度，改善烟气、吃味的作用。

美拉德反应是形成烤烟特征香味的一条重要途径。烤烟在调制陈化、加工和燃吸过程中，都伴随着美拉德反应，其产生呋喃、吡啶、吡咯、吡嗪类等主要致香成分，这些致香成分虽然含量较少，但是阈值相对较低，并能够和烤烟本香（干草香）浑然一体，赋予烤烟特有的香味。

目前利用美拉德反应制备烟用香料、提升烟草薄片质量等工艺已经运用到了卷烟工业中，取得了良好的效果。但应用并不广泛，且探讨尚不深入。深入研究美拉德反应的机理和条件，控制有害物质的生成，运用高新检测技术与分析方法如高效液相色谱、气相色谱等更进一步地分离、纯化及鉴定美拉德反应产物，并与感官组学相结合研究其香气特征，对于卷烟加香具有重要的现实意义。

6. 焦糖化反应

糖类尤其是单糖类在没有氨基化合物存在的情况下，加热到熔点以上（一般为 $140 \sim 170℃$）时，会因发生脱水、降解等过程而发生褐变反应，最终能形成大量具有风味贡献的褐色产物，称为焦糖化反应，又叫卡拉密尔作用（caramelization）。

焦糖化作用反应过程和产物大致可分为两种情况，一是反应初期或低温阶段时以糖分子的脱水反应为主，并伴随一定的异构化等反应，随后这些反应产物缩聚成高相对分子质量的有色物质——焦糖素（俗称糖色）；二是高温阶段或反应时间延长时，糖分子发生碳—碳键断裂，生成相对分子质量更小的醛酮类为主的各种降解产物，这些产物也能进一步反应缩聚成焦糖色素，其反应过程见图3-4。

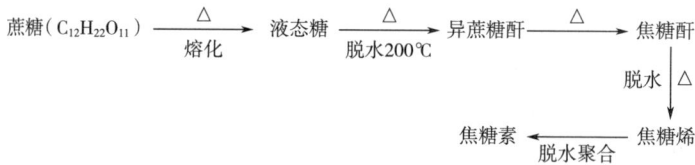

$$\text{蔗糖}(C_{12}H_{22}O_{11}) \xrightarrow[\text{熔化}]{\triangle} \text{液态糖} \xrightarrow[\text{脱水200℃}]{\triangle} \text{异蔗糖酐} \xrightarrow{\triangle} \text{焦糖酐}$$

$$\text{焦糖素} \xleftarrow[\text{脱水聚合}]{} \text{焦糖烯} \xleftarrow[]{\text{脱水} \; \triangle} \text{焦糖酐}$$

图3-4 蔗糖焦糖化过程

焦糖素，也称酱色，为红褐色或黑褐色的液体或固体，是糖的脱水产物、裂解产物，特别是5-羟甲基糠醛（HMF）等进一步通过醇醛缩合、聚合等反应形成的深褐色、无甜味略苦且有一种特有焦糖气味的高分子物质。它相对分子质量不定，一般都超过2000，结构复杂。

目前焦糖化反应的研究主要集中在色素制备和呈色应用方面，而对其热解产物和呈香作用的研究相对较少。糖类物质在烟草调制、发酵、燃烧等过程中均会发生焦糖化反应，生成5-甲基糠醛、丁二酮、糠醇、甲基环戊烯醇酮、乙基环戊烯醇酮、糠醛、呋喃酮等焦糖化产物，并可进一步分解成小分子酸和挥发性醛类物质。这些焦糖化产物与烟香协调性较好，对卷烟品质和主流烟气的焦甜香香气的形成具有极其重要的影响。

第二节 低聚糖

低聚糖是由 20 个以下单糖基组成的，一般是多糖的水解产物。自然界中以游离状态存在的低聚糖，主要是一些二糖、三糖，常见的二糖有蔗糖、麦芽糖，三糖有棉籽糖。

一、低聚糖的结构

低聚糖的结构特点需要从 3 个方面来说明：一是由哪一个或哪几个单糖组成的；二是 α-糖苷还是 β-糖苷；三是糖苷键连接在糖的哪个位置上。例如，乳糖的结构为 β-半乳糖（1→4）α-葡萄糖，其中"（1→4）"表示糖苷键连接的位置，括号前的半乳糖 1 位与括号后葡萄糖 4 位连接；半乳糖前的"β-"表示半乳糖属于 β-型的，由于半乳糖 1 位碳上的羟基（即半缩醛羟基）参加糖苷键，故形成 β-糖苷键，因此乳糖是一个 β-半乳糖苷；葡萄糖前的"α-"

表示处于配基位置的葡萄糖是 α-型的，但游离的二糖常无须说明是 α-型还是 β-型，因此只要写 β-半乳糖（1→4）葡萄糖即可，在配基位置上葡萄糖前不必注"α-"或"β-"。"→"所指的是配基上成键羟基的位置，并说明括号后的单糖处于配基地位。

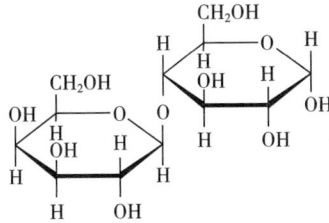

乳糖（β-异构体）

二、一般性质

二糖中的单糖基有两种状态：一种是单糖基以它的半缩醛羟基连接成糖苷键；另一种则保留了半缩醛羟基而以其他位置的羟基参与糖苷键。在二糖或低聚糖中保留半缩醛羟基单糖基的称为还原糖，它们像游离的葡萄糖一样有还原性、变旋性和与苯肼成脎等性质。相反，缺乏游离半缩醛羟基的低聚糖称非还原性糖，例如海藻二糖：α-葡萄糖（1↔1）α-葡萄糖，两个葡萄糖基彼此都是由半缩醛羟基连接成糖苷键的，所以海藻二糖没有还原糖的上述性质。对于非还原糖，如果在能够发生水解条件下做试验，要注意因水解产生单糖而出现的假象，不要误认为还原糖。

三、常见的二糖

常见的二糖有：麦芽糖［α-葡萄糖（1→4）葡萄糖］，异麦芽糖［α-葡萄糖（1→6）葡萄糖］，纤维二糖［β-葡萄糖（1→4）葡萄糖］，龙胆二糖［β-葡萄糖（1→6）葡萄糖］，蔗糖［α-葡萄糖（1↔2）β-果糖］，乳糖［β-半乳糖（1→4）葡萄糖］，芸香糖［β-鼠李糖（1→6）葡萄糖］，棉籽糖［α-半乳糖（1→6）α-葡萄糖（1→2）β-果糖］。

（一）蔗糖

蔗糖是由 α-葡萄糖 1 位碳上的半缩醛羟基与 β-果糖 2 位碳上的半缩醛羟基脱去 1 分子水，通过 α-1，2 糖苷键连接而成的。

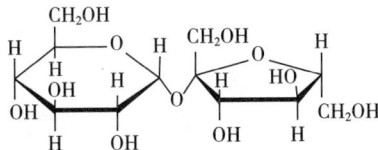

蔗糖

蔗糖［α-葡萄糖（1↔2）β-果糖］的糖苷键用"（1↔2）"表示前后两个糖基彼此以半缩醛或半缩酮的羟基结合成糖苷键，因此两个糖基也可以看成是彼此的配基。蔗糖分子中不存在半缩醛羟基，因此它没有还原性和变旋现象。蔗糖本身是非还原性糖，但是当蔗糖水解成 D-葡萄糖和 D-果糖后，由于糖苷转变为半缩醛结构，故又显示单糖的还原性。

蔗糖易溶解于水，难溶于乙醇，蔗糖的比旋光度［α］为+66.5°。在稀酸或蔗糖酶的作用下，蔗糖水解，比旋光度 $[\alpha]$ 为-20.4°。D-葡萄糖的比旋光度是+52.5°，D-果糖的比旋光度是-93°，所以这两种单糖的等分子混合物的比旋光度是-20.4°。由于在水解过程中，溶液的旋光性由右旋变为左旋，因此把蔗糖的水解称为转化反应，所生成的等量葡萄糖与果糖的混合物称为转化糖。这个反应是不可逆的，趋向于差不多完全水解。

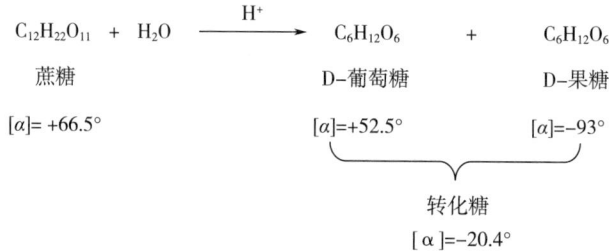

$$C_{12}H_{22}O_{11} + H_2O \xrightarrow{H^+} C_6H_{12}O_6 + C_6H_{12}O_6$$

蔗糖　　　　　　　　　D-葡萄糖　　　　　D-果糖

$[\alpha]=+66.5°$　　　　　　　$[\alpha]=+52.5°$　　　　$[\alpha]=-93°$

转化糖

$[\alpha]=-20.4°$

蔗糖是烟草植物体内糖类运输的主要形式。光合作用产生的葡萄糖转变为蔗糖后再向各部位运输，到达各部位后又迅速转变成葡萄糖供呼吸作用，或转变成淀粉贮藏起来。蔗糖转化是低聚糖或双糖在酸或水解酶的催化下水解的典型例子。存在于生物细胞中的转化酶有两种，即 β-葡萄糖苷酶和 β-果糖苷酶。

在烟草加料使用蔗糖时，一般是利用柠檬酸使其水解转化，但柠檬酸的用量不宜太大，否则影响烟气质量，产生酸味和涩味，应通过试验得出最佳用量。

蜜蜂分泌的转化酶使植物花蜜中蔗糖大部分转化，蜂蜜中含有大量转化糖，因此蜂蜜可直接用于烟草加料。

（二）麦芽糖

麦芽糖在麦芽糖酶的作用下能水解产生2分子D-葡萄糖（麦芽糖酶是一种 α-苷酶，水解 α-葡萄糖苷），但不被苦杏仁酶水解（苦杏仁酶是 β-苷酶，主要水解 β-葡萄糖苷）。这一事实说明麦芽糖属 α-葡萄糖苷。麦芽糖是 α-葡萄糖1位碳上的半缩醛羟基与另一分子 α-葡萄糖4位碳上醇羟基脱水通过苷键结合而成的，这种苷键称为 α-1，4苷键。

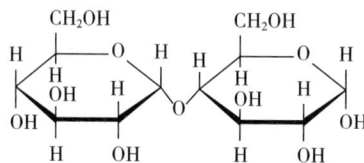

麦芽糖（α-异构体）

麦芽糖是无色片状结晶，易溶于水。其分子结构中还保留一个半缩醛羟基，所以它在水溶液中仍可以 α、β 和开链式三种形式存在。α-麦芽糖的 $[\alpha]$ 为+168°，β-麦芽糖的 $[\alpha]$ 为+112°，变旋达到平衡时 $[\alpha]$ 为+136°，所以麦芽糖和葡萄糖等单糖一样，具有还原性，属于还原糖。麦芽糖是饴糖中的主要成分。

（三）纤维二糖

纤维二糖也是由两个葡萄糖组成的，它能被苦杏仁酶水解而不被麦芽糖酶水解，因此可以知道纤维二糖是 β-糖苷。它与麦芽糖的不同在于它是由两个 β-D-葡萄糖通过 β-1，4苷键相连接而成的。

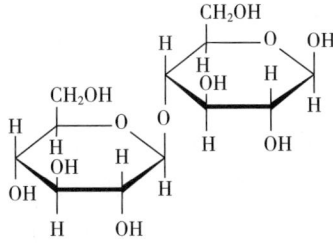

纤维二糖(β-异构体)

纤维二糖为无色结晶，其分子结构中还保留一个半缩醛羟基，它也有 α、β 两种异构体，变旋达到平衡时的 $[\alpha]$ 为+34.6°，具有还原性，属于还原糖。纤维二糖是纤维素水解的中间产物，在酸或苦杏仁酶作用下水解成 2 分子葡萄糖。

（四）乳糖

乳糖是由 D-半乳糖 1 位碳上的半缩醛羟基和 D-葡萄糖 4 位碳上的醇羟基脱水通过 β-1，4 苷键连接而成的，是一个 β-半乳糖苷。

乳糖为白色粉末，有变旋现象，变旋达到平衡时的 $[\alpha]$ 为+55.4°，具有还原性，属于还原性二糖。经酸或酶水解产生 1 分子 D-半乳糖和 1 分子 D-葡萄糖。

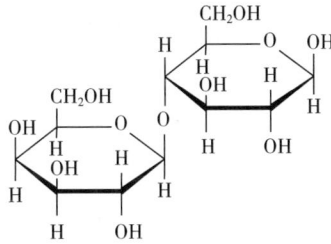

乳糖(β-异构体)

第三节　多糖

多糖是由许多（20 个到上万个）相同的或者不同的单糖分子脱水以苷键结合而成的，是一类复杂的天然高分子化合物。按其水解情况可将多糖分为两大类：一类是水解产物是一种单糖者称为均多糖，如淀粉和纤维素；另一类是水解产物多于一种单糖者称为杂多糖，如果胶质和黏多糖。在自然界，构成多糖的单糖可以是己糖、戊糖、醛糖和酮糖，也可以是单糖的衍生物如糖醛酸和氨基糖等。一个多糖分子均可以由几百个甚至几万个单糖分子结合而成，因此同一种多糖的相对分子质量也不是均一的。

虽然多糖是由单糖构成，但许多单糖连成多糖后，数量的变化引起了质的飞跃，使多糖的性质和单糖、二糖等有很大差别。多糖一般为非晶形固体，不溶于水，有的能在水中形成胶体溶液。多糖没有甜味，不显示还原性。

多糖在自然界分布甚广，按其生物功能大致可分为两类。一类是作为贮藏物质，如烟草植物体中的淀粉。当分解代谢需要时，淀粉水解为葡萄糖，当游离葡萄糖过剩时，合成代谢产生的葡萄糖聚合成淀粉贮藏起来，反映了机体对糖的利用调节有很精巧的安排。另一类是构成烟草植物体的结构支持物质，如纤维素、半纤维素和果胶质等。烟草茎杆和其他植物的茎杆一样，木质部中纤维素含量为 40%~60%，烟叶中纤维素含量 10%~15%。木质部分纤维素常与半纤维素、果胶质和木质素等结合在一起，半纤维素是由几种戊糖和糖醛酸组成的杂多糖；果胶质是多聚半乳糖醛酸，充塞在细胞壁和细胞间层，起黏合作用并使细胞壁对离子有通透作用；木质素不是糖类，是一些结构不一的酚类化合物，它与纤维素结合得很紧密，随着烟草等植物衰老程度增加木质素含量也增加，它作为填充物使组织的机械强度提高。

一、淀粉

（一）淀粉的结构

淀粉是由许多个 D-葡萄糖通过苷键结合而成的多糖，可以用通式（$C_6H_{10}O_5$）$_n$ 表示。淀粉一般由两种成分组成：一种是直链淀粉，约占 20%；另一种是支链淀粉，约占 80%。这两种淀粉的结构和理化性质都有差别。

直链淀粉是由 D-葡萄糖通过 α-1，4-糖苷键连接而成的，可用下式表示：

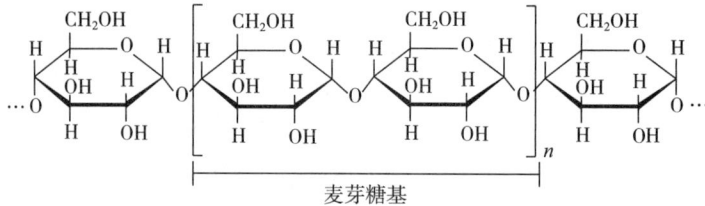

麦芽糖基

括号中的二糖基是一个相当于麦芽糖的基本结构单位，直链淀粉是这个基本结构单位的延伸。基本结构单位表达了淀粉分子中葡萄糖是按 α-1，4-糖苷键连接的。其聚合度在 100~1000，平均相对分子质量为 23000~165000。多糖常用"聚合度"表示分子的大小，聚合度的数值说明分子是由多少个单糖聚合起来的，一般为几百个。直链淀粉在水溶液中并不是线形分子，而是由分子内的氢键作用使链卷曲成螺旋状，每个环含有 6 个葡萄糖残基。

支链淀粉分子比直链淀粉大，是由 600~6000 个 D-葡萄糖连接而成的枝状化合物。在支链淀粉的分子中，D-葡萄糖除通过 α-1，4-糖苷键连接成直链外，直链和支链间还通过 α-1，6-糖苷键连接。每个支链含有 20~25 个葡萄糖基，它们相互间也是以 α-1，4-糖苷键连接的。分支点即淀粉直链上的一个葡萄糖由它的 6 位碳上羟基组成另一个糖苷键，因此分支点的葡萄糖 1，4，6 位 3 个羟基都参加了糖苷键的组成。支链淀粉的相对分子质量在 100000~1000000。

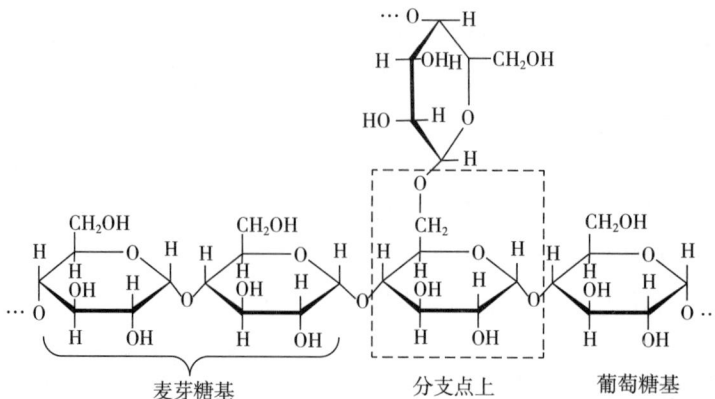

麦芽糖基   分支点上   葡萄糖基

一个直链淀粉的分子，有一个还原尾端，由50多个支链组成的支链淀粉，也只有一个还原尾端。这是因为20~25个葡萄糖链的还原端的1位羟基与分支点上葡糖基的6位羟基结合成糖苷键。

（二）淀粉的性质

淀粉虽然是由葡萄糖分子结合而成的，但葡萄糖分子相互间是通过苷键连接的，只有在淀粉分子末端的葡萄糖单位上还保留游离的半缩醛羟基。这个游离半缩醛羟基在分子中所占的比例极小，因此淀粉不显示还原性。其他多糖也不显示还原性。

淀粉可以在酸的作用下水解，也可以在生物体内酶的作用下水解。淀粉的水解是大分子逐步裂解为小分子的过程，这个过程的中间产物总称为糊精。在水解过程中糊精分子逐渐变小，根据它们与碘产生不同的颜色分为蓝糊精、红糊精和无色糊精。无色糊精继续水解则生成麦芽糖，最后生成葡萄糖。淀粉在淀粉酶催化下水解最后生成麦芽糖，麦芽糖在麦芽糖酶的催化下水解生成葡萄糖。淀粉的水解过程可表示如下：

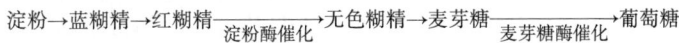

$$淀粉 \rightarrow 蓝糊精 \rightarrow 红糊精 \xrightarrow{\text{淀粉酶催化}} 无色糊精 \rightarrow 麦芽糖 \xrightarrow{\text{麦芽糖酶催化}} 葡萄糖$$

1. 酸水解

淀粉在酸和热的作用下，水解生成葡萄糖。在一定条件下，有一部分葡萄糖发生复合反应和分解反应，即同时发生3种反应，但淀粉水解反应是主要的，复合反应和分解反应是次要的。复合反应和分解反应不利于葡萄糖的生成，应尽量降低这两种反应。淀粉水解反应还与温度和催化剂有关，催化效能较高的催化剂为盐酸和硫酸。

2. 酶水解

烟草在生长发育过程中，淀粉的合成和分解是在酶的作用下进行的，特别是烟叶在调制过程中，淀粉要大量地水解为糖，是在烟叶尚有生命的情况下由酶的催化来完成的。

能作用于淀粉水解的酶总称为淀粉酶。按作用的方式和水解的糖苷键的不同主要又分为α-淀粉酶、β-淀粉酶、葡萄糖淀粉酶和异淀粉酶（$\alpha-1，6$糊精酶）。酶对于淀粉的催化水解具有高度的专一性，即只能按照一定的方式水解一定种类和一定位置的糖苷键。

α-淀粉酶水解淀粉是从分子内部进行的，水解中间位置的$\alpha-1，4$-糖苷键，先后次序没有一定的规律。这种从分子内部进行水解的酶统称为"内酶"。生成产物的还原尾端葡萄糖为α-构型，故称为α-淀粉酶。α-淀粉酶使长链淀粉很快水解为糊精和少量麦芽糖、葡萄糖，不能水解麦芽糖分子中的$\alpha-1，4$-糖苷键。

此酶作用于支链淀粉时，由于它不能水解分支点上的$\alpha-1，6$-糖苷键，但能越过$\alpha-1，6$-糖苷键，因此作用的产物中还有异麦芽糖和带有数个葡萄糖单位的异麦芽糖。

β-淀粉酶只能水解$\alpha-1，4$-糖苷键，不能水解$\alpha-1，6$-糖苷键，也不能越过$\alpha-1，6$-糖苷键。其作用是从淀粉链非还原端开始（不能从分子内部进行），依次切下麦芽糖基，因此属于"外酶"。当作用于直链淀粉时，可将其全部水解为麦芽糖，最后的产物是β-麦芽糖，故称为β-淀粉酶。这是因为水解过程发生了构型变化。当作用于支链淀粉时，也是从各分支的非还原端开始，依次切下麦芽糖基，当切到$\alpha-1，6$-糖苷键的分支处时不能越过，因此两分支点附近及其内侧不能水解而残留下来，这些残留物称为核心糊精。

葡萄糖淀粉酶是从淀粉的非还原端开始，依次切下葡萄糖基，最后产物全部为葡萄糖，因此叫作葡萄糖淀粉酶，也属于"外酶"。葡萄糖淀粉酶专一性差，不仅可以水解 α-1，4-糖苷键，也可以水解 α-1，6-糖苷键，可将直链及支链淀粉完全水解为葡萄糖，但水解速度慢。

异淀粉酶（α-1，6 糊精酶）只作用于 α-1，6-糖苷键，将支链淀粉切成一段一段的直链糊精。

二、纤维素

（一）纤维素的结构和性质

纤维素是由 1000~10000 个 β-葡萄糖通过 β-1，4-糖苷键连接的没有分支的长链多糖。其基本结构单位是纤维二糖基。

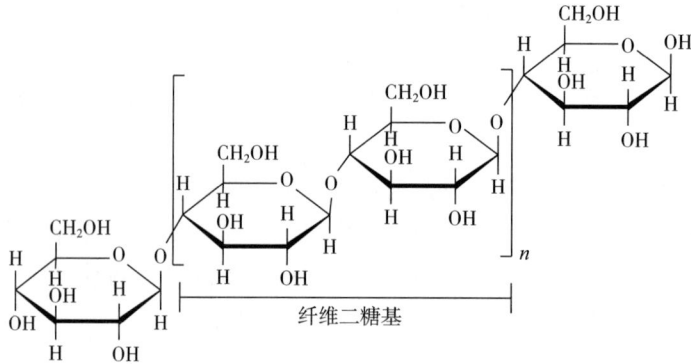

纤维素在 150℃ 以下是稳定的，超过这个温度时会由于脱水而逐渐焦化。纤维素是白色纤维状固体，不溶于水，与冷水和沸水均不起作用，仅能吸水膨胀，也不溶于稀酸、稀碱和一般有机溶剂，其性质比较稳定。纤维素也可以水解，但比淀粉困难。与浓酸起水解作用而生成葡萄糖，与浓碱作用而生成纤维素碱，与强氧化剂作用而生成氧化纤维素。按照与酸、碱作用的不同可分为甲种（α-）、乙种（β-）和丙种（γ-）纤维素。在 20℃ 将纤维素浸于 17.5%~18% 的 NaOH 溶液中，45min 后，不溶解的部分称为甲种纤维素，溶解的部分加酸能沉淀分离出来的部分称为乙种纤维素，不沉淀的部分称为丙种纤维素。丙种纤维素实际上已不是纤维素，而是由木糖、甘露糖、葡萄糖等组成的其他天然多糖类化合物。

纤维素既然也是由葡萄糖连接而成，为什么它比淀粉的化学性质稳定而且机械强度较高呢？这是因为纤维素束是由许多直链的纤维素分子组成的，其中还存在着数目众多的羟基，能形成许多氢键，纤维素分子间依靠这些氢键彼此相连形成牢固的纤维素胶束，每一胶束约由 60 个纤维素分子所组成，胶束再定向排布形成网状结构。这种结构使纤维素具有很好的机械强度和化学稳定性。

（二）改性纤维素

天然纤维素经过适当处理，改变其原有性质以适应特殊需要，称为改性纤维素。

1. 羧甲基纤维素（CMC）

纤维素在氢氧化钠溶液中与氯乙酸作用，生成羧甲基纤维素。反应式可表示为：

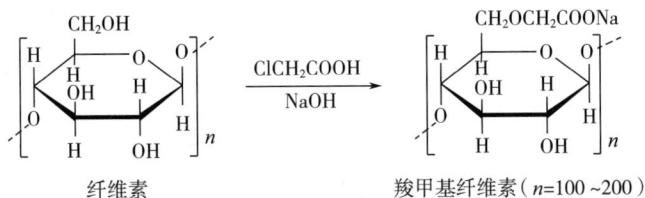

纤维素　　　　　　　　　羧甲基纤维素（n=100~200）

羧甲基纤维素是白色粉状物，俗称化学糨糊粉，无味、无臭、无害，在水中能形成透明的黏性胶体物质，对光和热都相当稳定。在纺织、印染等工业中可代替淀粉用作糨糊，在食品工业中可用作增稠剂。在烟草工业中被用作制造烟草薄片的添加剂和卷烟包装的常用黏合剂，具有在适当温度下快速黏结固化，黏合后具有牢固、抗湿耐温和不污染的特性。用 CMC 成型的薄片虽机械性能较好，但仍存在一些缺陷，如抗张强度和耐破度不够、加工时易造碎等，影响了薄片的利用率，且薄片弹性差，不适用于高速卷烟机。并且用 CMC 成型的薄片燃烧性差，会产生轻微的纤维素杂气，影响卷烟吸味。

2. 醋酸纤维素

纤维素与醋酸酐和硫酸作用，分子中的醇羟基发生乙酰化反应，生成纤维素的醋酸酯。三醋酸酯的生成可表示如下：

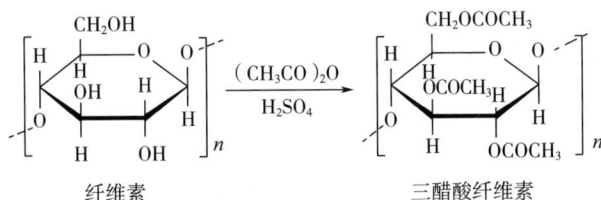

纤维素　　　　　　　　　三醋酸纤维素

酯化的程度随试剂的浓度和反应条件的不同而不同。工业上一般使用的是二醋酸酯，可用于制造人造丝、胶片、塑料等。烟草工业中用醋酸纤维制造卷烟滤嘴，燃吸卷烟时烟气通过滤嘴，可截留其中部分焦油、烟碱等物质，提高卷烟安全性。

3. 甲壳素和甲壳胺

甲壳素又称为甲壳质、几丁质、壳蛋白、明角质，是从虾、蟹等甲壳类水产动物的外骨骼中提取出来的。化学名称为 2-乙酰胺基-2-脱氧-β-D-葡聚糖，是 N-乙酰基-D-葡氨糖通过 β-1，4-糖苷键连接的直链状多糖，相对分子质量为几十万至几百万。甲壳素脱除乙酰基后即为甲壳胺，又称为壳聚糖、可溶性甲壳质，其化学名称为 2-氨基-2-脱氧-β-D-葡聚糖。

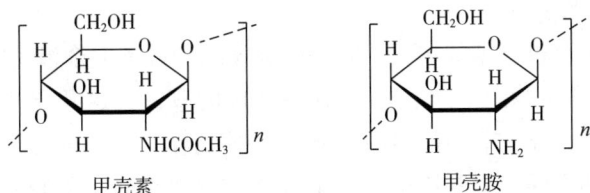

甲壳素　　　　　　　　　甲壳胺

烟草行业将用作薄片黏合剂原料的甲壳胺习惯上称为甲壳素，但两者的分子结构、化学性质、用途均有明显的区别。

（1）化学性质上的区别：甲壳素不溶于水及绝大多数溶剂，仅在高温条件下可溶于盐酸、硫酸等强酸，而生成相应的盐类，使其应用受到很大的限制。甲壳胺是甲壳素经过脱乙酰基处理的衍生物，它不溶于一般的有机溶剂，但能溶于大部分有机酸的水溶液而形成一种玻璃状的胶状物，并能发生诸如水解、烷基化、氧化、还原、螯合、絮凝、吸附等多种化学反应，这些特性使甲壳胺在许多领域得到了广泛应用。

（2）用途上的区别：由于甲壳素的化学性质使它的直接应用受到了很大的限制，目前只能通过深度加工将其制成多种衍生物来加以利用，如脱乙酰处理后成为甲壳胺，通过盐酸或硫酸高温酸解后成为氨糖盐酸盐或氨糖硫酸盐作为医药中间体应用于制药行业。而甲壳胺能溶于一般有机酸的水溶液，并能发生多种化学反应，因此它可作为黏合剂、絮凝剂、吸附剂、保鲜剂、防水剂及其他物质的载体等被广泛应用。

甲壳胺用于烟草薄片黏合剂时，正是充分利用了它的黏合、防水、防霉、保润、保香及吸附焦油、改善吸味等特性。用甲壳胺为主要原料制备的黏合剂生产出的烟草薄片，不仅具有色泽好、拉伸强度高、防水性能好，具有防霉、保香作用等特点，还能在吸附焦油的同时，通过燃烧热解生成哌嗪类物质，这是一种优良的调味剂，能大幅改善卷烟吸味。这些特点是CMC所不能比拟的。因此进入 20 世纪 80 年代后，甲壳胺在烟草薄片生产中得到广泛的推广应用。

三、半纤维素

半纤维素大量存在于烟草木质化部分。半纤维素不溶于水，但与纤维素不同，它具有溶于稀碱和易被酸水解的性质。半纤维素的成分比较复杂，它包括很多高分子的多糖，有多缩戊糖，也有多缩己糖。多缩戊糖中主要是多缩木糖和多缩阿拉伯糖，多缩己糖中主要是多缩甘露糖、多缩半乳糖和多缩半乳糖醛酸，也常含有少量的其他多糖，所以大多数半纤维素是杂聚糖。半纤维素的结构现在还不很清楚。木聚糖是半纤维素中最丰富的一种，由木糖以 β-1，4-糖苷键连接而成，聚合度为 150~200。阿拉伯聚糖是由阿拉伯糖以 β-1，5-糖苷键及 β-1，3-糖苷键构成的。甘露聚糖是由 200~400 个甘露糖以 β-1，4-糖苷键聚合的。半乳聚糖的聚合度约为 120，也由 β-1，4-糖苷键构成。葡萄甘露聚糖是混合多糖型的半纤维素，由葡萄糖与甘露糖以 β-1，4-糖苷键构成。

四、果胶质

果胶质是烟草及其他植物细胞壁的组成成分之一，水果含有丰富的果胶质。果胶质充塞在细胞壁之间的中胶层中，使细胞黏合在一起。

（一）果胶质的结构和分类

果胶质是一类成分比较复杂的多糖，它们的分子结构尚未完全清楚，但其主要由 D-半乳糖醛酸和 D-半乳糖醛酸甲酯以 α-1，4-糖苷键连成的直链，也常含有其他的糖类成分，如L-阿拉伯糖、D-半乳糖、L-鼠李糖、D-木糖、D-葡萄糖等。一部分半乳糖醛酸的羧基形成甲酯，据甲酯化程度的不同，果胶质可分为果胶酸和果胶酯酸。果胶酸基本上不含甲酯，果胶酯酸则甲酯化。果胶酸和果胶酯酸均可溶于水呈胶体溶液。此外，还有一种不溶于水的称为原果胶的物质。

1. 原果胶

原果胶存在于未成熟的果实和茎、叶里。原果胶是可溶性果胶酸与纤维素和半纤维素联合而成的高分子化合物，不溶于水。未成熟的果实是坚硬的，这与原果胶的存在直接有关。原果胶在稀酸或原果胶酶的作用下可转变成可溶性果胶。

2. 果胶酯酸

果胶酯酸的主要成分是多缩半乳糖醛酸甲酯和少量多缩半乳糖醛酸，可存在于细胞汁液中。果胶酯酸能溶于水是果实成熟后由硬变软的原因之一。果胶酯酸在稀酸或原果胶酶的作用下，在半乳糖醛酸的甲酯部位水解生成果胶酸和甲醇。

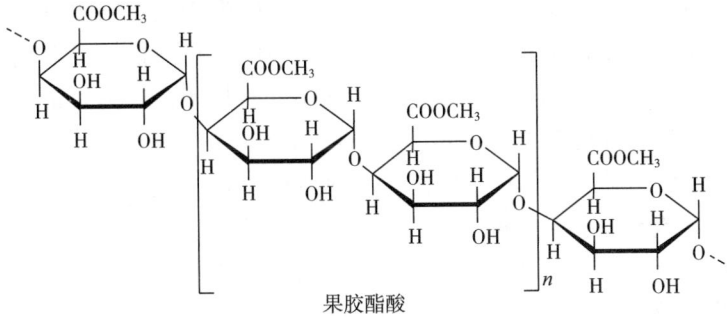
果胶酯酸

3. 果胶酸

果胶酸是由很多半乳糖醛酸通过 α-1，4-糖苷键结合而成的高分子化合物。果胶酸分子中含有游离的羧基，完全未甲酯化，因此果胶酸在细胞汁液中能与 Ca^{2+} 或 Mg^{2+}、K^+、Na^+ 等矿物质生成不溶性的果胶酸钙或果胶酸镁等果胶酸盐沉淀。

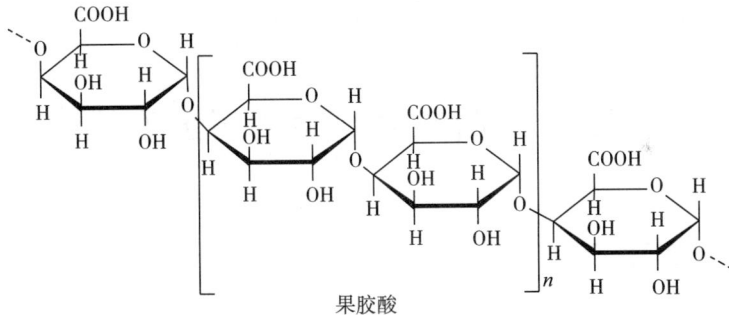
果胶酸

(二) 果胶质的性质

果胶质在酸性或碱性条件下能发生水解，可使酯水解和苷键裂解，但是它比淀粉的水解困难得多。在高温和强酸条件下，糖醛酸残基发生脱羧作用。

果胶酯酸和果胶酸在水中的溶解度随聚合度增加而减小，在一定程度上还随酯化程度增加而加大。果胶酸的溶解度较小（<1%），但其甲酯化和乙酯化后的衍生物溶解度增大。

木质素不属于糖类，但是它常和纤维素、半纤维素、果胶质共同构成细胞壁等结构支持物质。烟草茎秆在生活功能旺盛的形成层中几乎看不到木质素，当分化为木质部细胞而形成二次膜层时，从一次膜的边角开始有木质素的沉积，随着组织的成熟，也在中间层、一次膜、二次膜中积累后强化组织。其结构单位是3种苯丙烷衍生物（对-羟基苯丙烷、邻-甲氧基苯丙烷、4-羟基-3，5-二甲氧基苯丙烷），即由它们聚合构成酚性三维网状高分子化合物。各自的数量比，即使在个体内也因组织和部位不同而有量和质上的差异。

在研究过程中，尽可能把木质素从植物体内不变质地按原状分离出来是非常必要的。然而由于植物组织中含有的木质素，无论在化学上或物理学上都是相当活泼的，所以要像其他成分那样以未变化的状态分离出来，现在还是做不到的。

（三）烟草细胞壁物质

烟草细胞壁物质包括纤维素、半纤维素、木质素和果胶等成分，在烤烟烟叶内占干物质重量的 26%~35%，在烟梗中约占 43.8%。有人测定了 4 种类型烟草样品，发现纤维素和半纤维素比例相当恒定，其值约为 6.7 : 1。一般烟叶叶片纤维素的聚合度为 1100~1650。

以往很少有人注意烟草中比较复杂的细胞壁物质，但由于该类物质对卷烟品质有相当大的影响，近年来人们逐渐重视了对该类物质的分析和研究。目前认为，细胞壁物质是糖类中对烟草内在品质和风味影响的不利因素，原因是该类物质热解会产生较多低级醛类，在燃吸时会产生刺激性的呛咳。此外，木质素热解会产生儿茶酚和烷基儿茶酚，引起涩口且有促癌活性。果胶质是亲水性胶体，对烟叶的吸湿性和弹性起一定作用，但果胶质对烟叶品质不利，分解会产生甲醇。细胞壁物质含量越高，烟叶的品质越差。特别是低次烟叶中还原糖和水溶性总糖含量很低，纤维素、半纤维素、木质素及果胶含量较高，致使低次烟叶具有强烈的刺激性、杂气重、吸味呛咳、涩口，香气量少的缺点。

目前，有研究者正在探索利用现代工程技术（如膨胀、超声波等）处理低次烟叶和烟梗，破坏木质素和半纤维素的结合层，使纤维素结晶度降低，利用生物技术如经多种混合酶处理低次烟叶或烟梗，将细胞壁物质部分降解为水溶性糖。从品质上既可除去吸烟时的不适感觉，改善吸食质量，又可减少卷烟烟气中的焦油量，有利于降低吸烟对健康的影响。从经济上可以提高低次烟叶和烟梗的使用价值，降低生产成本。

第四节　烟草中糖类物质的变化

一、在生长发育过程中的变化

光合作用的最初产物是葡萄糖，在其他物质的参与下，葡萄糖在体内经过一系列的代谢转化，生成各种有机物质，以满足生理过程的需要。同时，葡萄糖还作为呼吸底物而用于呼吸消耗，产生能量维持生命活动和生长发育。烟草在生长发育过程的前期，合成的糖类只是作为构成烟草植物体的形式积累，如原生质结构物质和细胞壁结构物质乃至组织和器官的生长和发育，而不是作为贮藏营养物质而积累。体内所含简单糖类只是用来维持正常的生理活动。在生长发育过程的后期，糖类积累的方式则相反，无论烟草植株或叶片其骨架都已达到了与品种特性和环境条件相适应的最大值，光合作用仍继续进行，光合产物就以各种贮藏营养物质的形式（主要淀粉和水溶性糖）而逐渐积累。

如果把正在生长发育和成熟期间的烟株的固定叶层内糖类（单糖、麦芽糖、蔗糖、淀粉、糊精）总含量的变化与干物质的变化加以分析比较，并折算成每平方米叶面积所含的重量，就会发现它们有共同的趋势。

从表 3-3 和表 3-4 可以看出，烟叶内糖类的含量与干物质含量一样，到烟株始花期以前都在不断地增长。在正常烟株开花之后，叶内糖类和干物质含量均略有下降。但是打顶烟株的烟叶内干物质和糖类含量却仍在增加，直到烟叶开始落黄时仍未停止。

正常烟株内主要贮藏物质淀粉的含量，从幼苗直到花蕾形成期都在不断地积累。到了开花和结实期间，叶内淀粉的含量即行下降。而在打顶烟株的烟叶中淀粉的含量，打顶之前和正常烟株一样增长，但到打顶以后，淀粉含量显著下降，随后急剧增长，在烟叶生理成熟期达到最高峰。

表3-3　烟草不同生长发育阶段干物质和糖类的变化

生长发育阶段		烟苗	幼株	现蕾	开花	结实	成熟	变黄
日/月		1/6	30/6	20/7	2/8	20/8	27/8	16/9
干物质	正常烟株	21.4	24.9	35.7	35.4	34.2	—	—
（g/m²）	打顶烟株	—	—	打顶	31.0	35.5	42.0	71.7
淀粉	正常烟株	0.887	1.105	2.091	1.039	1.053	—	—
（g/m²）	打顶烟株	—	—	打顶	0.782	1.389	2.758	2.533
可溶性糖	正常烟株	0.1143	0.2905	0.3103	0.2722	—	—	—
（g/m²）	打顶烟株	—	—	打顶	0.2954	0.3052	0.4434	0.5783

烟叶由旺长期进入成熟期，细胞体积和叶面积停止增大。光合作用合成的有机物质逐渐积累，充实叶片细胞和组织。当干物质积累达到最高峰时，称为生理成熟期。之后，烟叶中的淀粉向糖转化，少量的糖分解，整个糖类有一个下降的幅度。同时烟叶中的游离氨基酸大大减少，总氮水平下降，烟碱、树脂呈上升趋势。此时烟叶中化学成分处于最适宜状态，含水量下降，叶片结构由紧密变为疏开状，达到最大体积的细胞有所缩小，细胞间隙扩大，采收调制后叶片的物理性状如组织结构、弹性、容湿性等也是理想的。这个时期称为工艺成熟期，即从工艺加工上已达到最佳时期。若工艺成熟期不采收调制，叶片就逐渐衰老变黄，进入过熟期。过熟的叶片干物质减少，组织变松，质量减轻，品质下降。随着过熟程度的加深，烟叶的使用价值逐渐降低。相反，若烟叶未达到工艺成熟而采收调制，各种化学成分的比例不协调，香味物质没有充分形成，烟味辛辣，刺激性大，青杂气重，颜色暗而无光泽，组织粗糙，弹性差。成熟度越差使用价值越低。烟叶进入成熟期，内部化学成分的变化与外部生长特征是相联系的，能够从外部特征的变化来判断烟叶成熟程度。

表3-4　特拉那宗德烟叶糖类积累情况（mg/g，干重）

采样日期 （日/月）	叶片大小 （cm）	糖类总量		单糖		蔗糖		麦芽糖		淀粉	
		mg	%	mg	%	mg	%	mg	%	mg	%
18/7	8×4	115.71	100	11.85	10.24	10.67	9.22	3.42	2.96	89.77	77.58
24/7	11.3×5	198.10	100	15.34	7.74	42.06	21.26	13.98	7.06	126.72	64.5
29/7	18.5×9.3	225.76	100	22.31	9.88	47.73	21.14	17.87	7.91	137.85	61.07
4/8	22.4×14	247.91	100	24.17	9.74	49.36	19.93	19.51	7.86	154.87	62.47
10/8	25×16.2	288.64	100	29.87	10.34	49.19	17.04	22.07	7.63	187.55	64.97

续表

采样日期	叶片大小	糖类总量		单糖		蔗糖		麦芽糖		淀粉	
（日/月）	（cm）	mg	%	mg	%	mg	%	mg	%	mg	%
17/8	26×18.5	290.60	100	38.32	13.18	43.06	14.82	26.57	9.15	182.66	62.88
28/8	26×19	322.23	100	41.43	12.85	45.71	14.18	28.78	8.93	206.31	64.02
12/9	叶片过熟	285.51	100	53.32	18.67	32.18	11.28	29.16	10.21	170.86	59.84

烟叶生长过程中糖类的绝对量与干物质积累一样是逐渐增加的。成熟之前主要用来构成叶片的网络和骨架，如纤维素、半纤维素、果胶质等，达到成熟时主要以水溶性糖和淀粉的形式积累。因为淀粉是由单糖聚合形成的，所以在生长过程中，淀粉含量的变化与水溶性糖的变化也是密切相关的。当烟叶中淀粉含量减少时，必然伴随着水溶性糖含量增加；相反，当烟叶中淀粉含量增加时，又引起水溶性糖含量相应下降。它们的积累都是在烟株接近开花时达到最高峰。开花之后，由于顶部生殖器官发育，烟叶中的糖类向顶部运输，势必造成烟叶中干物质特别是水溶性糖类的下降，从而降低品质。因此，烟草栽培普遍采取打顶抹杈措施减缓这个过程，这对于干物质的积累是极其有效的。此外，采取分批适时采收叶片的方法（熟一片采收一片），将从下到上已达到工艺成熟的叶片及时采收，也是获得最佳质量的积极措施。

二、在调制过程中的变化

烟草在生长发育过程中为了构成新的机体和维持机体内部生理生化过程的能量消耗，需要进行呼吸作用而消耗大量的有机物质。同样，在调制过程中，烟叶仍需要在一定时间内（主要是变黄期），保持生命状态进行一系列的生物化学变化（主要是呼吸作用），还要消耗大量的有机物质来维持这段时间内所需要的能量，并转化为新的物质。但是这段时间内烟叶内部物质的消耗不再可能得到补充，所以叫饥饿代谢。

在调制过程中各种类型的有机物质作为呼吸基质的消耗是不均等的，有些物质比较稳定，不易变化或变化较少，如组成烟叶骨架的细胞壁物质纤维素、聚戊糖、果胶质等。树脂、脂肪酸、单宁以及含氮化合物的变化也是有限的。有些物质如单糖、淀粉、糊精则发生大幅度的变化，有机酸中的苹果酸和柠檬酸也将发生大量的变化。1951年培根（C. W. Bacon）等试验研究报道，烟叶内淀粉在变黄期大量转化为糖，其淀粉含量在变黄结束时由鲜烟叶含量的29%减少到12%，待烘烤结束时降至5%左右。1959年洛维特（Lovett）等认为水溶性糖在烘烤过程中逐渐积累，其含量由5%增至25%。果胶质有一定量的水解消失，粗纤维和聚戊糖在调制过程中不但没有减少，而且烘烤结束后有所增加，这是因为烘烤后的干物质减少，使其相对增加。葡萄糖和果糖等还原糖增加明显，蔗糖缓慢上升，至烘烤结束达最高点（表3-5）。调制后的烟叶水溶性总糖大量增加，是由于淀粉大量转化的结果。水溶性糖虽然用于呼吸基质而被消耗，但是比起淀粉转化的量要少得多，结果是消耗的少，保留下来的多，这对烤烟品质是有利的，这种烤烟的调制方法是人工加热缩短了调制时间，干物质消耗少的缘故。

表 3-5　烤烟调制过程中的糖类变化（%）

（Bacon C. W.，1951）

成分	鲜烟	变黄后	烤后	变化
淀粉	29. 30	12. 40	5. 52	-23. 78
还原糖	6. 68	15. 92	16. 47	+9. 79
果糖	2. 87	7. 06	7. 06	+4. 19
蔗糖	1. 73	5. 22	7. 30	+5. 57
粗纤维	7. 28	7. 16	7. 24	-0. 04
果胶酸	10. 99	10. 22	8. 48	-2. 51

第五节　烟草中糖类物质的分布

一、烟草种子和烟叶中的糖类

烟草中的糖类化合物种类较多，根据糖分子的缩合情况有单糖、低聚糖和多糖之分。据 E. Wada 等（1951）报道，在烟草种子中发现棉子糖。M. E. Scarascia-Venezian 等（1954）报道，烟草种子中存在棉子糖、蔗糖、葡萄糖、果糖和一种 3~4 个碳原子的未知糖。发芽后棉子糖消失，麦芽糖和核糖出现。据 T. Mizuno 等（1963）报道，烟草种子中存在 10 种多糖，通过酸水解得到葡萄糖、半乳糖、木糖、阿拉伯糖、核糖、鼠李糖和半乳糖醛酸。

烟叶中存在多种糖类化合物（Stedman，R. L.，1968），包括阿拉伯糖、阿拉伯半乳糖、1-脱氧-1-（L-丙氨酰基）-D-果糖、1-脱氧-1-（N-γ-氨基丁酸）-D-果糖、1-脱氧-1-（L-脯氨酰基）-D-果糖、脱氧核糖、赤藓糖、果糖、半乳糖胺、半乳糖醛酸、葡萄糖胺、葡萄糖、麦芽糖、甘露糖、棉子糖、鼠李糖、核糖、芸香糖、山梨醇、来苏糖、蔗糖、木糖和木聚糖都曾从烟叶中被检测出来。

不同糖类化合物对烟叶品质有不同的影响，而且随烟草类型、品种和栽培、调制方法和烟叶部位的不同，其含量也不一样。为了研究和衡量烟叶的品质，必须对糖类物质分别进行研究。

二、水溶性总糖和还原糖

烟叶中单糖、二糖和其他低聚糖均具有水溶性，而且这些水溶性糖对烟草品质的影响又基本相同，因此在检测时常常用相同的方法提取，测定其总量，称为水溶性总糖。主要包括葡萄糖、果糖等单糖和蔗糖、麦芽糖等二糖，以及低聚度的棉子糖等。测定过程是用 85% 的乙醇提取烟末中的水溶性糖制备糖待测液，用加盐酸加热的方法水解，使低聚糖都转变成单糖，再利用单糖的还原性进行测定（以葡萄糖计）。

所有的单糖都具有还原性，大部分低聚糖也都具有还原性，所以还原糖是指具有还原性糖的总量。测定过程中对糖待测液不进行水解，直接利用还原性进行测定。非还原糖是指分子结构中没有游离的醛基、酮基、半缩醛羟基的低聚糖，烟草中的蔗糖是主要的非还原糖。据研究，调制后的烤烟中非还原糖一般占水溶性总糖的10%左右。非还原糖一般不直接测定，而是以水溶性总糖与还原糖的差值表示。

烟草中的水溶性总糖和还原糖对烟叶品质有重要影响，因此它们是重要的检测项目。

三、不同类型烟草的含糖量

影响烟叶含糖量的因素主要有遗传因素（烟草的类型和品种）、栽培措施（施肥和打顶）、调制方法（烘烤或晾晒）、环境条件（气候和土壤）。美国 W. R. Harlan 和 J. M. Mosely（1955）分析了不同类型烟叶的还原糖含量占烟叶干重的百分比，结果是烤烟22.09%，香料烟12.39%，白肋烟0.21%，马里兰烟0.21%。不同类型烟叶含糖量差异很大，这主要是烟草类型、栽培、调制和环境条件造成的，其中调制措施起作用较大。烤烟是放在烤房中调制，人工控制温、湿度，烟叶经调萎、变黄、干叶、干筋等阶段，调制时间短，一般为5~7 d，烟叶保持生命活力而消耗糖分进行呼吸作用的时间也短，因而作为主要呼吸基质的糖分消耗得少，保存下来的多，烟叶含糖量就高。而白肋烟和马里兰烟是晾烟，挂在晾房中自然条件下晾制，烟叶保持生命时间长，调制时间也长，一般需要30~40 d，呼吸消耗糖分多，调制结束后糖分消耗殆尽，达到几乎检测不到的程度，因而白肋烟和马里兰烟含糖量极低，这是其显著特点。香料烟属晒烟，晒制时间介于烤烟和晾烟之间，一般为15 d左右，烟叶中糖分消耗掉一部分，也保留下来一部分，烟叶含糖量介于烤烟和晾烟中间。

中国农业科学院烟草研究所对我国不同产区的烤烟、晾晒烟的含糖量进行了对比分析，结果见表3-6。

表3-6　烤烟及晾晒烟烟叶含糖量分析结果（%）

（中国农业科学院烟草研究所）

产地及烟叶类型	水溶性总糖	还原糖	产地及烟叶类型	水溶性总糖	还原糖
云南玉溪烤烟	27.54	22.09	广东南雄晒黄烟	25.23	20.34
贵州福泉烤烟	25.68	23.75	江西广丰晒黄烟	11.66	8.88
广西玉林烤烟	32.20	24.68	湖北黄冈晒黄烟	13.38	10.33
广东梅县烤烟	28.79	25.68	广东高鹤晒红烟	5.75	2.76
江西赣州烤烟	27.54	25.06	贵州册亨晒红烟	4.50	2.63
福建永定烤烟	28.79	26.76	贵州惠水晒红烟	6.38	3.13
湖南江华烤烟	21.59	20.21	四川新都晒红烟	2.19	1.61
湖北利川烤烟	32.76	27.14	吉林蛟河晒红烟	5.23	3.89
安徽凤阳烤烟	23.75	20.65	黑龙江穆棱晒红烟	7.25	3.25
河南舞阳烤烟	18.63	15.83	黑龙江尚志晒红烟	5.88	2.75
山东临朐烤烟	22.62	21.11	湖北建始白肋烟	4.88	2.50
陕西彬县烤烟	34.55	28.36	浙江新昌香料烟	12.00	6.25
辽宁凤城烤烟	30.65	23.75	浙江桐乡雪茄包叶	2.46	1.93

从表3-6看出，我国不同产地的烤烟水溶性总糖和还原糖含量差异较大，这主要是烟草品种、产地的气候土壤条件以及栽培方法的差异造成的。不同产地的晒黄烟含糖量也有较大差异，但含糖量较高，接近于烤烟，这可能是晒黄烟的栽培方法和调制技术决定其含糖量较高引起的。晒红烟的含糖量均较低，接近于白肋烟和雪茄烟。香料烟的含糖量介于烤烟与晒红烟之间。

四、不同部位烟叶的含糖量

中国农业科学院烟草研究所还对我国烤烟不同部位叶片的水溶性糖和还原糖含量进行分析（表3-7），结果是由于不同叶位叶片在生长期间所处的环境条件不同，含糖量存在着差异。

表3-7　烤烟不同部位烟叶含糖量分析结果（%）

（中国农业科学院烟草研究所）

叶位	水溶性总糖	还原糖	叶位	水溶性总糖	还原糖
1	6.64	5.65	12	13.59	9.69
2	8.12	7.20	13	13.01	9.05
3	9.90	8.75	14	12.67	8.64
4	13.20	10.86	15	13.29	10.33
5	13.97	12.67	16	11.88	8.96
6	13.38	12.18	17	12.34	9.32
7	17.27	15.20	18	13.38	9.95
8	15.57	13.38	19	6.88	4.68
9	14.84	12.67	20	7.34	5.55
10	13.37	11.31	21	6.79	4.48
11	14.84	13.10	22	6.33	4.15

中部叶片的生长时期正处于植株旺长阶段，环境条件适宜，养分供应充足，其水溶性总糖和还原糖含量最高，烟叶油分足，弹性强，香气充足，吃味醇和，劲头适中，品质优良；下部叶片水溶性总糖和还原糖含量较低，叶片较小，单叶质量较轻，油分少，弹性差，香气不足，吃味平淡，质量较差；上部叶片因其接受光照强，水分养分供应充足时，打顶抹杈后干物质积累多，含氮化合物比例大，蛋白质和烟碱含量高，含糖量最低，总糖与蛋白质比值以及总糖与烟碱比值不协调，因而烟气浓度大，劲头大，刺激性大，杂气重。但因干物质充实，吃味强度大，香气量充足，在工业加工中适当处理，发挥优势，克服质量缺陷，可提高其可用性。

五、不同等级烟叶的含糖量

闫克玉等（1997年）以烤烟国家标准实物样品为试验材料对河南烤烟（40级）各等级烟叶的各种糖类物质的含量及规律性进行了系统的研究，结果见表3-8。

表 3-8　烤烟各等级烟叶含糖量分析结果（%）

烟叶等级	水溶性糖	还原糖	总细胞壁物质	纤维素	果胶质	木质素
X_1L	16.09	15.87	30.31	20.01	5.03	4.41
X_2L	16.01	15.23	32.80	21.45	6.47	4.64
X_3L	14.89	14.21	33.01	22.23	6.50	4.26
X_4L	14.10	13.99	35.06	23.01	7.90	4.25
X_1F	14.9	13.48	29.47	17.45	6.35	4.13
X_2F	14.01	12.30	31.08	19.08	7.46	3.07
X_3F	13.89	11.29	32.05	21.32	7.50	3.60
X_4F	13.71	11.05	34.07	22.16	8.01	3.30
C_1L	26.98	25.08	27.92	16.12	7.37	3.82
C_2L	23.49	21.87	28.07	17.16	8.08	2.45
C_3L	19.98	18.67	32.15	21.20	8.32	2.26
C_1F	21.90	17.69	26.02	16.24	7.26	2.94
C_2F	19.18	17.65	28.72	17.06	9.67	2.01
C_3F	19.40	18.13	30.05	19.18	9.06	1.95
B_1L	22.27	20.20	27.12	16.11	8.47	2.47
B_2L	22.73	19.49	30.02	18.64	9.45	1.73
B_3L	18.76	17.96	31.62	21.12	9.06	1.23
B_4L	16.06	15.10	33.74	21.13	11.18	1.14
B_1F	18.49	17.16	26.90	14.72	10.20	1.89
B_2F	16.07	14.98	27.79	17.02	9.15	1.46
B_3F	14.65	13.55	30.78	19.14	10.23	1.35
B_4F	10.75	9.89	31.85	20.08	11.35	1.24
B_1R	14.43	10.51	25.15	14.08	9.15	1.29
B_2R	11.46	8.65	26.93	15.37	9.83	1.17
B_3R	8.98	8.45	31.29	20.06	10.18	1.15
CX_1K	15.36	15.00	28.47	21.80	4.75	1.29
CX_2K	13.47	11.45	30.98	22.56	6.39	1.30
B_1K	13.21	10.93	28.83	18.33	7.85	1.56
B_2K	16.38	13.67	29.12	19.46	8.19	1.43
B_3K	11.79	11.05	29.33	21.26	7.03	1.04
S_1	18.27	16.76	32.67	24.12	6.56	1.89
S_2	18.89	15.37	34.88	25.38	7.32	1.93
X_2V	12.01	10.88	34.43	25.70	6.37	2.72

烟叶等级	水溶性糖	还原糖	总细胞壁物质	纤维素	果胶质	木质素
C_3V	15.68	14.85	32.29	21.37	9.24	1.86
B_2V	14.70	13.05	31.88	20.34	10.33	1.12
B_3V	13.21	12.63	32.49	21.51	9.28	1.35
GY_1	19.35	17.18	32.64	26.38	3.98	2.82
GY_2	17.44	14.01	34.35	25.04	6.73	2.85

（一）糖组分含量及规律性

水溶性总糖和还原糖的含量分别为 8.98%～26.98% 和 8.45%～25.08%，平均值分别为 16.40% 和 14.72%，还原糖在水溶性糖中占的比例平均为 90%。它们呈极显著正相关，相关系数为 $r=0.9614$，直线回归方程为 $y=1.5623+10079x$。其规律是：中部＞上部＞下部，柠檬黄＞橘黄＞红棕，成熟＞尚熟、欠熟＞假熟，按烟叶身份是中等＞稍薄＞稍厚和薄＞厚。

（二）细胞壁物质含量及规律性

测定了烤烟各等级烟叶的总细胞壁物质及其中的纤维素、果胶质、木质素含量，结果为：各等级烟叶的总细胞壁物质含量为 25%～35%，多数等级集中在 30% 左右。其变化规律是随烟叶部位的升高、颜色的加深、成熟度的提高、厚度的增加而降低。纤维素含量为 14%～26%，多数等级集中在 20% 左右。其变化规律是随烟叶部位升高、颜色的变浅、成熟度的提高、厚度的增加而降低。果胶质含量为 3.98%～11.35%，多数等级集中在 8% 左右。其变化规律是随烟叶部位的升高、颜色的加深、成熟度的提高、厚度的增加、等级的降低而降低。木质素含量为 1%～4%。其变化规律是随部位的升高、颜色的变浅、成熟度的提高、厚度的增加、等级的升高而降低。

第六节　糖类对烟质的影响

烟叶中的糖类有许多种，对烟质影响比较大的是水溶性糖、还原糖、淀粉、纤维素、聚戊糖和果胶质等。因为它们在热解、蒸馏和燃烧的条件下，能分解生成许许多多的新生化合物，从而影响烟草的吸食品质。

一、水溶性糖的影响

水溶性糖，特别是其中的还原性糖，在烟支燃吸时一方面能产生酸性反应，抑制烟气中碱性物质的碱性，使烟气的酸碱平衡适度，降低刺激性，产生令人满意的吃味；另一方面烟叶在加热及烟支燃吸过程中，糖类是形成香气物质的重要前提，当温度在 300℃ 以上时，可单独热解形成多种香气物质，其中最重要的有呋喃衍生物、糠醛衍生物、简单的酮类和醛类等羰基化合物。糖类与氨基酸经过美拉德反应能形成多种香气物质，产生令人愉快的香气，掩盖其他物质产生的杂气。此外，水溶性糖含量高的烟叶比较柔软，富有弹性，色泽鲜亮，耐压而不易破碎。根据化学分析表明，随着烟叶商品等级的提高，其含糖量是增加的。因此，水溶性总糖和还原糖的含量被认为是体现烟草优良品质的指标，是烟草化学分析的重要项目之一。

尽管如此，烟叶中糖的含量并不是越高越好，烟草的吸食质量是各种化学成分综合影响的结果。烟叶中的水溶性总糖与蛋白质之间需要保持适当的比例，即适度的酸碱平衡关系。这是因为烟支燃吸时这两类成分的热解反应是完全相反的，糖类热解产物呈酸性反应，蛋白质热解产物呈碱性反应。这可以从烤烟和雪茄烟这两个极端代表类型烟草来说明，烤烟的烟气是微酸甜的，而雪茄烟的烟气是微苦的，因为烤烟的水溶性总糖含量通常是各类型烟草中最高的，雪茄烟则是极低的，两者的烟气分别呈酸性反应和碱性反应。首先提出这种关系的是前苏联化学家施木克，烟叶中水溶性总糖与蛋白质的比值叫作施木克值。过去认为烟叶的施木克值越高越好，但是实际上施木克值在 2 以下比较适用，超过 2 对判明烟质就不那么准确了。这是因为糖含量过高从另一方面破坏了平衡与协调，使得烟气平淡无味，失去了应有的吃味强度。

烟叶水溶性总糖含量与烟碱含量也应保持适当的比例，简称糖碱比。在烟支燃吸时烟碱可直接挥发进入烟气，产生生理强度和烟草特有的香气，但是烟碱含量过高会产生刺激性和辛辣味。糖碱比例协调能使烟气既醇和，又保持烟气具有香气、吃味及适宜的浓度和劲头，使吸烟者得到心理上和生理上的满足。如果糖含量过高则破坏了与烟碱的平衡，一般认为烤烟糖碱比以 6~10 较为合适。此外糖含量高对烟叶的燃烧性产生不良影响，燃烧不易达到完全的程度。糖含量高，烟气中产生焦油也高，增加烟气对人体的危害。一般认为烤烟的糖含量在 16%~20%，香料烟的糖含量在 12% 左右是比较合适的。

至于其他类型的晾晒烟，由于品种特性、栽培措施、调制方法均有很大差别，烟叶的化学成分也有很大的不同。水溶性总糖含量和总氮含量最为突出，烤烟含糖量最高，总氮含量最低。白肋烟、马里兰烟、雪茄烟和地方性晒晾烟总氮含量高，糖含量低。总糖和总氮作为烟草中两大类化学成分总是相互消长的，即总糖含量高的烟叶，总氮含量总是低，而总糖含量低的烟叶，总氮含量总是高。除其他因素外出现这种规律性的主要原因是调制方法不同所导致的。调制时间越长，水溶性糖类因烟叶的呼吸作用而消耗越多；调制时间越短，水溶性糖类消耗得越少，保存下来的越多。烤烟调制时间只有 5~7 d，糖类消耗的少，含量就高，相应的含氮化合物就低。晒晾烟调制时间长达几周（30~40 d），糖类（其中的水溶性总糖）几乎为呼吸作用消耗殆尽，所以调制后烟叶含糖极低。当然含氮化合物在调制过程中也作为呼吸基质消耗，但是其消耗量远不如糖类多。

不同类型烟叶的各种化学成分含量不同，其质量特点和风格也不相同，不能用相同的指标去衡量其烟质的好坏。如烤烟含糖量一般较高，且在一定范围内含量越高，烟质越好。而白肋烟含糖量极低，有其香气和吃味特点，经过特殊加工处理，即可成为生产混合型卷烟不可缺少的主要烟叶原料。

二、淀粉的影响

淀粉是较易水解的糖类，烟叶经调制后淀粉含量已不高，调制过程进行得越好，淀粉转变为单糖的反应进行得越完全。以淀粉形态存在的糖类在烟支燃吸时，对烟气质量产生不良影响有两方面：一方面是影响燃烧速度和燃烧完全性；另一方面是燃烧时产生糊焦气味，使烟草的香味变坏。所以从烟草制品来讲，不希望淀粉含量高。实际上烟叶经过一系列的加工过程，制造为烟制品时淀粉已趋于完全水解。但是对于新鲜烟叶来讲，要达到充分的成熟度，淀粉积累达到最高峰，对品质是有利的。鲜烟叶成熟越充分，淀粉积累越多，调制过程水解越完全，转化为有利于品质的物质越多。

三、纤维素的影响

烟叶中纤维素的含量与烟草类型有很大关系。一般马里兰烟含量最高，可达21%左右，香料烟含量很低，为6%~7%，烤烟为8%左右，白肋烟为9%~10%。纤维素对烟叶燃烧性有好的作用，使烟叶持火力增强。但是纤维素含量多时，烟叶组织粗糙，容易破碎。纤维素含量多的烟叶燃烧后产生灼热粗糙的烟气，产生呛咳的气味。

四、果胶质的影响

果胶质是亲水性胶体物质，通过渗透作用吸收水分，对烟叶的吸湿性和弹性起一定的作用。但果胶质含量高的烟叶，对空气相对湿度的变化较敏感，空气相对湿度高时，烟叶吸湿变软，自然发热现象进行激烈，甚至导致起热、霉变；空气相对湿度低时，烟叶放湿，变硬变脆，容易破碎。而且果胶质对烟叶吸湿性的影响与它的形态有关，原果胶影响作用大，可溶性果胶影响作用小。这又与烟叶的成熟度有关，因此烟叶应充分成熟采收，使原果胶充分转化为可溶性果胶，而且在烟叶调制发酵和加工过程中，也应尽可能创造条件使原果胶向可溶态转变。否则烟草香气透发不出来，青杂气严重。

五、糖的复合物——潜香物质

烟草中存在大量非挥发性物质，从广义上讲，经过调制、陈化、加工和燃吸过程，非挥发性的物质转化成香味物质，这样的非挥发性物质统称为香味前体物质。从狭义上讲，烟草经过燃吸过程非挥发性前体物质转化为香味物质。狭义的概念通常称为潜香物质。相比常规香料，潜香物质在自然条件下不挥发或挥发性弱，化学性质稳定，本身没有香气或对香味感觉作用不大，但在燃烧中能够产生香味物质。如Amadori化合物、糖苷类化合物和糖酯类化合物。水溶性的单糖和低聚糖与其他香味物质结合为糖复合物成为潜香物质，加入卷烟中，在燃吸过程中能均匀释香，并不是迅速完全裂解，从而使卷烟香气每口浓度均匀。

1. Amadori化合物

Amadori化合物（1-氨基-1-脱氧-2-酮糖）是由氨基化合物与还原糖发生美拉德反应初级阶段的关键中间产物，这种中间体大多为白色或略带黄色的固体，易溶于水，没有气味，有较稳定的理化性质，自身不表现出香气，但可通过加热发生重排、脱水、裂解而生成大量具有令人愉悦的芳香气味化合物如吡嗪类、呋喃类以及吡喃类化合物等，因此是重要的香气前体物。

醇化后的烟草中已发现多种Amadori化合物，如1-L-丙氨酸-1-脱氧-D-果糖（Fru-Ala、ADF）、1-L-缬氨酸-1-脱氧-D-果糖（Fru-Val、VDF）、1-L-脯氨酸-1-脱氧-D-果糖（Fru-Pro、PDF）等，它们可增加烟草的甜香和烘烤香，改善吸味。

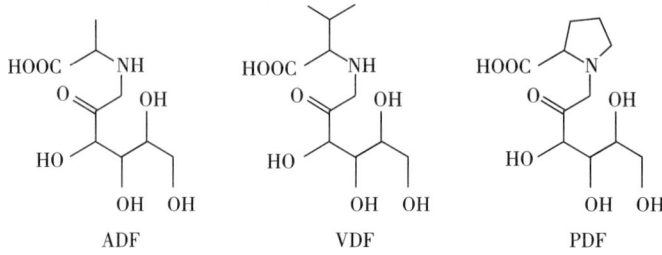

张敦铁等（2006）对 ADF、VDF 和 PDF 进行热解研究，三种 Amadori 化合物在不同温度下裂解产物不同，高温时裂解产物较多；热解产物主要为醛类、吡嗪类、呋喃、呋喃酮、吡唑、吡咯、吡喃酮等杂环化合物。并且有不少裂解产物是卷烟烟气中重要的致香成分，如：2，5-二甲基-4-羟基-3（2H）呋喃酮具有果香、焦糖香气，"焦香菠萝"的芳香香气；5-甲基糠醛具有浓的甜香、辛香气味，甜得像焦糖的味道；丙酮具有特有的芳香气味，略带甜味的刺激性味道；乙酰基呋喃具有强烈的香脂的甜香香气；2，5-二甲基吡嗪具有坚果香气和马铃薯片的特有香气，增加烟气药草样甜香；2，6-二甲基吡嗪有芳香的炒食、烤食香气，增加壤香、令人愉快的香气；2，3，5-三甲基吡嗪能增加白肋烟的特征甜香；2-乙基-3（5或6）-二甲基吡嗪、2，6-二甲-3-乙基-吡嗪、2-乙基-5-甲基吡嗪具有巧克力、烤坚果的香味；吡咯烷类拥有令人愉快的类似于谷类食品或芝麻的芳香气味。这些物质对卷烟烟气的香味起着重要的作用。

毛多斌等（2014）研究了 1-L-谷氨酸-1-脱氧-D-果糖的热解产物，发现吡喃类、呋喃类化合物能为卷烟香气提供烤甜香、焦木、焦糖香气；吡咯类物质增加甜香、坚果香、烘烤香和木香；含苯环的醛酸酯类化合物能够增强烟草的坚果香、青香、花香香气。

2. 糖苷类化合物

烟草中的糖苷是一类重要的香气前体，这类物质本身不具有明显挥发性和香味特征，但在烟草燃烧过程中，可通过一系列化学反应形成香气物质，因此也有人称其为潜香化合物。糖苷类潜香物质热解释放出配糖体结构类型的香味成分，改善主流烟气和侧流烟气的香味和吸味。

（1）糖苷的分离鉴定。从烟草中分离鉴定糖苷类香气前体的工作主要集中在 20 世纪 70 年代中期至 80 年代初的相关文献中。如 Anderson 等（1981）分离出 BlumenolA-β-D-葡萄糖苷和四个倍半萜糖苷，并用糖苷给烟草加香。Hisashi 等（1981，1984）用从杏仁中获得的 β-葡萄糖苷酶水解烟草中的糖苷类，并借助 MS 及 ^{1}H NMR、^{13}C NMR 等方法鉴定其苷元和糖基部分，分离鉴定出 BlumenolA-β-D-葡萄糖苷、3-羟基-5，6-环氧-β-紫罗兰醇-β-D-葡萄糖苷、5，6-环氧-5，6-双氢-β-紫罗兰醇-β-D-葡萄糖苷、地黄内酯-β-D-葡萄糖苷、3-氧代-α-紫罗兰醇-β-D-葡萄糖苷和日齐素-β-槐糖（图 3-5）。

Green 等（1980）发现，烟草中的非挥发性香气前体以糖苷形式存在，通过水解，释放出一些香气物质如 3-羟基二氢大马酮和 3-氧代-α-紫罗兰醇。Heckman 发现烤烟中的苯甲醇、苯乙醇和 4-羟基-α-紫罗兰醇等成分，有相当大一部分是以不挥发的糖苷形式存在（表 3-9）。

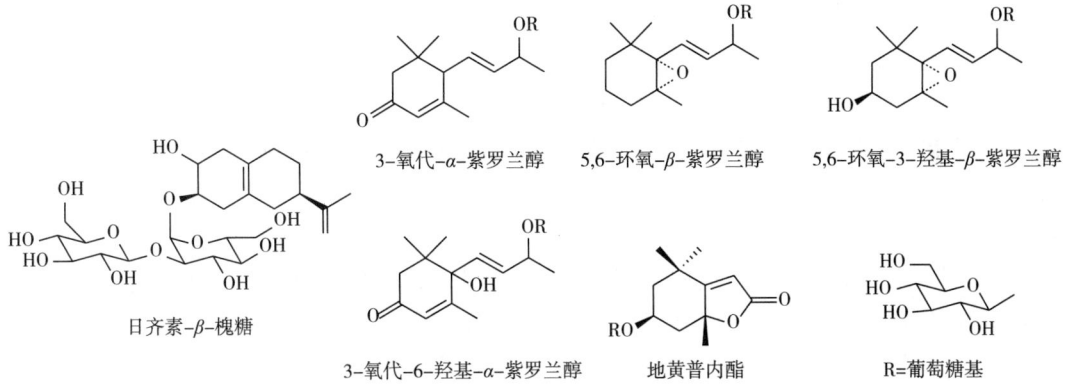

3-氧代-α-紫罗兰醇　　5,6-环氧-β-紫罗兰醇　　5,6-环氧-3-羟基-β-紫罗兰醇

日齐素-β-槐糖　　3-氧代-6-羟基-α-紫罗兰醇　　地黄普内酯　　R=葡萄糖基

图 3-5　从烟草中分离鉴定的部分糖苷类香气前体

表 3-9　烤烟挥发物香味成分及其糖苷的对比分析（μg/100g）

香味成分	游离态（挥发）	葡萄糖苷态（不挥发）
3-甲基丁醇	0	104
苯甲醇	1802	1365
2-苯乙醇	878	886
2-甲氧基-4-乙烯基苯酚	466	326
4-羟基大马酮	2116	582
2,6-二甲氧基-4-乙烯基苯酚	1574	1276
4-羟基-α-紫罗兰醇	6238	4755
4-(4-羟基-2,6,6-三甲基-1-环戊烯-1-烷基)-3-丁炔-2-醇	1276	529
4-(3-羟基丁二烯基)-3,5,5-三甲基-2-环戊烯-1-酮	308	838
3-(2-羟乙基)-苯酚	痕量	1207
1-羟基-4-羰基-α-紫罗兰醇	32	77
3-氧代-6-羟基-紫罗兰醇	350	351

F. Georg 等（1989）分析了烟气浓缩物中的糖苷类物质。结果表明，烟气浓缩物中的糖苷类物质经过提取和加酶水解后，产生了苯甲醇、2-苯乙醇、3-氧代-α-紫罗兰醇、4-(3-羟基丁烯基)-3,5,5-三甲基-2-环己烯-1-酮、茄酮、4-(3-羟基-2-正丁烯基)-3,5,5-三甲基-4-羟基-2-环己烯-1-酮（Blumenol A）、4-(3-羟基-2-正丁基)-3,5,5-三甲基-2-环己烯-1-酮（Blumenol C）、4-羟基-β-紫罗兰醇、日齐素（Rishitin）和二甲基甲乙基螺癸烷（Spirovetivan A 和 Spirovetivan B）等香气物质，说明烟草燃吸过程中糖苷类香气前体受热裂解并不完全。

刘百战等（1998）分析了加料前后烟草中游离态及键合态香味成分，通过用酸水解糖苷类键合态香味成分，发现在所分析的烟草样品中，糠醇、苯乙醇、茄酮、香叶基丙酮、β-紫罗兰醇等成分，游离态含量高于键合态含量；苯酚、香草醛、巨豆三烯酮等成分，游离态和键合态含量相当；糠醛、苯甲醛、苯乙酮、异佛尔酮、氧化异佛尔酮、4-乙烯基愈创木酚、大马酮、二氢大马酮等成分，结合态含量高于游离态含量。加料后烟草中游离态香味成分呈减少趋势，但键合态含量呈增加趋势。

（2）糖苷的应用。糖苷类水解是烟草香味物质形成的重要途径，这就提示人们，将糖苷类香气前体作为料液直接加到烟草中，可以改善烟草香气品质。Anderson 等（1981）曾将苯甲醇、苯乙酮和香叶基丙酮糖苷用于烟草加香。在美国，商品卷烟中曾一度采用添加乙基香兰素（一种香气比香兰素强 3 倍的人造香料）的糖苷以改善卷烟侧流烟气的香气。F. Georg 等（1989）研究了糖苷类香气前体提取物在燃吸过程中的增香作用，认为燃吸过程中糖苷类并不是迅速完全裂解，而是缓慢释放苷元，从而使烟草香气每口浓度均匀。

解万翠等（2004）将添加了香叶醇和香叶醇糖苷的卷烟，进行烟气分析和评吸。结果表明，添加香叶醇的卷烟释香不均匀，而添加香叶醇糖苷的卷烟在燃吸过程中释放出香叶醇，释放量基本与添加量成正比，且释香均匀，香气饱满，效果优于添加香叶醇的卷烟。证明了在卷烟中添加香叶醇糖苷能够增加释香稳定性。

段海波等（2019）将玫瑰醇和玫瑰醇-β-D-吡喃葡萄糖苷分别添加到卷烟中进行感官评吸，并考察玫瑰醇糖苷的缓释作用。结果表明，添加玫瑰醇试验卷烟的释香不均匀，呈前多后少的趋势，而添加玫瑰醇糖苷试验卷烟的释香较均匀。添加玫瑰醇糖苷试验卷烟的香气丰满且前后一致性较好，表明该糖苷具有改善和修饰卷烟烟气、减轻刺激性的作用。玫瑰醇糖苷克服了玫瑰醇因挥发而导致的不耐高温及释香不稳定的问题，可作为一种释香稳定的烟用香原料应用于卷烟中。

3. 糖酯类化合物

糖酯是由葡萄糖、蔗糖等中的羟基与脂肪酸酯化产生的化合物。烟草中的糖酯主要以蔗糖酯、葡萄糖酯或其混合物的形式出现。糖酯由腺型茸毛分泌产生，是烟叶表面分泌物中的主要成分之一，其中含量较高的是蔗糖四元酯，也有少量葡萄糖四元酯。

糖酯是烟草中一种重要的香味前体物质，常温下非常稳定，没有气味，但可在卷烟燃吸时裂解释放出异丁酸、异戊酸、3-甲基丁酸或3-甲基戊酸等香味成分，赋予卷烟烟气特有的香气特征，是烟用香精香料的重要组成成分之一。

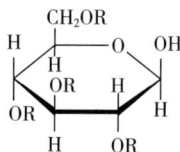

葡萄糖四元酯（R=C₂~C₈脂肪酸）

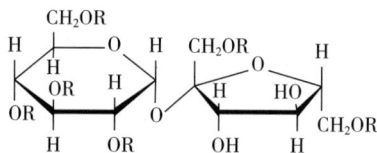

蔗糖四元酯（R=C₂~C₈脂肪酸）

一些研究者以蔗糖或葡萄糖为原料，与 $C_2 \sim C_8$ 的有机酸反应人工合成蔗糖酯或葡萄糖酯，用于卷烟加香，使其具有香料烟特征香气的异戊酸、β-甲基戊酸和异丁酸等在卷烟燃吸过程中缓慢释出，丰富烤烟型卷烟的香韵，取得了很好的效果。有趣的是，热解时葡萄糖四酯（GTE）和蔗糖四酯（STE）易于释放出游离的酸，而全部酯化的蔗糖酯如蔗糖八酯和葡萄糖酯如葡萄糖五异戊酸酯热解时均不易于释放其酸部分。

思考题

①什么叫糖类？糖类按相对分子质量大小可以分为哪几类？每一类各举出两种物质。

②在糖的化学中 D、L、α、β、（+）和（-）各表示什么？

③什么叫变旋现象？为什么单糖都有变旋现象？

④写出 D-葡萄糖、D-果糖、D-半乳糖、D-甘露糖、D-核糖、D-木糖的直链式和环状结构。

⑤什么叫糖苷？α-糖苷与 β-糖苷有何区别？

⑥什么是还原性糖？什么是非还原性糖？怎样从结构来判断一个糖是还原糖或非还原糖？

⑦一个烟草样品中既含有还原糖，又含有非还原糖，应通过什么处理以后才能用斐林试剂测定此样品中的水溶性总糖含量？

⑧写出蔗糖、麦芽糖、纤维二糖的结构式。

⑨烟叶中的水溶性总糖对烟质有什么影响？

⑩简述淀粉的结构和对烟质的影响。

⑪简述纤维素的结构和对烟质的影响。

⑫简述果胶质的结构和对烟质的影响。

⑬试述烤烟水溶性糖组分含量范围及规律性。

⑭试述烤烟细胞壁物质各组分含量范围及规律性。

思政小课堂

美拉德反应是一种普遍的非酶促褐变现象，但美拉德反应的发现却来自异常实验现象。美拉德本人没有忽视并放弃这一异常实验现象，经过不断坚持完善，最终成就一个划时代的发现。美拉德反应的发现过程体现了科学家对真理孜孜不倦的追求、无私奉献的精神和严谨的科学态度，有利于培养学生的科技创新精神。

第四章　烟草含氮化合物

烟草含氮化合物包括蛋白质、游离氨基酸、生物碱、叶绿素、硝酸盐和其他含氮杂环化合物等。含氮化合物对烟草的感官评吸质量和吸烟者的健康都有重要影响，历来受到人们的重视。

烟草植株从土壤中吸收各种无机含氮化合物（主要是铵盐和硝酸盐），在烟草根系和绿叶中，这些物质被还原为—NH_2状态，再经同化作用而形成各种氨基酸和蛋白质等有机含氮化合物。烟株在生长过程中碳、氮代谢之间相互关联，以维持代谢平衡。而酶是代谢的钥匙，酶又是具有高度特异性的蛋白质，正是由于酶的专一催化作用，各种代谢才能沿着一定的途径进行下去，形成许多种化合物，包括构成生命最基本的物质有蛋白质、核酸、糖类和脂类，其中以蛋白质最为重要，核酸最为根本。蛋白质普遍存在于一切生物体中，是机体组织的基本成分，任何机体、任何组织，以至于任何细胞，都是由许多种蛋白质作为基本成分而构成的。蛋白质不仅是活细胞的组成物质，而且也是活细胞机能的基础，各种生物功能往往是通过蛋白质来实现的。至于糖类和脂类物质，虽也担负一些贮藏、运输、支撑等生物功能，但它们往往是与蛋白质结合成糖蛋白或脂蛋白。生物膜的主要成分是磷脂和蛋白质。某些维生素、激素等含氮化合物也是烟株生理生化所必需的物质，对生长发育起调控作用。

由此可见，蛋白质是烟草生命活动的基础物质之一。因此，我们对于蛋白质及与其密切相关的含氮化合物应该有基本的了解。

第一节　氨基酸

羧酸分子中烃基上的一个或几个氢分子被氨基取代的化合物叫作氨基酸。根据氨基和羧基的相对位置，可分为 α-氨基酸、β-氨基酸、γ-氨基酸等。不同来源的蛋白质水解后得到的氨基酸，绝大多数都是 α-氨基酸，α-氨基酸可看作羧酸分子中烃基上的 α-氢原子被氨基取代而生成的化合物。α-氨基酸的通式如下：

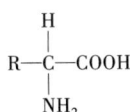

$$R-\underset{\underset{NH_2}{|}}{\overset{\overset{H}{|}}{C}}-COOH$$

组成蛋白质的氨基酸已知有 30 多种，而比较常见的有 20 多种。在植物体内除了组成蛋白质的氨基酸外，还含有以游离状态存在的氨基酸，它们不参与蛋白质的组成。现在植物体内已发现的非蛋白质氨基酸已达几百种。

一、氨基酸的结构和分类

组成蛋白质的氨基酸按其结构可分为 3 大类，即脂肪族氨基酸、芳香族氨基酸和杂环族氨基酸。脂肪族氨基酸又可分为：一氨基一羧基酸（中性型氨基酸）、一氨基二羧基酸（酸性型氨基酸）、二氨基一羧基酸（碱性型氨基酸）、含硫氨基酸及酰胺型氨基酸。氨基酸还可以按照系统命名法，以羧酸为母体，氨基为取代基来命名。但是 α-氨基酸通常按其来源或性质以俗名来称呼。现将组成蛋白质较为常见的氨基酸的结构、名称、分类列于表 4-1。

表 4-1 组成蛋白质的氨基酸

序号	结构式	俗名	学名	英文名	符号
1		甘氨酸	α-氨基乙酸	Glycine	Gly
2		L-(+)-丙氨酸	α-氨基丙酸	Alanine	Ala
3		L-(+)-缬氨酸	α-氨基异戊酸	Valine	Val
4		L-(-)-亮氨酸	α-氨基异己酸	Leucine	Leu
5		L-(+)-异亮氨酸	α-氨基-β-甲基戊酸	Isoleucine	Ile
6		L-(-)-丝氨酸	α-氨基-β-羟基丙酸	Serine	Ser
7		L-(-)-苏氨酸	α-氨基-β-羟基丁酸	Threonine	Thr
8		L-(+)-天冬氨酸	α-氨基丁二酸	Aspartic acid	Asp
9		L-(+)-谷氨酸	α-氨基戊二酸	Glutamic acid	Glu
10		L-(+)-精氨酸	α-氨基-δ-胍基戊酸	Arginine	Arg

序号	结构式	俗名	学名	英文名	符号
11	H_2N—$(CH_2)_4$—$\overset{H}{\underset{NH_2}{C}}$—COOH	L-(+)-赖氨酸	α, ε-二氨基己酸	Lysine	Lys
12	N_3C—S—$\overset{H_2}{C}$—$\overset{H_2}{C}$—$\overset{H}{\underset{NH_2}{C}}$—COOH	L-(-)-蛋氨酸	α-氨基-γ-甲硫基丁酸	Methionine	Met
13	HS—$\overset{H_2}{C}$—$\overset{H}{\underset{NH_2}{C}}$—COOH	L-(-)-半胱氨酸	α-氨基-β-巯基丙酸	Cysteine	Cys
14	S—$\overset{H_2}{C}$—$\overset{H}{\underset{NH_2}{C}}$—COOH | S—$\overset{H_2}{C}$—$\overset{H}{\underset{NH_2}{C}}$—COOH	L-(-)-胱氨酸	双-α-氨基-β-巯基丙酸	Cystine	Cys-cys
15	HOOC—$\overset{H}{\underset{NH_2}{C}}$—$\overset{H_2}{C}$—$\overset{C}{\underset{O}{\parallel}}$—$NH_2$	L-(-)-天冬酰胺	α-氨基丁酰胺酸	Asparagine	Asn
16	HOOC—$\overset{H}{\underset{NH_2}{C}}$—$\overset{H_2}{C}$—$\overset{H_2}{C}$—$\overset{C}{\underset{O}{\parallel}}$—$NH_2$	L-(+)-谷氨酰胺	α-氨基戊酰胺酸	Glutamine	Gln
17	〇—$\overset{H_2}{C}$—$\overset{H}{\underset{NH_2}{C}}$—COOH	L-(-)-苯丙氨酸	α-氨基-β-苯基丙酸	Phenylalanine	Phe
18	HO—〇—$\overset{H_2}{C}$—$\overset{H}{\underset{NH_2}{C}}$—COOH	L-(-)-酪氨酸	α-氨基-β-对羟苯基丙酸	Tyrosine	Tyr
19	咪唑环—$\overset{H_2}{C}$—$\overset{H}{\underset{NH_2}{C}}$—COOH	L-(-)-组氨酸	α-氨基-β-(3-咪唑)丙酸	Histidine	His
20	吲哚环—$\overset{H_2}{C}$—$\overset{H}{\underset{NH_2}{C}}$—COOH	L-(-)-色氨酸	α-氨基-β-(3-吲哚)丙酸	Tryptophan	Try
21	吡咯烷环—COOH	L-(-)-脯氨酸	四氢吡咯-α-甲酸	Proline	Pro

一些氨基酸仅存在于少数蛋白质中，如 L-羟脯氨酸和 L-羟赖氨酸存在于胶原及弹性蛋白中，其结构式为：

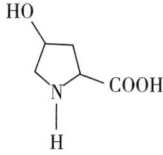

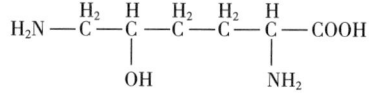

L-羟脯氨酸(4-羟基四氢吡咯-2-羧酸，Hydroxyproline, Hyp或Hypro)

L-羟赖氨酸(α、ε-二氨基-δ-羟基己酸，Hydroxylysine, Hyl)

一些氨基酸虽不存在于蛋白质中，但游离存在于生物体内，与蛋白质代谢关系密切，如鸟氨酸、瓜氨酸等，其结构式为：

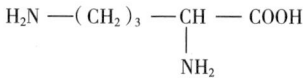

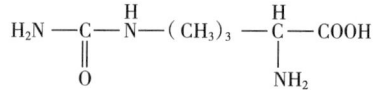

L-鸟氨酸(α, δ-二氨基正戊酸，Ornithine, Orn)

L-瓜氨酸(α-氨基-δ-脲基正戊酸，Citrulline, Cit)

其中甘氨酸、丙氨酸、缬氨酸、亮氨酸、异亮氨酸、丝氨酸、苏氨酸为一氨基一羧基酸，天冬氨酸、谷氨酸为一氨基二羧基酸，精氨酸、赖氨酸为二氨基一羧基酸，蛋氨酸、半胱氨酸、胱氨酸为含硫氨基酸，天冬酰胺、谷氨酰胺为酰胺型氨基酸，苯丙氨酸、酪氨酸为芳香族氨基酸，组氨酸、色氨酸为杂环氨基酸，脯氨酸为杂环亚氨基酸。

二、氨基酸的性质

（一）物理性质

氨基酸根据其构型的不同，可分为 D-型和 L-型，α 碳原子的构型与 D-甘油醛相同的称为 D-型，与 L-甘油醛相同的称为 L-型，例如：

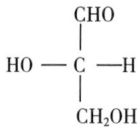

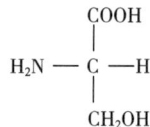

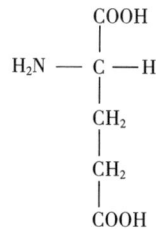

L-甘油醛   L-丝氨酸   L-谷氨酸

它们在结构上的差别虽不大，但其生理功能有很大的不同。在动植物体的酶系统中只能促进 L-型氨基酸的代谢变化，一般 D-型氨基酸不被动植物所利用。动植物体蛋白质水解产生的氨基酸都是 L-型的，只有某些微生物活动的产物有 D-丙氨酸的存在。

氨基酸大都是无色结晶固体。除胱氨酸和酪氨酸外，它们都可溶于水；除脯氨酸和半胱氨酸外，一般都难溶于有机溶剂。不同的溶解度可用于分离有关的氨基酸。除甘氨酸外，氨基酸都有旋光性。氨基酸的旋光性有左旋的，也有右旋的，但以左旋的比较多。有些氨基酸具有甜味，有些有苦味，有些则无味。味精是谷氨酸的钠盐，它具有鲜味。

（二）化学性质

羧酸分子中含有羧基，能与碱作用生成盐，酯化生成酯。胺类分子中含有氨基，也能与酸作用生成盐，酰化生成酰胺，与亚硝酸作用生成含羟基的化合物（醇或酚）。氨基酸分子中既含有羧基，又含有氨基，因此，它也能进行与羧酸和胺类相似的那些反应。此外，由于氨基酸分子中氨基和羧基的相互影响，又显示其特殊性质——两性性质。

1. 两性性质和等电点

氨基酸分子中含有羧基和氨基两种官能团，因此，氨基酸具有酸和碱的两性性质，它是两性性质的化合物。例如氨基酸分子中含有羧基，它能与碱生成盐。可用反应式表示如下：

$$\underset{NH_2}{\overset{H}{R-\overset{|}{\underset{|}{C}}-COOH}} + NaOH \longrightarrow \underset{NH_2}{\overset{H}{R-\overset{|}{\underset{|}{C}}-COO^-Na^+}} + H_2O$$

氨基酸分子中又含有氨基，它又能与酸作用生成盐。可用反应式表示如下：

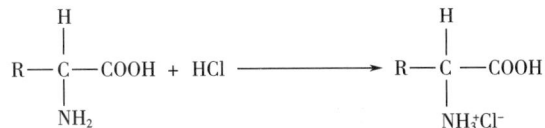

$$\underset{NH_2}{\overset{H}{R-\overset{|}{\underset{|}{C}}-COOH}} + HCl \longrightarrow \underset{NH_3^+Cl^-}{\overset{H}{R-\overset{|}{\underset{|}{C}}-COOH}}$$

氨基酸不但能与酸或碱作用生成盐，并且同一分子内的羧基和氨基亦能作用而生成盐，这种同一分子内生成的盐叫作内盐。可用反应式表示如下：

$$\underset{NH_2}{\overset{H}{R-\overset{|}{\underset{|}{C}}-COOH}} \rightleftharpoons \underset{NH_3^+}{\overset{H}{R-\overset{|}{\underset{|}{C}}-COO^-}}$$

内盐的生成，其实是羧基给出的质子（H^+）为氨基所接受的结果。内盐的分子中，具有两个相反的电荷，它是一种带有双重电荷的离子，故称为偶极离子。在此应指出，氨基酸在固体状态主要以内盐结构形式而存在。内盐与无机盐类相似，由于分子间静电吸引力较大，结合牢固，因此氨基酸的熔点较高。

由于氨基酸具有偶极离子这一结构特点，在酸性环境中，羧基能接受外界环境的质子（H^+），此时它便带正电荷；在碱性环境中，氨基酸能给出质子与外界环境中的 OH^- 离子结合生成水，此时它就带负电荷。氨基酸能做酸式的解离，又能作碱式的解离，所以氨基酸属两性电解质。偶极离子在加酸或加碱时所起的变化，可用反应式表示如下：

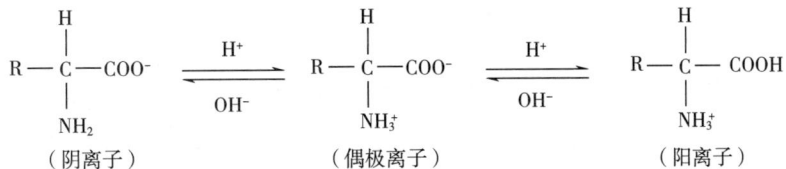

$$\underset{NH_2}{\overset{H}{R-\overset{|}{\underset{|}{C}}-COO^-}} \underset{OH^-}{\overset{H^+}{\rightleftharpoons}} \underset{NH_3^+}{\overset{H}{R-\overset{|}{\underset{|}{C}}-COO^-}} \underset{OH^-}{\overset{H^+}{\rightleftharpoons}} \underset{NH_3^+}{\overset{H}{R-\overset{|}{\underset{|}{C}}-COOH}}$$

（阴离子）　　　　　　　（偶极离子）　　　　　　　（阳离子）

从上面的反应式可看到：在不同的 pH 值条件下，氨基酸能以阳离子、阴离子和偶极离子 3 种不同的形式出现。例如，甘氨酸在 pH 值 5.97 的水溶液中，主要以偶极离子的形式存在；当加入酸时，则变为阳离子；当加入碱时，则变为阴离子。

在电场中，阳离子向阴极移动，阴离子向阳极移动。如调节某种氨基酸溶液的 pH 值至不导电时，离子既不向阴极移动也不向阳极移动，这时溶液中的 pH 值即为这种氨基酸的等电点。等电点习惯上以符号 pI 表示。氨基酸在等电点时主要以偶极离子状态存在。如溶液的

pH 值大于这种氨基酸的等电点（即溶液的 pH 值在这种氨基酸等电点偏碱的一侧），则氨基酸成为阴离子；如溶液的 pH 值小于这种氨基酸的等电点时（即溶液的 pH 值在这种氨基酸等电点偏酸的一侧），则氨基酸成为阳离子。

等电点不是中性点。由于各种氨基酸分子结构不同，有些氨基酸分子中羧基与氨基的数目相等，也有些不相等，以及分子中其他基团的影响，故其等电点各不相同。即使对中性型氨基酸来说，由于羧基的电离大于氨基的电离，故溶解在水中仍常呈微酸性。中性型氨基酸的等电点为 5.0~6.3，酸性型氨基酸为 2.8~3.2，碱性型氨基酸为 7.6~10.8，氨基酸水溶液一般不呈中性。

由于同离子效应，在氨基酸溶液中加酸，有抑制羧基解离作用，加入碱有抑制氨基解离作用。因此要将水溶液呈酸性的氨基酸调节到等电点，只有再加酸，才能抑制羧基的电离，从而使羧基的电离与氨基的电离相等，故中性型及酸性型氨基酸的等电点都小于 7。同理，要将碱性型氨基酸的水溶液调节到其等电点，则只有再加碱，故碱性型氨基酸的等电点都大于 7。

由于各种氨基酸等电点的不同，故在同一 pH 值溶液中，它们所带的电荷也不同，例如在 pH 值为 6 的溶液中，甘氨酸（pI = 5.97）、丙氨酸（pI = 6.00）为偶极离子；谷氨酸（pI = 3.22）、天冬氨酸（pI = 2.77）为阴离子；而赖氨酸（pI = 9.74）、精氨酸（pI = 10.76）则以阳离子状态存在。利用这一性质，就可以通过离子交换层析法将这些氨基酸从混合液中分离出来。如用阳离子交换树脂进行层析，只带阳离子的赖氨酸、精氨酸会和树脂上的阳离子交换而留在柱中，其他几种氨基酸则流出柱外。再经过阴离子交换树脂，则谷氨酸、天冬氨酸留在柱内，而甘氨酸、丙氨酸则流出柱外。留在柱中的氨基酸可根据其 pI 的不同而用不同的 pH 值缓冲溶液洗脱出来。

各种氨基酸在等电点时溶解度最小，即氨基酸在其等电点时最易沉淀。根据这一原理，对于一个含有多种氨基酸的混合液，可分步调节其 pH 值到某一氨基酸的等电点，从而使该氨基酸沉淀，以达到分离的目的。

2. 与亚硝酸的反应

氨基酸能与亚硝酸作用生成羟基酸和水，并放出氮气。其反应式如下：

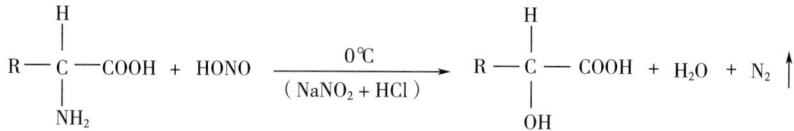

$$R-\underset{\underset{NH_2}{|}}{\overset{\overset{H}{|}}{C}}-COOH + HONO \xrightarrow[\text{(NaNO}_2+\text{HCl)}]{0℃} R-\underset{\underset{OH}{|}}{\overset{\overset{H}{|}}{C}}-COOH + H_2O + N_2\uparrow$$

这一反应在室温下进行迅速而完全，所产生的氮气可用仪器收集并准确地测出其体积，所以利用这个反应可以进行氨基酸的定量分析，根据氮气的体积可以计算氨基酸的含量。但应注意，生成的氮气只有一半来自氨基酸，故计算时应以 2 除之。这一氨基酸测定法是由万斯莱克（Van Slyke）总结提出来的，所以称为万斯莱克氨基酸测定法。

3. 与水合茚三酮反应

α-氨基酸的水溶液与水合茚三酮在碱性溶液中加热，可发生氧化、脱氨、脱羧作用，最终生成蓝紫色物质，在 570nm 有最大吸收。其反应式如下：

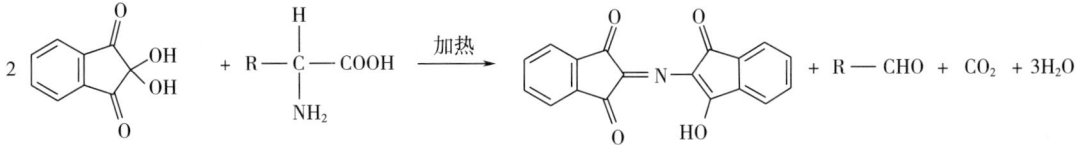

这个反应可用于 α-氨基酸的定性鉴定。反应十分灵敏，几微克氨基酸就能显色。从反应所产生 CO_2 量或将蓝紫色的溶液进行比色，都可以作为 α-氨基酸的定量分析依据。除了 α-氨基酸外，多肽和蛋白质与水合茚三酮反应也能产生上述蓝紫色物质，但肽链越长，灵敏度越差。

4. 氧化反应

氨基酸分子中的氨基可以被过氧化氢或高锰酸钾氧化，氧化反应后首先生成亚氨基酸，亚氨基酸再水解生成酮酸与氨。其反应式如下：

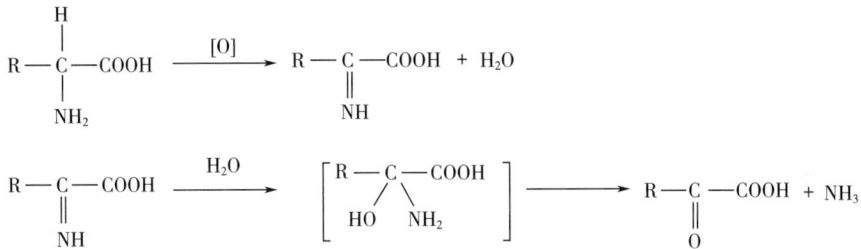

在生物体内蛋白质分解代谢过程中，氨基酸的氧化脱氨作用是在酶的催化下进行的类似上述的变化过程。

5. 与还原糖反应生成氨基糖（Amadori 或 Heyns 化合物）

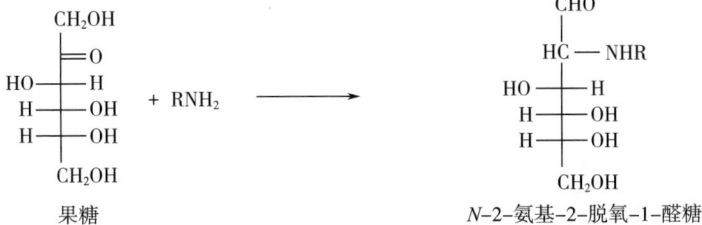

葡萄糖与氨基酸发生美拉德反应的中间产物为 N-1-氨基-1-脱氧酮糖即 Amadori 化合物；果糖与氨基酸发生美拉德反应的中间产物为 N-2-氨基-2-脱氧醛糖即 Heyns 化合物，Amadori 和 Heyns 化合物是美拉德反应过程中非常重要的中间产物。

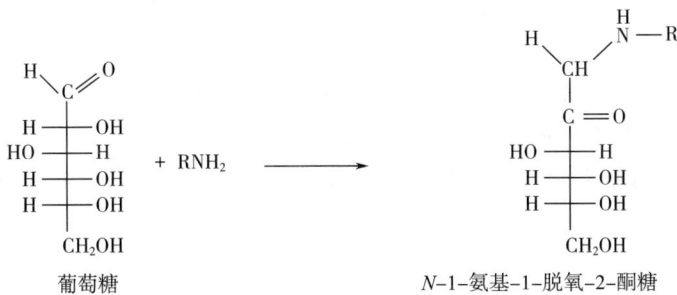

烤烟中的葡萄糖和果糖与氨基酸发生美拉德反应后分别生成 Amadori 和 Heyns 化合物，它们的重排产物会进一步发生一系列复杂的反应，生成多种具有芳香气味的小分子化合物和类黑精物质，这些物质对烟草的香味和颜色有重要影响。烤烟中脯氨酸含量丰富，同时葡萄糖和果糖含量也较高，脯氨酸与葡萄糖反应产生的 Amdori 化合物 ［1-脱氧-1-L-脯氨酸-D-果糖（Pro-Fru）］含量通常占总 Amadori 化合物量的三分之二左右，该化合物低温降解主要生成的是 2，3-二氢-3，5-二羟基-6-甲基-4H-吡喃-4-酮（DDMP），DDMP 属于吡喃烯醇酮类化合物，在结构上与常用的焦糖香物质麦芽酚、呋喃酮等类似，具有挥发性，同时兼具较高的脂溶性和水溶性。DDMP 在氧化剂作用下降解生成小分子酸，在中性高温条件及湿性酸性条件下可降解生成不同的呋喃、吡喃类风味物质，赋予美拉德反应特有的焦甜香风格。脯氨酸与果糖发生美拉德反应会产生 Henys 化合物 ［2-脱氧-2-L-脯氨酸-D-葡萄糖（Pro-Glu）］。不同氨基酸与葡萄糖反应形成的 Amadori 化合物结构不同，产生的香气物质种类和含量也存在差异。

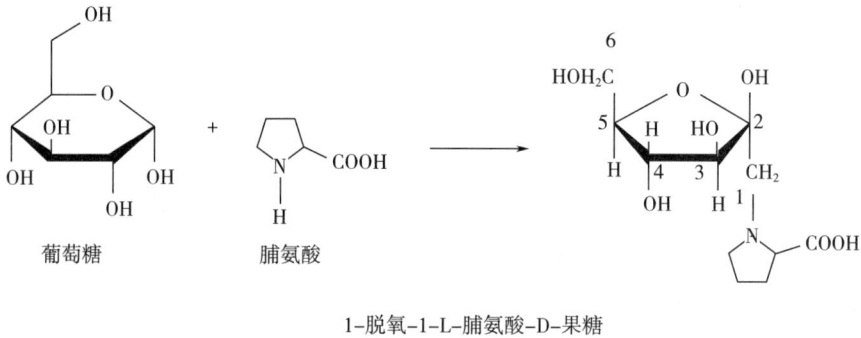

1-脱氧-1-L-脯氨酸-D-果糖

三、烟草中的氨基酸

（一）种类

就烟草中普通氨基酸而言，与其他高等植物如小麦、玉米、豌豆等相比种类大致相近的有 20 多种。除此之外，由于氨基酸在烟叶调制、陈化等过程中参与许多复杂的化学反应，因此，在烟草中还发现许多不常见的氨基酸，如 α-丙氨酸、β-丙氨酸、D-丙氨酰基-D-丙氨酸、α-氨基丁酸、γ-氨基丁酸、吖啶-2-羧酸、α-L-谷氨酰基-L-谷氨酸、谷胱甘肽、高胱氨酸、高丝氨酸、6-羟基犬尿氨酸、1-甲基组氨酸、S-氧化蛋氨酸、哌可酸、降亮氨酸、吡咯烷-2-乙酸、苯基丙氨酸、氨基乙磺酸等。例如：

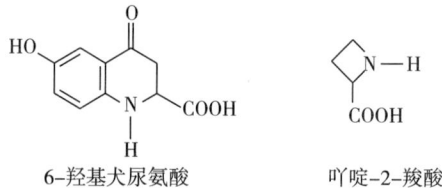

6-羟基犬尿氨酸 　　　　　　吖啶-2-羧酸

此外，烟草中还存在非挥发亚硝胺，例如：

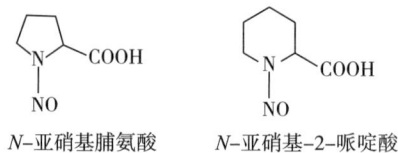

N-亚硝基脯氨酸 　　　　　　N-亚硝基-2-哌啶酸

68

这些亚硝胺均是 *N*-亚硝基酸，可以看作氨基酸的衍生物。已经发现，氨基酸通过降解，可成为烟草中多种化合物（包括生物碱）的生物合成的前体。

（二）存在状态

鲜烟叶和调制过程中有多种氨基酸呈游离态，调制、陈化以后，部分氨基酸与糖或多酚类物质形成复杂化合物而存在于烟叶中。鲜烟叶中主要的游离氨基酸是天冬氨酸、谷氨酸、脯氨酸和亮氨酸，它们一共占总游离氨基酸的 65%~75%。

烟叶发酵过程中，糖与氨基酸发生美拉德反应生成中间体 Amadori 化合物。烤烟中已发现多种糖-氨基酸化合物，例如葡萄糖胺、半乳糖胺、1-脱氧-1-L-脯氨酸-D-果糖（Fru-Pro）、1-脱氧-1-L-天冬酰胺-D-果糖（Fru-Asn）、1-脱氧-1-L-丙氨酸-D-果糖（Fru-Ala）、1-脱氧-1-L-γ-氨基丁酸-D-果糖（Fru-GABA、1-脱氧-1-L-谷氨酰胺-D-果糖（Fru-Gln）、1-脱氧-1-L-天冬氨酸-D-果糖（Fru-Asp）、1-脱氧-1-L-谷氨酸-D-果糖（Fru-Glu）、1-脱氧-1-L-苯丙氨酸-D-果糖（Fru-Phe）等。烟叶中已发现存在着一类新型天然烟草香料，它们是吡咯内酯类化合物，可能是氨基酸与己糖的反应产物。

（三）分布特点

总氨基酸含量的多少标志着植物体内氮代谢的强弱及蛋白质含量的高低。游离氨基酸既是合成蛋白质的原料，又是蛋白质降解的产物。在叶片发育初期，游离氨基酸含量高，则蛋白质合成强度大，叶面积扩展速度快。当叶片基本定型之后，若游离氨基酸含量高，蛋白质仍保持较强的合成能力，则对烟叶品质不利。在烘烤过程中，蛋白质降解产生的游离氨基酸发生互变作用及脱羧、氧化脱氨、脱羧脱氨作用，引起羰基化合物增加，对改善烟叶品质特别是对增加烟叶香气特性是非常重要的。

1. 烟草叶片发育过程中总氨基酸含量的变化

符云鹏等（1998）对烤烟叶片不同发育过程中总氨基酸含量的变化进行研究。结果表明，同一部位烟叶的总氨基酸含量随叶龄的增长而下降，并且在不同发育阶段下降的幅度不同（表4-2）。烟叶达到工艺成熟时，中、上部烟叶总氨基酸含量降至最低，且相互间比较接近，下部叶则明显高于中上部叶，这与目前生产中下部叶采收成熟度偏低有关。烘烤后，中、上部叶总氨基酸含量较烤前明显增加。

表4-2　烟草叶片发育过程中不同部位总氨基酸含量（%）

（符云鹏等，1998）

部位	叶龄（d）						适熟	烤后
	10	20	30	40	50	60		
下	24.59	18.80	16.22	11.47	8.68	6.32	7.28	—
中	23.20	21.92	17.22	14.98	9.71	6.01	4.69	5.92
上	23.72	23.45	21.95	15.45	9.59	7.38	5.26	7.22

2. 烟草叶片发育过程中游离氨基酸含量的变化

随叶片发育，游离氨基酸含量的变化与总氨基酸含量变化规律有所不同（表4-3）。下部烟叶在叶龄 40 d 之前，随叶龄增长游离氨基酸含量大幅度下降；40~50 d 其含量有所上升，可能是大田生育前期中期气候较为干旱，致使下部叶早衰，蛋白质分解加强；50 d 之后游离氨基酸含量又下降。中、上部烟叶在叶龄 30 d 之前，随叶龄增长游离氨基酸含量下降，30~40 d 有所升高，可能与氮代谢此时有所增强有关；40 d 之后又开始减少，到烟叶成熟时游离氨基酸降至最低。上述研究结果可能与不同部位烟叶氮代谢的强弱及蛋白质含量的高低有关。烘烤后烟叶中游离氨基酸含量较烤前增加，是由于烘烤过程中蛋白质降解所致。

表4-3　烟草叶片发育过程中不同部位游离氨基酸含量（mg/g）

（符云鹏等，1998）

部位	叶龄（d）						适熟	烤后
	10	20	30	40	50	60		
下	28.71	18.41	17.77	8.62	15.94	4.38	7.03	—
中	24.23	18.19	11.21	15.00	14.10	8.38	4.86	6.89
上	28.29	21.73	17.58	22.33	12.89	10.78	6.39	7.78

3. 烟草叶片发育过程中氨基酸组分的变化

从烟草不同部位烟叶中氨基酸各组分分析结果可以看出（表4-4），烟草叶片中组成蛋白质的氨基酸有18种，这与前人的研究结果一致，无论是哪个部位的烟叶，均以谷氨酸和天冬氨酸的含量最高，尤其是在稚嫩的叶片中。烤烟中含量较多的氨基酸还有亮氨酸、赖氨酸、苯丙氨酸，色氨酸和胱氨酸的含量最低。

表4-4　烟草叶片（中部）发育过程中各氨基酸组分含量（%）

（符云鹏等，1998）

氨基酸种类	叶龄（d）						适熟	烤后
	10	20	30	40	50	60		
天冬氨酸（Asp）	3.27	2.42	1.74	1.54	0.92	0.60	0.44	0.73
苏氨酸（Thr）	0.96	0.98	0.75	0.62	0.33	0.22	0.18	0.20
丝氨酸（Ser）	0.82	0.79	0.55	0.44	0.26	0.18	0.17	0.18
谷氨酸（Glu）	3.46	3.10	2.46	2.09	1.42	0.93	0.75	0.92
甘氨酸（Gly）	1.32	1.30	1.05	0.88	0.49	0.33	0.28	0.32
丙氨酸（Ala）	1.32	1.39	1.14	1.03	0.58	0.37	0.30	0.32
胱氨酸（Cys）	0.10	0.10	0.08	0.09	0.08	0.08	0.07	0.08
缬氨酸（Val）	1.38	1.38	1.00	0.96	0.55	0.40	0.28	0.32
蛋氨酸（Met）	0.34	0.32	0.17	0.26	0.28	0.16	0.07	0.10
异亮氨酸（Ile）	0.98	1.00	0.78	0.66	0.36	0.23	0.18	0.22
亮氨酸（Leu）	1.91	2.02	1.60	1.34	0.65	0.41	0.31	0.36
酪氨酸（Tyr）	0.86	0.90	0.66	0.62	0.32	0.22	0.14	0.20
苯丙氨酸（Phe）	1.26	1.25	1.02	0.88	0.55	0.36	0.25	0.32
赖氨酸（Lys）	1.33	1.26	1.08	0.93	0.50	0.36	0.27	0.28

氨基酸种类	叶龄（d）						适熟	烤后
	10	20	30	40	50	60		
组氨酸（His）	0.50	0.50	0.42	0.36	0.23	0.13	0.12	0.16
精氨酸（Arg）	1.28	1.26	1.22	0.82	0.41	0.26	0.22	0.25
脯氨酸（Pro）	1.90	1.74	1.30	1.28	1.66	0.64	0.47	0.79
色氨酸（Try）	0.21	0.21	0.20	0.18	0.22	0.23	0.19	0.17
总和	23.20	21.92	17.22	14.98	9.71	6.01	4.69	5.92

表4-4表明，烤烟中组成蛋白质的氨基酸中有16种氨基酸的含量随叶龄增长而减少，其中以天冬氨酸减少最多，中部叶成熟时天冬氨酸的含量仅为叶龄10 d时的13.5%，其次是谷氨酸、亮氨酸、丙氨酸，而胱氨酸和色氨酸随叶片发育变化不大。烟叶烘烤后，各氨基酸组分都有所增加，以脯氨酸增加的幅度最大，其次是天冬氨酸和谷氨酸。

4. 不同调制阶段烟叶氨基酸含量不同

在调制过程中，烟草蛋白质部分水解为游离氨基酸，调制后烟叶中游离氨基酸的含量见表4-5。从表中可以看出：①白肋烟氨基酸含量约是烤烟的3倍。白肋烟蛋白质含量大于烤烟，并且白肋烟晾制期间约50%蛋白质进行了水解，而烤烟调制期间仅约20%蛋白质进行了水解，因此，白肋烟具有更加丰富的游离氨基酸。②白肋烟含量最高的氨基酸是天冬酰胺、天冬氨酸、谷氨酸；而烤烟含量最高的是脯氨酸、天冬酰胺、谷酰胺。这体现了白肋烟的特点。

表4-5 不同类型调制烟叶中各游离氨基酸的含量（mg/g）

（闫克玉，2002）

游离氨基酸种类	烤烟	白肋烟
天冬氨酸（Asp）	0.13	7.84
苏氨酸（Thr）	0.04	0.43
丝氨酸（Ser）	0.06	0.17
天冬酰胺（Asn）	1.12	10.30
谷氨酸（Glu）	0.10	1.78
谷酰胺（Gln）	0.82	0.38
脯氨酸（Pro）	4.11	0.45
甘氨酸（Gly）	0.02	0.14
丙氨酸（Ala）	0.32	0.35
缬氨酸（Val）	0.06	微量
异亮氨酸（Ile）	—	0.06
亮氨酸（Leu）	微量	0.10
酪氨酸（Tyr）	0.68	0.84
苯丙氨酸（Phe）	0.24	0.50

游离氨基酸种类	烤烟	白肋烟
赖氨酸（Lys）	0.03	0.33
组氨酸（His）	0.11	0.45
精氨酸（Arg）	—	0.26
色氨酸（Try）	—	0.50
合计	7.84	24.88

5. 不同成熟度烟叶氨基酸含量不同

在烟叶成熟过程中，同一部位烟叶随着成熟度的增加，总游离氨基酸、α-氨基酸含量下降，达到工艺成熟前后又开始上升，与 Amadori 化合物有关的氨基酸总和也随着成熟度的增加发生有规律的"V"形变化。

6. 不同氮用量烟草中氨基酸含量不同

史宏志等（1997）研究了不同施氮量对烤烟叶片氨基酸含量的影响，结果表明，烟叶总氨基酸含量随施氮量的增加明显增加。韩锦峰等（1992）研究表明，随氮用量的增加，烟株根系中氨基酸总量升高，各种游离氨基酸含量则有增有减，有的变化不大，而与烟碱合成有关的 4 种氨基酸含量比对照都有大幅度提高。

7. 发酵或陈化过程烟叶氨基酸含量的变化

经发酵或陈化的烟叶，氨基酸含量大为减少，但有利于烟叶香味的物质种类明显增加。烟草中的氨基酸在燃烧过程中一般形成具有刺激性的含氮化合物，对烟气香吃味产生不良影响，个别氨基酸还产生危害健康的成分。但经过陈化发酵，氨基酸含量下降，并转化成一系列对香吃味有优良作用的香味化合物，这说明陈化发酵是很重要的工艺过程。

第二节　蛋白质

蛋白质是含氮高分子化合物，它的分子量很大。不同蛋白质的分子量有很大的差异，一般从一万左右到几百万，也有大至几千万的。蛋白质大分子是以氨基酸为单位相互结合而成的，这与多糖是由许多单糖相互结合而成的一样。但是多糖往往只有一种或极少数的几种单糖构成，而蛋白质却常常由 20 种左右不同的氨基酸构成，一个蛋白质分子所包含的氨基酸数目可达几百个，所以蛋白质的结构远比多糖复杂得多。由于氨基酸的种类、数目和排列顺序的不同，可构成蛋白质的种类就非常多。结构是理化性质和生物功能的基础，蛋白质在生物体中执行由机械性到催化性等多种功能就是以蛋白质非常复杂的结构作为基础的。

一、蛋白质的结构

蛋白质分子中的氨基酸是通过肽键$\left(\begin{smallmatrix} \overset{O}{\underset{\parallel}{}} & \overset{H}{\underset{|}{}} \\ -C- & N- \end{smallmatrix}\right)$或称酰胺键连接起来的。

肽键的形成可以看作氨基酸与氨基酸之间彼此通过羧基和氨基脱水缩合而成的。其反应式如下：

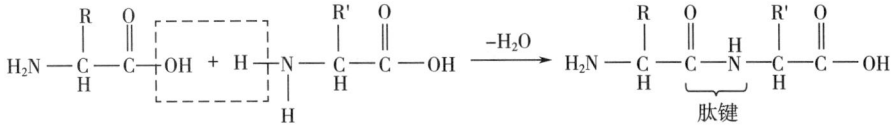

由两个分子氨基酸通过肽键连接而成的产物称为二肽。二肽两端仍有游离的羧基和氨基，可以继续与另一分子氨基酸缩合而成三肽。同理，可再生成四肽、五肽以至多肽。

蛋白质结构的基本形式就是由数目很多的各种氨基酸通过肽键连接而成的多肽长链。多肽链可用下式表示：

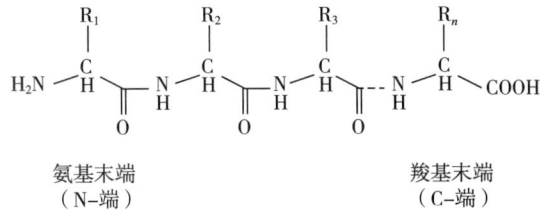

多肽长链上 α-碳原子上仍连有游离羧基的末端氨基酸称为 C-端氨基酸，仍连有游离氨基的末端氨基酸称为 N-端氨基酸。

因为蛋白质是由多肽构成的，习惯上常将分子量较大的而构象复杂的多肽称为蛋白质，分子量较小而构象简单的称为多肽，但实际上并没有很严格的界限。所有蛋白质都含有 C、H、O、N 四种元素，有些蛋白质还含有硫（S）、磷（P）、铁（Fe）、铜（Cu）、锰（Mn）、锌（Zn）、碘（I）等。蛋白质的种类非常多，但不论其来源如何，元素组成变动范围却不是很大。一般蛋白质元素组成为 C：50%~55%，H：6.0%~7.0%；O：19%~24%；N：15%~17%；S：0%~4%；P：0%~0.8%；Fe：0%~0.4%。氮含量的平均值为 16%，且大部分氮素都存在于蛋白质中。因此，可以通过氮的定量分析计算生物样品中蛋白质的含量，计算蛋白质含量的换算系数为 6.25。

$$蛋白质含量（g/100g）= 每克样品中含氮克数 \times 6.25 \times 100$$

每种蛋白质都有其特定的空间结构。蛋白质分子中不同氨基酸按一定顺序排列而形成的多肽链，称为蛋白质的一级结构。由于氨基酸的侧链不同，当它们互相连接时，就使烟草不同蛋白质具有不同的化学性质和多种多样的二级和三级结构。烟草蛋白质还有更复杂的四级结构。

二、蛋白质的理化性质

（一）蛋白质的胶体性质

蛋白质溶于水时，是以单分子状态分散的，但由于蛋白质是高分子化合物，粒子比较大，直径一般在 1~100nm，它属于胶体质点范围之内。它分散在溶液之中，具有布朗运动、丁道尔现象、电泳现象、不透过半透膜以及具有吸附能力等胶体溶液的特性。一个活细胞主要是由水分和蛋白质粒子所形成的胶体体系，它和细胞的生命活动关系非常密切。在一般情况下，若这种体系遭受破坏，则严重影响新陈代谢的正常进行，甚至导致生命死亡。

蛋白质溶液是一种高分子溶液。蛋白质溶液的稳定性是由于具有了下列两个条件：

1. 粒子外围有水膜

蛋白质分子表面有许多亲水基团，如：—COOH、—OH、C ＝O 等，使蛋白质粒子高度水化，并形成一层水膜，对蛋白质粒子起保护作用，因此碰撞时就不易发生聚合而沉淀。

2. 粒子带电荷

蛋白质分子表面上存在许多可电离的基团，故在碱性溶液中（pH 值在蛋白质等电点碱侧），蛋白质为阴离子；在酸性溶液中（pH 值在蛋白质等电点酸侧），蛋白质为阳离子。因此，在具有一定 pH 值溶液中，蛋白质表面一般都带有同性电荷（只有在等电点时蛋白质分子呈中性）。由于同性电荷相互排斥，使蛋白质粒子间保持一定距离，不易聚集沉淀。

（二）蛋白质的两性性质

在蛋白质肽链中 C 端有—COOH，N 端有—NH$_2$，因此，蛋白质和氨基酸一样呈两性反应。各种蛋白质由于其氨基酸组成的不同，等电点（pI）也不同（表4-6）。有较多酸性氨基酸（如谷氨酸、天冬氨酸等）的蛋白质，其等电点较低；含有较多碱性氨基酸（如精氨酸、赖氨酸等）的蛋白质，其等电点较高。大多数蛋白质的等电点在 5～6，故在动植物组织中（pH 值近于 7），蛋白质大多为阴离子。

表4-6　几种蛋白质的等电点

蛋白质种类	pI	蛋白质种类	pI
麦麸蛋白	7.1	鸡卵清蛋白	4.9
麦胶蛋白	6.5	酪蛋白	4.6
玉米醇溶蛋白	6.2	胰岛素	5.3
麻仁球蛋白	5.5	血红蛋白	6.7
细胞色素 C	10.8	胃蛋白酶	2.5
核糖核酸酶	9.4		

蛋白质由于在等电点时所带电荷正负相等，因而蛋白质分子间的排斥力减小，水化能力减弱，易于沉淀析出。因此，在等电点时蛋白质的溶解性最小。这一性质可用于蛋白质和酶的分离提纯。此外，蛋白质在等电点时，其理化性质有特殊表现，例如：溶液的导电能力最小，渗透压、黏度、膨润性也较小。

（三）蛋白质的沉淀作用

在蛋白质溶液中加入适当的试剂，破坏它的水膜或中和它的电荷，就很容易使蛋白质变得不稳定而发生沉淀现象。

在日常生活中，蛋白质沉淀的现象是很多的，如豆浆中加入少量盐卤而析出豆腐花；热牛乳中加入稀醋酸后有蛋白质结絮而析出沉淀。引起蛋白质沉淀的方法很多，盐析法和加脱水剂法是分离制备蛋白质制剂、制品时常用的方法。此外还可调节溶液的 pH 值，使达到该蛋白质的等电点而失去电荷，蛋白质即沉淀下来。

科学实验或生产实际中，使蛋白质沉淀一般有两个目的：一是制备有生物活性的蛋白质制剂；二是去掉某些杂蛋白。上述方法主要用于前者，这些方法所得蛋白质沉淀仍具生物活性。此外，还可用加热法使蛋白质凝固；用重金属盐（如汞、银、铜盐）或磷钨酸、三氯醋酸和生物碱等沉淀剂都可使蛋白质沉淀，但这些方法往往使蛋白质失去生物活性，且不能再重新溶解，故不宜制备具有活性的蛋白质制剂。而在分析测定某样品中非蛋白质成分，以及中止酶的作用时，则常用这些方法。

（四）蛋白质的水解

蛋白质可以被酸、碱和蛋白酶催化水解，使蛋白质分子断裂，分子量逐渐变小，水解成分子量大小不等的肽段和氨基酸。根据蛋白质的水解程度，有完全水解和不完全水解两种情况：凡将蛋白质全部水解成为氨基酸的称为完全水解或彻底水解，通常用浓硫酸在高温条件下进行；凡经过水解将蛋白质分子切断，得到的产物中有各种分子大小不等的肽段和氨基酸的称为不完全水解或部分水解，一般用酶或稀酸在较温和的条件下进行。

1. 酸水解法

目前从蛋白质制取 L-氨基酸或测定蛋白质中氨基酸成分时，大多情况下都采用酸水解法。例如从人发中制取胱氨酸，从白明胶或人发中制取精氨酸，大都是用 5.7 mol/L 的浓盐酸在 110℃ 左右的条件下水解 20 多个小时，得到蛋白质的安全水解液–氨基酸混合液，然后用适当方法进行分离。酸水解法的优点是盐酸可用加热的方法蒸发除去，水解彻底，能全部转变为氨基酸，且不引起消旋作用，对大多数氨基酸很少破坏。其缺点是营养价值较高的色氨酸几乎全部被破坏，含羟基的丝氨酸、苏氨酸、酪氨酸也部分被破坏。水解过程中，氨基酸与羰基化合物（如糖）作用生成黑色物质，使溶液呈黑色。

2. 酶水解法

用酶水解蛋白质时，通常用胰酶制剂、胰浆或微生物的蛋白酶制剂等，由于条件温和，绝大部分氨基酸不受破坏。但它不宜用来制取氨基酸，这是因为酶法水解蛋白质在体外进行时，既要较长时间，水解又不完全，单用某一种酶水解是不可能把蛋白质全部水解成氨基酸的。高等动物消化蛋白质就是在温和条件下由体内多种蛋白酶协同进行水解，才能将蛋白质全部水解成氨基酸。故酶法常用于蛋白质的不完全水解，以制取水解蛋白。微生物培养基中用的蛋白胨、医药上用的水解蛋白针剂和口服粉剂都是用酶法或稀酸法制得的蛋白质不完全水解产物。用酶法进行不完全水解在食品、酿造、制革等生产中都被广泛应用。

3. 碱水解法

对于蛋白质的水解作用，除酸法、酶法外，还可用碱法。一般用 6 mol/L 氢氧化钠煮沸6 h，即可使蛋白质完全水解。但碱法缺点很多，会使氨基酸产生消旋作用，产物中有 L-型和 D-型两种氨基酸，还有很多氨基酸如丝氨酸、苏氨酸、精氨酸、赖氨酸、胱氨酸等被破坏，故一般不能用来制备 L-型氨基酸。

蛋白质的水解反应，对烟草生物体有重要意义。烟叶在衰老和调制过程中，蛋白质的水解是在蛋白酶和肽酶的作用下进行的。烟草衰老组织的蛋白质水解成氨基酸后，被运输至新生组织，作为合成烟草蛋白所需的原料。烟叶在调制过程中环境温湿度对烟叶蛋白酶活性具有重要影响，因此，调制过程中通过对温湿度的控制可使烟叶蛋白质的水解达到适宜程度。烟叶中蛋白质的含量既不能过高，又不能过低。过高会导致烟草在吸食时产生苦涩、辛辣味，过低又会使香气不够浓重。烤烟在烘烤过程中，蛋白质在蛋白酶的作用下部分降解生成短肽、游离氨基酸，同时在美拉德反应过程中糖与蛋白质、氨基酸发生复杂反应生成香味物质。

烟草蛋白质不仅可与水分、脂类、糖类、离子、金属结合，从而影响烟叶调制过程中物质变化及脱水干燥，而且它还可与酚类、色素等物质结合（蛋白质多酚复合物、蛋白质色素复合物），影响烟叶的调制质量。

4. 蛋白质的颜色反应

蛋白质溶液 pH 值在 5~7，与茚三酮丙酮溶液加热煮沸时，即出现蓝色。此反应也可用于蛋白质的定性定量分析。凡含有 α-氨基酰基 $\left(\begin{array}{c} - \overset{|}{\underset{NH_2}{C}} - \overset{O}{\overset{\|}{C}} - \end{array}\right)$ 的化合物都能与水合茚三酮作用生成蓝紫色物质。蛋白质由各种 α-氨基酸构成，所以一切蛋白质都有此反应。

三、烟草中的蛋白质

（一）种类

烟草叶片中的蛋白质，分为可溶性蛋白质和不溶性蛋白质。前者以其相对分子质量的大小为基础又可分为两类：沉降系数为 18S 的称为组分Ⅰ蛋白质，即 FⅠ组分；沉降系数为 4~6S 的称为组分Ⅱ蛋白质，即 FⅡ组分。在烟草的叶蛋白质总体中，一般在烟叶生长初期可溶性和不溶性蛋白质约各占一半。可溶性蛋白质中的一半左右是单独的叶绿体蛋白质核酮糖-1, 5-二磷酸羧化酶/加氧酶（fraction Ⅰ protein，即 FⅠ蛋白），另一半左右为其他可溶性蛋白质的复合物（fraction Ⅱ protein，即 FⅡ蛋白）。FⅠ蛋白主要起到 CO_2 的固定和羧化作用，与植物的光合作用密切相关。而烟叶中的 FⅡ蛋白，是提取烟叶 FⅠ蛋白后多种可溶蛋白的混合物。它们在植物体中有较高的含量（表4-7），其中 FⅠ蛋白占可溶蛋白的 47.87%，FⅡ蛋白占可溶蛋白的 52.13%。

表4-7 烟叶中可溶性蛋白的含量（g/kg 鲜重）

（郭培国等，2000）

蛋白质种类	FⅠ蛋白	FⅡ蛋白	可溶蛋白
蛋白含量（g）	7.65±0.55	8.33±0.68	15.98±1.08

注　蛋白含量为平均值±SD（$n=5$）。

组分Ⅰ蛋白质与叶绿素的比例随植物种和发育阶段而变化。在所用的温室培植的幼年烟株中（移栽后 6 周），根据对烟草属 4 个种的分析，组分Ⅰ蛋白质与叶绿素之比为 8~10 mg 组分Ⅰ蛋白质比 1 mg 叶绿素（表4-8）。这些烟叶中约含同量的组分Ⅱ蛋白质。然而组分Ⅰ蛋白质和组分Ⅱ蛋白质含量之比可能也有变化，要视其生长发育的阶段而定。

表4-8 烟草属 4 个种烟叶的叶绿素[①]和组分Ⅰ蛋白质含量

（Kung S. D. 等，1980）

种名	叶绿素（mg）	组分Ⅰ蛋白质（mg）	组分Ⅰ蛋白质（mg）
	鲜叶重量（mg）	鲜叶重量（g）	叶绿素（g）
N. tobacco	0.74	6.4	8.6
N. gossei	0.94	7.8	8.3

续表

种名	叶绿素（mg）	组分Ⅰ蛋白质（mg）	组分Ⅰ蛋白质（mg）
	鲜叶重量（mg）	鲜叶重量（g）	叶绿素（g）
N. excelsior	0.55	5.5	10.3
N. suaveolens	0.94	9.9	10.5

注 4~6次试验的平均值。

（二）存在状态

烟草中的蛋白质以纯蛋白质（仅含氨基酸）和复合蛋白质两种状态存在，复合蛋白质是纯蛋白质与非蛋白质成分（脂类、糖类、核酸、色素、酚类、磷酸、金属离子等）结合而成。非蛋白质成分又称为辅基。复合蛋白质是烟株生理代谢不可缺少的。

（三）烟草中蛋白质含量变化及影响因素

烟草幼苗期蛋白质含量很高，可达干物质重的26%~29%，4片真叶期为最高，达干物质重的29.52%。正常情况下大田期随生长发育烟草蛋白质含量逐渐下降，到现蕾期后蛋白质含量下降到一定程度不再下降，打顶之后蛋白质含量又有所下降。上述烟草生长过程中蛋白质含量的变化并不是蛋白质的绝对量增减，而是受碳、氮代谢的制约，导致蛋白质相对含量的增减。烟草叶片成熟的前期，FⅠ和FⅡ两组分的含量相近，在叶片接近成熟时，FⅠ发生降解，FⅠ和FⅡ的比例发生变化。烤烟经过调制，一般蛋白质由成熟鲜烟叶含量的12%~15%降至8%左右，蛋白质水解主要是在变黄期进行，定色期也有少量水解。总之，烟草中蛋白质含量还受烟草类型、环境条件、栽培、施肥及调制工艺措施等因素的影响，其实质是与不同条件下的碳、氮代谢关系密切。尤其是在寒冷潮湿、光照不足的气候条件下生长，且过量施肥、欠熟采收和晾制的白肋烟，在衰老和调制期间，FⅠ蛋白质的酶水解生成氨基酸的正常分解代谢变化部分被抑制，燃吸时这种欠熟烟叶产生一种不愉快的蛋白质气味。这种低质烟叶晾制期间蛋白质水解量不到15%，即使进行二次发酵也不足以使其可用性提高。

（四）可溶性蛋白质的成分及其可能用途

来自烟草属4个种的每一种重结晶组分Ⅰ蛋白质和用水-丙酮洗涤过的组分Ⅱ蛋白质，两者均用蒸馏水洗涤两次并冷冻干燥成为不含盐的粉末。取一部分用1 mL恒沸点的HCl（5.7 mol/L）在真空条件下于100℃水解20 h，在Techincon TSM氨基酸分析仪上进行分析。

组分Ⅰ和组分Ⅱ蛋白质的氨基酸成分如表4-9所示。表中显示组分Ⅱ蛋白质的氨基酸组成和组分Ⅰ蛋白质非常相似。这些相应的氨基酸成分与联合国粮农组织（FAO）的参比蛋白质相比较（表4-10），表明组分Ⅰ和组分Ⅱ蛋白质全部由必需的氨基酸组成，且事实上每种氨基酸都较多。所报道的烟草和其他21个植物种中56个组分Ⅱ蛋白质中几乎每种必需氨基酸的百分率都在其范围内。这些可溶性烟草蛋白质的氨基酸含量可能统计并不完全，因为氧化形式的蛋氨酸没有包括在内。

表 4-9　结晶的组分 I 蛋白质和经洗涤的组分 II 蛋白质的氨基酸成分[1]

（Kung S. D. 等，1980）

氨基酸	组分 I 蛋白质（结晶）制备批次					未经分步分离的叶蛋白质（酸沉淀物）制备批次				
	1	2	3	4	平均	1	2	3	4	平均
天冬氨酸	8.7	9.3	9.3	8.9	9.05	9.5	9.6	9.5	8.4	9.25
苏氨酸	5.4	5.6	5.1	4.8	5.23	4.8	5.2	5.1	4.5	4.90
丝氨酸	3.2	3.2	3.7	2.2	3.08	3.8	4.1	5.2	3.6	4.18
谷氨酸	11.3	11.8	11.3	11.5	11.48	11.0	11.0	10.8	10.8	10.9
脯氨酸	4.8	5.3	4.8	5.5	5.10	4.7	4.5	4.7	4.9	4.70
甘氨酸	9.9	10.2	10.9	10.1	10.28	11.1	10.9	10.6	11.2	10.95
丙氨酸	9.2	9.4	9.6	9.3	9.38	9.5	9.4	9.6	9.7	9.55
缬氨酸	7.8	8.0	8.2	8.0	8.00	8.1	8.0	8.2	8.4	8.18
蛋氨酸[2]	1.5	0.8	1.0	1.4	1.18	1.2	—	1.2	1.6	1.33
异亮氨酸	4.5	4.3	4.6	4.6	4.50	5.0	5.2	4.9	5.3	5.10
亮氨酸	8.9	8.8	8.7	9.2	8.90	9.0	9.5	8.6	9.1	9.05
酪氨酸	5.1	4.2	3.4	5.0	4.43	3.6	3.8	2.7	3.5	3.40
苯丙氨酸	4.5	3.7	3.9	4.2	4.08	4.0	4.5	3.7	3.9	4.03
赖氨酸	5.8	6.0	6.3	6.0	6.03	6.3	6.3	7.0	6.8	6.60
组氨酸	2.7	2.9	2.6	3.0	2.80	2.5	2.6	2.3	2.3	2.43
精氨酸	6.9	6.4	6.4	6.4	6.53	6.0	5.9	5.9	6.1	5.98

注　①色氨酸除外，以 100gg 回收氨基酸中的氨基质量（g）表示，4 次不同制备物的测定。
②蛋氨酸直接从正常的水解液中测定。

表 4-10　烟草组分 I 蛋白质、烟草和其他植物未经分步分离的蛋白质以及
FAO 暂行规定蛋白质中必需氨基酸含量的比较[1]

（Kung S. D. 等，1980）

氨基酸	烟叶组分 I 蛋白质	组分 II 蛋白质		FAO[3]
		烟草	21 个植物种中[2]	
异亮氨酸	4.5	5.1	4.5~5.5	4.2
亮氨酸	8.9	9.1	8.8~10.2	4.8
赖氨酸	6.0	6.6	5.6~7.3	4.2
蛋氨酸	1.2	1.3	1.6~2.6	2.2
苯丙氨酸	4.1	4.0	5.5~6.8	2.8

续表

氨基酸	烟叶组分Ⅰ蛋白质	组分Ⅱ蛋白质		FAO[3]
		烟草	21个植物种中[2]	
苏氨酸	5.2	4.9	4.7~5.8	2.8
色氨酸	1.5	1.5	1.2~2.3	1.4
酪氨酸	4.4	3.4	3.7~4.9	2.8
缬氨酸	8.0	8.2	5.9~6.9	4.2

注 ①以100g回收氨基酸中的氨基的质量（g）表示。

②从21个植物种制成的56个未经分步分离的叶蛋白质分析中氨基酸的含量范围。

③1965年暂行规定推荐值。

重结晶的组分Ⅰ蛋白质基本上是纯粹的，除来自含硫氨基酸中的硫外不含其他矿物质。烟叶的组分Ⅱ蛋白质不能被结晶，因为它是几种不同蛋白质的混合物。但是它可以被丙酮萃取和水洗所提纯，不含其他如色素、酚类等杂质。可能尚有极少量的碳水化合物作为次要的杂质存在。

烟草组分Ⅰ蛋白质、鸡蛋蛋白质和牛奶蛋白质的必需氨基酸成分是相似的（表4-11）。

表4-11 烟草组分Ⅰ蛋白质、一些主要作物的蛋白质以及牛奶、人奶和鸡蛋蛋白质的必需氨基酸[1]

（Kung S. D. 等，1980）

氨基酸	烟草组分Ⅰ蛋白质	大豆	稻米	小麦	玉米	鸡蛋	人奶	牛奶
异亮氨酸	4.5	5.8	4.0	4.0	6.4	6.8	6.4	6.4
亮氨酸	8.9	7.6	8.2	7.0	15.0	9.0	8.9	9.9
赖氨酸	6.0	6.6	3.2	2.7	2.3	6.3	6.3	7.8
蛋氨酸	1.2	1.1	3.0	2.5	3.1	3.1	2.2	2.4
苯丙氨酸	4.1	4.8	5.0	5.1	5.0	6.0	4.6	4.9
苏氨酸	5.2	3.9	3.8	3.3	3.7	5.0	4.6	4.6
色氨酸	1.5	1.2	1.3	1.2	0.6	1.7	1.6	1.4
酪氨酸	4.4	3.2	5.7	4.0	6.0	4.4	5.5	5.1
缬氨酸	8.0	5.2	6.2	4.3	5.3	7.4	6.6	6.9

注 ①以100 g回收氨基酸中的氨基质量（g）来表示。

烟叶中的蛋白质对卷烟的品质几乎没有什么贡献，相反，它是卷烟中很多对人们有害成分的前体，如喹啉是ＦⅠ蛋白的主要氧化产物，一些氨基酸如谷氨酸、色氨酸和赖氨酸在高温燃烧时，同样会产生一些对人体不利的诱变因子。根据烟叶均质化（HLC）理论，在烟叶调制之前提取出烟叶中的可溶蛋白，可降低烟叶中的蛋白质含量，有利于生产较安全的卷烟产品，同时也可获得高营养品质的ＦⅠ蛋白。

第三节　氨、酰胺、胺类

一、氨

(一) 氨的性质

氨是有刺激性的无色气体,沸点-33.42℃,氨气会强烈地刺激人的黏膜而引起中毒。氨易溶于水,氨的水溶液即是氨水。在氨-水体系中 NH_3 与水以氢键相连接的水合物 $NH_3 \cdot H_2O$,此水合物部分电离为 NH_4^+ 及 OH^-,其 pK_b 为 4.75。其反应式如下:

$$NH_3 + H_2O \rightleftharpoons NH_3 \cdot H_2O \rightleftharpoons NH_4^+ + OH^-$$

(二) 烟草中的氨

蛋白质和氨基酸分解代谢产生氨。烟草在生长发育过程中,植株积累的氨是比较低的,但干旱、高温等逆境使烟株体内游离氨增多,多量的氨会产生氨害。在调制过程中由于蛋白质的水解,氨基酸的氧化分解,使烟叶中氨的含量逐渐增加。调制初期产生的氨可能用于合成酰胺而储藏,随着调制过程的进行,烟叶失去生命活力,各种形式的含氮化合物如蛋白质、氨基酸、酰胺、胺类的氧化分解均产生氨,烟叶中氨的浓度极大地增加,迅速增加的氨在烟叶中固定下来。调制期间虽有氨的损失,但是氨的浓度持续增加,说明氨在烟叶中的保留大于挥发作用。调制结束烟叶中氨的含量:烤烟约为 0.019%,白肋烟约为 0.159%,马里兰烟约为 0.130%,香料烟约为 0.105%。在以后的陈化、发酵等加工过程中烟叶内的氨也将不断产生,不断挥发散失。

二、酰胺

(一) 酰胺的结构和性质

羧酸分子中羧基上除去羟基后所剩余的 $R-\overset{\overset{\displaystyle O}{\|}}{C}-$ 称为酰基。酰胺是酰基和氨基结合而成的化合物。酰胺既可以看作羧酸的衍生物,也可以看作氨或胺的衍生物。

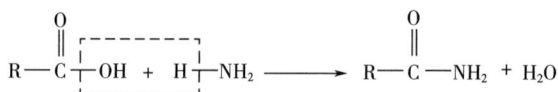

$$R-\overset{\overset{\displaystyle O}{\|}}{C}-[OH + H]-NH_2 \longrightarrow R-\overset{\overset{\displaystyle O}{\|}}{C}-NH_2 + H_2O$$

$$R-\overset{\overset{\displaystyle O}{\|}}{C}-[OH + H]-\overset{H}{\underset{}{N}}-R' \longrightarrow R-\overset{\overset{\displaystyle O}{\|}}{C}-\overset{H}{\underset{}{N}}-R' + H_2O$$

根据氮上取代基的多少,酰胺可分为伯、仲、叔酰胺 3 类。其结构可用下列通式表示:

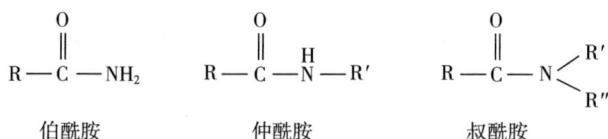

$$R-\overset{\overset{\displaystyle O}{\|}}{C}-NH_2 \qquad R-\overset{\overset{\displaystyle O}{\|}}{C}-\overset{H}{\underset{}{N}}-R' \qquad R-\overset{\overset{\displaystyle O}{\|}}{C}-N\overset{R'}{\underset{R''}{\big<}}$$

伯酰胺　　　　　　　仲酰胺　　　　　　　叔酰胺

从酰胺的分子结构看，氮原子上的未共用电子对与 C = O 键的 π 电子共轭，共轭效应的结果是电子云密度平均化，使氮原子上的电子云密度降低。连接在碳原子和氮原子上的 4 个原子趋向于处在同一平面上，这种结构对于蛋白质分子结构（酰胺键之间氢键的形成）具有重要意义。

物理性质

酰胺几乎全都有良好结晶的固体，有固定的熔点。除甲酰胺外，其他酰胺都具有较高的熔点和沸点，这是分子间氢键使分子缔合的结果。酰胺也可和水分子间形成氢键。因此含 5 个以下碳原子的酰胺均可溶于水。芳香族酰胺微溶于水或难溶于水。

化学性质

1. 酸碱性

氨基的碱性取决于氮原子上未共用电子对与质子的结合能力。在酰胺分子中，氮原子上电子云密度的降低一方面使氮原子与质子的结合能力减弱，从而减弱其碱性；另一方面又加大了 N—H 键的极性，从而增强了其酸性。因此酰胺是一类中性或接近中性的化合物。

2. 水解反应

酰胺可以发生水解反应，生成羧酸和氨。这一反应既可在酸性溶液中进行，又可在碱性溶液中进行。因为酰胺的水解产物中包括一个酸性化合物和一个碱性化合物，所以无论在碱性溶液中或酸性溶液中，水解反应都能进行到底。反应式如下：

$$R-\overset{\overset{O}{\|}}{C}-NH_2 + H_2O \xrightarrow{H^+} R-COOH + NH_4^+$$

$$R-\overset{\overset{O}{\|}}{C}-NH_2 + H_2O \xrightarrow{OH^-} R-COOH + NH_3$$
$$\quad\quad\quad\quad\quad\quad\quad\quad \downarrow OH^-$$
$$\quad\quad\quad\quad\quad\quad\quad\quad\dashrightarrow R-COO^-$$

3. 脱水反应

将酰胺与强脱水剂 P_2O_5 共热时，酰胺发生分子内部的脱水反应，而生成相应的腈。反应式如下：

$$R-\overset{\overset{O}{\|}}{C}-NH_2 + P_2O_5 \xrightarrow{H^+} R-CN + 2HPO_3$$

4. 霍夫曼反应

用溴的碱性溶液处理酰胺时，生成比酰胺少一个碳原子的伯胺。这个反应通常叫作霍夫曼反应。利用这个反应可以制取伯胺，同时也是从碳链上除去一个碳原子的有效方法。反应式如下：

$$R-\overset{\overset{O}{\|}}{C}-NH_2 + Br_2 + 4NaOH \longrightarrow R-NH_2 + 2NaBr + Na_2CO_3 + 2H_2O$$

（二）烟草中的酰胺

在烟草生长发育过程中，谷氨酰胺和天冬酰胺是主要的酰胺类化合物，它们是氨在植株体内的储藏形式。烟气中的酰胺类化合物是中性含氮化合物的一种。烟气中鉴定出的 $C_1 \sim C_3$ 脂肪酰胺占粒相物质的 0.12%~0.37%，是在燃吸期间生成的，未燃吸的烟叶中从未发现这样多的酰胺。用 ^{15}N 标记的硝酸盐卷烟进行燃吸实验时，发现烟气中含有 ^{15}N 标记 $C_1 \sim C_3$ 烷基酰胺。用 ^{15}N 标记的甘氨酸实验时，也得到类似的结果。可见这些酰胺是烟叶燃吸期间硝酸盐产生的中间体氨和甘氨酸产生的。燃吸期间烟气中的腈可能部分水解生成酰胺，或者酰胺脱水生成腈。

烟叶中的马来酰胺和琥珀酰胺是烟草打顶后使用的化学抑芽剂马来酰肼的降解产物。

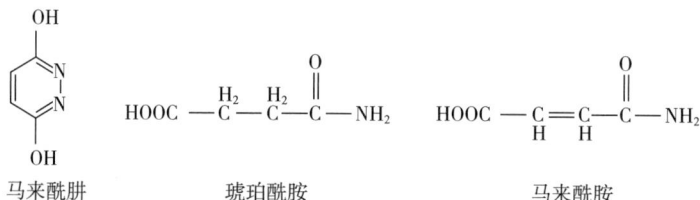

马来酰肼　　　　　　琥珀酰胺　　　　　　马来酰胺

三、胺类

(一) 胺的结构和性质

胺是氨的烃基衍生物，可视为氨分子中的一个或多个氢原子被烃基取代后的产物。按照胺分子中氮原子上烃基数目的多少，胺又可分为伯胺、仲胺和叔胺。

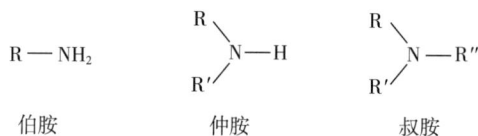

伯胺　　　　　　仲胺　　　　　　叔胺

—NH_2 称为氨基，$\diagdown N$—H 称为亚氨基，$\diagdown N$— 为次氨基，它们分别是伯胺、仲胺和叔胺的官能团。必须注意，伯、仲、叔胺的含义与伯、仲、叔醇不同，前者是指氮原子上所有烃基的数目，连一个烃基者为伯胺，连两个烃基者为仲胺，连三个烃基者为叔胺。后者是指羟基所连接的碳原子的类型，羟基连在伯碳原子者为伯醇，连在仲碳原子者为仲醇，连在叔碳原子者为叔醇。

根据氮原子上所连烃基的不同，可分为脂肪胺和芳香胺。根据胺分子中氨基的多少，又可分为一元胺、二元胺和多元胺。

低级的脂肪胺易挥发，如甲胺、二甲胺、三甲胺和乙胺在常温下为气体，丙胺以上为液体，高级胺为固体。低级胺有氨的气味，有的胺如二甲胺和三甲胺还有腥味。二元胺如丁二胺、戊二胺等具有动物尸体腐烂后的特殊气味，因此丁二胺也称腐胺，戊二胺也称尸胺。

伯胺和仲胺分子间可形成氢键，叔胺因氮原子上无氢原子，不能形成氢键，因此在碳原子数目相同的三类胺中，以伯胺的沸点最高，仲胺次之，叔胺最低。

伯、仲、叔胺都能与水形成氢键，因此低级胺有较好的水溶性，但随着分子量的增加，在水中的溶解度迅速减小。

脂肪族胺和芳香族胺均类似于氨，它们分子中氮的未共用电子对能与质子结合形成铵离子，具有碱性。

脂肪族胺的碱性比氨强，这是由于烷基的供电子效应，增强了氮原子上的电子云密度，从而增加了它对质子的吸引力，因而碱性增强。同理，仲胺的碱性强于伯胺，叔胺的碱性强于仲胺。

芳香胺的碱性比氨弱得多，这是由于氮原子上孤对电子和芳香环的 π 电子可形成共轭体系，使氮原子上的电子云向芳香环方向移动，自身电子云密度降低，削弱了接受质子的能力，使碱性减弱。取代芳香胺的碱性强弱，取决于取代基的性质。若取代基是供电子的，通常碱性增强；反之，则碱性减弱。

胺能和酸成盐，胺的无机酸盐是无臭固体，易溶于水和乙醇。胺盐遇强碱又能释放出游离胺。利用此性质，可将不溶于水的胺与其他有机物分离。

胺比较容易被氧化，芳香胺放置时就能因氧化而带有黄至红甚至黑色。

（二）烟草中的胺类化合物

烟叶中的脂肪胺是在调制期间烟叶中的蛋白质、氨基酸通过氧化分解或高温裂解产生的。吸烟时，一部分脂肪胺直接转移到烟气中，烟草在燃吸时发生的热解也可产生胺类。烟碱和其他生物碱也可能是低级脂肪胺的来源，因为烟碱的缓和氧化能产生氨、甲胺和其他一些化合物。脂肪胺很容易与亚硝酸盐或氮的氧化物作用生成相应的亚硝胺，尤其是仲胺和叔胺对具有致癌活性的亚硝胺的生成有一定作用。

与脂肪胺一样，人们已相当清楚地了解了烟气中的芳香胺，大多数芳香胺都是在烟气中发现的，而且都与苯胺有关。N-取代芳香胺可能是 N-亚硝胺的前体。不过，目前烟草和烟气中尚未发现这种特有的亚硝胺。由于 N-亚硝基二苯胺没有致癌活性，所以人们对苯基烷基亚硝胺是否有致癌活性的问题非常感兴趣。

此外，烟叶中的蛋白质、氨基酸也可能是芳香胺的前体，燃吸热解也可能产生芳香胺。但与脂肪胺不同的是，芳香胺不是由烟碱热解产生的。

第四节　含氮杂环化合物

烟草和烟气中存在各种含氮杂环化合物，其中有五元环和六元环化合物，也有单环和稠环化合物。含量较多的有吡咯、咪唑、吡啶、吡嗪及其衍生物，吲哚、喹啉、咔唑、吖啶及其衍生物。其母体结构式如下：

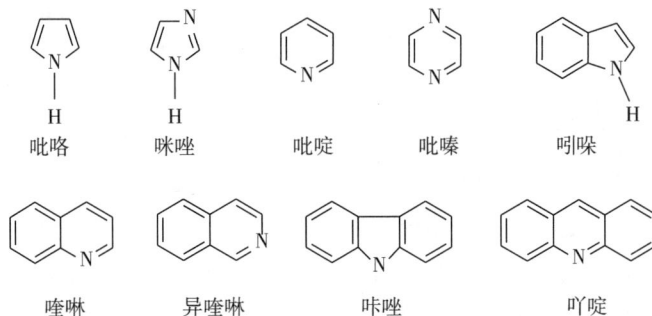

| 吡咯 | 咪唑 | 吡啶 | 吡嗪 | 吲哚 |

| 喹啉 | 异喹啉 | 咔唑 | 吖啶 |

烟叶中的含氮杂环化合物一部分是在烟草生长发育过程中合成的，但更多的是在调制、

陈化过程中糖和氨基酸发生非酶促棕色化反应形成的糖–氨基酸缩合物的进一步转化降解产生的。烟气中的含氮杂环化合物大部分是氨基酸、蛋白质、烟碱的热解产物，而不是由烟叶中简单地转移到烟气中的。由于烟碱分子中有一个吡咯环和一个吡啶环，因此可以推断烟碱是烟叶和烟气中吡咯和吡啶及其衍生物的前体。脯氨酸分子中含有吡咯环，也可能是吡咯的前体。色氨酸分子中含有吲哚基团，可能是烟气中吲哚的前体。其他氨基酸热解也可能产生吲哚。色氨酸的热解也可能产生喹啉、吖啶及二苯并〔α, j〕吖啶、二苯并〔α, h〕吖啶等稠环化合物。

一、吡咯及其衍生物

吡咯是无色液体，具有甜的醚样香气。沸点131℃，不溶于水，易溶于醇、苯和醚。它在空气中因氧化而变褐色，并逐渐变为树脂状。由于存在着一个与苯环相似的闭合共轭体系，所以吡咯具有一定程度的芳香性，容易发生亲电取代反应。

烟叶中的吡咯类很可能是在非酶促棕色化反应时通过 Amadori 化合物产生的，并在吸烟时可能部分转移到烟气中。烟气中吡咯类的种类要比烟叶中多得多。烟气中已鉴定出吡咯类88种，包括吡咯、N—取代吡咯和C—取代吡咯，取代基有烷基、酰基、腈基、酯等。这说明烟气中的吡咯及其衍生物是在燃吸过程中新生的。据报道，酪素、胶原和脯氨酸都可能是吡咯化合物的前体。脯氨酸在800℃下热解生成几种吡咯和一种氮杂环内酯，这些化合物具有一种特有的焦糖香、似烤香和一种与热棕色化反应有关的典型吸味。

吡咯类化合物具有甜、坚果和焦糖香，可增加坚果香、烘烤香、木香特征和甜香、樱桃样香韵。常见的吡咯类化合物对烟气香味的影响见表4–12。

表4–12　吡咯类化合物对烟气香味的影响
（史宏志等，1998）

吡咯类	烟气香味
N–甲基–2–甲酰基吡咯	甜的、樱桃的，增加体香
2–甲酰基吡咯	甜的，柔和的
2–乙酰基吡咯	花香、清香、酒香
5–甲基–2–甲基吡咯	樱桃的，增加丰满度
2–乙酰–5–甲基吡咯	甜、樱桃味
2–乙酰基吡咯	兰香、清香、酒香

二、吡啶及其衍生物

吡啶是无色具有特殊臭味的液体，沸点115℃，可与水、乙醇、乙醚等混溶，是许多有机化合物的良好溶剂。吡啶能与质子结合，具有碱性（$pK_b = 8.8$），吡啶具有较强的芳香性，不易氧化。它能发生取代反应，但比苯困难得多，取代反应常发生在 β 位。吡啶的衍生物有烟酸、异烟酸、烟酰胺，均为 B 族维生素之一。吡哆素包括吡哆醇、吡哆醛和吡哆胺，常称为维生素 B_6。

烟叶和烟气中的吡啶类化合物含量都很丰富，已鉴定出烟叶中有63种，烟气中有324种吡啶及其衍生物。大多数为β位取代吡啶，取代基有烷基、乙烯基、酰基、羟基、腈基和羧基等。

因为烟碱含有吡啶环，所以烟碱被认为是产生吡啶的前体物质，某些吡啶类如烟酸甲酯、3-氰基吡咯和3-乙酰基烟碱可由烟碱降解产生。但是用标记的^{14}C-烟碱热解试验，其回收率与人们想象的不相符合。热解试验认为烟草色素、脯氨酸和聚脯氨酸可作为挥发性吡啶的前身，烟酰胺热分解产生各种吡啶，如3-腈基吡啶类等。用于烟草栽培的农药如顺丁烯二酸酰肼、N，N-二甲基十二烷胺的热解也形成吡啶类化合物。吡啶类化合物对抽吸余味有部分影响，这种影响可能是它们与呋喃酮和环戊烯酮协同作用的结果，进而降低了这些甜的焦糖化合物的甜焦糖味，增强烟草香味和烟气丰满度（见表4-13）。

表4-13　烟气中常见吡啶类化合物及其对烟气的吃味特性的影响

（朱尊权等，1993）

吡啶	烟气吃味
2，4-二甲基吡啶	增强烟草味，弱
2，5-二甲基吡啶	增强烟草味，弱
2，6-二甲基吡啶	增强白肋烟味
3，4-二甲基吡啶	增强丰满度，似白肋烟味
3，5-二甲基吡啶	增强烤烟味
3-甲基吡啶	增强丰满度，似白肋烟味
4-甲基吡啶	增强丰满度，似白肋烟味
2-乙基吡啶	增强白肋烟味
3-乙基吡啶	增强雪茄烟味
4-乙基吡啶	增强烟草味
2，4，6-三甲基吡啶	增强丰满度
吡啶	甜味，似烤烟味

三、吡嗪及其衍生物

烟草和烟气中存在多种吡嗪类化合物，已鉴定出烟叶中有21种，烟气中有55种。其中二取代和三取代吡嗪较多，还有一些一取代和四取代吡嗪。取代基一般为甲基、乙基、异丙基、乙烯基、乙酰基等，见表4-14。

表4-14　烟叶和烟气中的吡嗪类化合物

（史宏志等，1998）

一取代吡嗪	二取代吡嗪	三取代吡嗪	四取代吡嗪
2-甲基吡嗪	2，3-二甲基吡嗪	三甲基吡嗪	四甲基吡嗪
乙基吡嗪	2，5-二甲基吡嗪	二甲基乙基吡嗪	

续表

一取代吡嗪	二取代吡嗪	三取代吡嗪	四取代吡嗪
乙酰基吡嗪	2，6-二甲基吡嗪	5-乙基-2，3-二甲基吡嗪	
异丙基吡嗪	2，5-二乙基吡嗪	2-乙基-3，6-二甲基吡嗪	
呋喃-2'-吡嗪	2-乙酰基-3-甲基吡嗪	2-乙基-3，5-二甲基吡嗪	
	2-乙酰基-6-甲基吡嗪	3，6-二甲基-2-（2'-呋喃基）-吡嗪	
	2-甲基-6-乙基吡嗪	6-甲基-2-（2'-呋喃基）-吡嗪	
	2-乙基-5-甲基吡嗪		
	甲基丙基吡嗪		
	甲基异丙基吡嗪		
	2-乙烯基-6-甲基吡嗪		

烟草和烟气中的吡嗪类化合物可能来自加工过程中非酶促棕色化反应产物。此外，某些含碳含氮物质可以作为燃吸时吡嗪类热解合成的来源，见表4-15。

表4-15　烟气中吡嗪类的已知前身
（闫克玉，2002）

碳源	氮源	碳和氮源
乙醛	硝酸盐	甘氨酸
丙烯醛	氨	丝氨酸
丙醛	氨基酸类	苏氨酸
乙二醛	蛋白质类	葡糖胺
甘油		果糖胺
2，3-丁二烯		

加入^{15}N标记硝酸盐的卷烟燃吸后烟气中有^{15}N 2，5-二甲基吡嗪，有人认为硝酸盐在燃烧中形成氨，再与丙烯醛反应形成吡嗪。

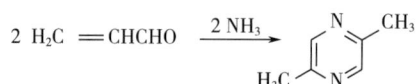

$$2\ H_2C=CHCHO \xrightarrow{2\ NH_3}$$ (结构式：2，5-二甲基吡嗪)

与此相似的形成路线，已发现有^{14}C标记的D-葡萄糖和D-果糖作为添加剂在烟气中产生丙烯醛。葡萄糖胺热解时形成大量的吡嗪。β-羟基氨基酸（丝氨酸）热解产生吡嗪类化合物。

有人曾从烟草中分离出2，5-双-（四羟基丁基）-吡嗪类，这类化合物能产生许多吡嗪化合物，特别是甲基吡嗪和二甲基吡嗪。

吡嗪类化合物是含氮杂环化合物中最重要的一类，对烟质的影响见表4-16。

表 4-16 吡嗪类化合物对烟气香味的影响

(史宏志等，1998)

吡嗪类	对烟气香味的影响
2-乙酰基吡嗪	奶油-坚果（爆米花）香
2-乙酰基-3-甲基吡嗪	—
2，3-二甲基吡嗪	面包的、烘烤的
2，3，5，6-四甲基吡嗪	白肋烟香韵
2，6-二甲基吡嗪	单调的草木甜味
2-乙基-6-甲基吡嗪	干的、甜的、树脂样的
2，5-二甲基-3-乙基吡嗪	白肋烟香韵
2-乙酰基-6-甲基吡嗪	奶油-坚果（爆米花）香
2-甲基吡嗪	单调的、甜的、芳香的
2，3，5-三甲基吡嗪	白肋烟特征、甜的
2，5-二甲基吡嗪	泥土的、令人愉快的气息
2-乙基吡嗪	泥土的
2-乙基-5-甲基吡嗪	完熟的、圆润的
2，3-二甲基-5-乙基吡嗪	—

四、含氮稠环化合物

人们还发现烟草和烟气中存在含氮稠环化合物，其中有二环、三环和五环稠合体。大部分是在烟气中发现，被认为是一些热解产物。烟气中含量最多的是吲哚类和咔唑类及其衍生物，已证明它们是氨基酸尤其是色氨酸的热解产物。另外，在烟气中还发现喹啉及其衍生物，如喹啉、异喹啉、4-基喹啉、2，6-甲基喹啉、8-基喹啉以及二苯并〔α，h〕吖啶和二苯并〔α，j〕吖啶等稠环化合物。

（一）吲哚

吲哚是由苯环和吡咯环稠合而成的含氮稠环化合物，因此也可叫作苯并吡咯。吲哚是片状白色结晶，熔点 52℃，沸点 253℃，可溶于热水和乙醇等有机溶剂。蛋白质降解时，其中的色氨酸组分转变为吲哚和 β-甲基吲哚残留于粪便中，是粪便臭气的主要成分。浓度高时具有很强的动物粪便气味，浓度极低时具有类似茉莉的香气，可作香料用。有淡淡花香，吲哚是这类物质在烟草中含量较高的一种成分，在烟气中可增加白肋烟的特征香。

吲哚是弱碱（ $pK_b=10.5$ ），具有芳香性，亲电取代反应的活性比吡咯低而比苯高。其亲电取代反应在吡咯环上进行，反应发生在 β 位。

烟草活体内的天然植物激素 β-吲哚乙酸是存在于烟株幼芽中的能刺激烟株生长的物质。β-吲哚乙酸是吲哚最重要的衍生物，为无色晶体，熔点 165℃，微溶于水，易溶于醇等有机溶剂，存在于酵母和植物生长点及人畜的尿内。

（二）喹啉

喹啉是苯环与吡啶环稠合而成的化合物。喹啉是无色油状液体，有特殊气味，沸点

238℃，难溶于水，易溶于有机溶剂。它是一个弱碱（pK_b=9.1），与酸可成盐。喹啉中的苯环电荷密度比吡啶环大，通常亲电取代基进入苯环，亲核取代基进入吡啶环。氧化时，保留吡啶环。也可催化氢化，并首先发生在吡啶环。在白肋烟中分离出的类萜烯生物碱是异喹啉的衍生物。异喹啉生物碱可杀灭某些作物害虫。

五、半挥发性碱性成分

烟草中的半挥发性碱性成分主要包括胺类化合物、含氮杂环化合物和生物碱类化合物。它们对烟草及烟制品的感官特性有着非常重要的影响，其中有些化合物带有刺激性气味，有些则是香味的主要来源，是评价烟草及烟草制品感官质量的重要指标。利用现代化分析手段，分析研究烟草中半挥发性碱性成分的组成，对提高卷烟加香技术改进卷烟感官质量具有重要意义。1977年I. Wahlberg曾采用顶空技术定性分析了陈化前后烤烟中的半挥发性碱性成分。但由于烟草中的半挥发性碱性成分含量极低，采用常用的带氢焰检测器（FID）的气相色谱测定时，响应低，难以进行定量分析。

吴鸣等（1999年）通过采用水蒸气蒸馏、溶剂萃取分离的前处理方法，利用配备氮磷检测器（NPD）的气相色谱、气相色谱-质谱联用分析鉴定技术，对我国云南中二烤烟中半挥发性碱性成分进行了分析研究，为分析烤烟中半挥发性碱性成分的组成提供了可行的分析方法。

在所鉴定的36种半挥发性碱性成分中，吡啶类成分最多，有11种，其次为吡嗪类6种、吲哚类3种、喹啉类3种、噻唑类2种以及少数其他化合物（表4-17）。从一些研究报道中，我们知道这些简单的吡啶类、吡嗪类、喹啉类化合物主要来源于烟草中的糖-氨基酸反应形成的棕色化反应产物，这些杂环化合物对烟草及其卷烟制品的感官香味质量起着重要的作用。

从鉴定出的3-乙酰吡啶、3-（3，4-二氢-5-吡咯基）-吡啶、（1-甲基-3-吡啶基）-2-吡咯烷酮和（1-甲基-3-吡啶基）-2-吡咯烷-1-氧化物分子结构式可以看出，它们是烟碱[3-（1-甲基-2-吡咯基）-吡啶]的转化产物。

表4-17　烤烟样品中半挥发性的定性分析结果

（吴鸣等，1999）

编号	化合物	分子式	相对分子质量
1	吡啶	C_5H_5N	79
2	2-甲基吡嗪	$C_5H_6N_2$	94
3	3，5-二甲基-咪唑	$C_5H_8N_2$	96
4	3-甲基-吡啶	C_6H_7N	93
5	2，6-二甲基吡嗪	$C_6H_8N_2$	108
6	2，3-二甲基吡嗪	$C_6H_8N_2$	108
7	3，5-二甲基吡啶	C_7H_9N	105

续表

编号	化合物	分子式	相对分子质量
8	2-甲氧基吡啶	C_6H_7NO	109
9	3-甲酰基吡啶	C_6H_5NO	107
10	2，3，5-三甲基吡嗪	$C_7H_{10}N_2$	122
11	2-乙酰基吡啶	C_7H_7NO	121
12	2，3-二氢吲哚	C_8H_9N	119
13	3-乙基-2，6-二甲基吡啶	$C_9H_{13}N$	135
14	四甲基吡嗪	$C_8H_{12}N_2$	136
15	4-乙酰吡啶	C_7H_7NO	121
16	3-乙酰吡啶	C_7H_7NO	121
17	3-丙酰基吡啶	C_8H_9NO	135
18	苯丙噻唑	C_7H_5NS	135
19	喹啉	C_9H_7N	129
20	异喹啉	C_9H_7N	129
21	N-（2，6-甲基苯基）乙酰胺	$C_{10}H_{13}NO$	163
22	吲哚	$C_8H_{10}NO$	136
23	烟碱	$C_{10}H_{14}N_2$	162
24	4-甲基喹啉	$C_{10}H_9N$	143
25	3-（3，4-二氢-5-吡咯基）-吡啶	$C_9H_{10}N_2$	146
26	吡咯并［2，3B］吡啶	$C_7H_6N_2$	118
27	5-甲基-1-苯基-2-吡咯烷酮	$C_{11}H_{13}NO$	175
28	（1-甲基-3-吡啶基）-2-吡咯烷-1-氧化物	$C_{10}H_{14}N_2O$	178
29	2-甲基-6-顺丙烯基吡嗪	$C_8H_{10}N_2$	134
30	2，3-二联吡啶	$C_{10}H_8N_2$	156
31	5-甲氧基-1-甲基吲哚	$C_{10}H_{11}NO$	176
32	（1-甲基-3-吡啶基）-2-吡咯烷酮	$C_{10}H_{12}N_2O$	167
33	吡咯［2，3d］咪唑酮	$C_7H_5N_3O$	147
34	吩嗪	$C_{12}H_8N_2$	180
35	1-乙酰基-β-咔啉	$C_{12}H_{10}N_2O$	210
36	N-苯基萘胺	$C_{16}H_{13}N$	219

烤烟样品中碱性香味成分的定量测定结果见表4-18。

表 4-18　烤烟样品中碱性香味成分的定量测定结果

(吴鸣等，1999)

化合物	含量（μg/g）
吡啶	0.510
2-甲基吡嗪	0.077
2，6-二甲基吡嗪	0.050
2，3-二甲基吡嗪	0.020
2，3，5-三甲基吡嗪	0.565
2-乙酰基吡啶	0.072
四甲基吡嗪	0.021
3-乙酰吡啶	0.807
吲哚	0.010
2，3-二联吡啶	3.62

从表中可以看出在测定的 10 种碱性香味成分中，除 2，3，5-三甲基吡嗪外，吡啶类化合物在含量上明显高于吡嗪类化合物和其他含氮杂环化合物。

李海锋（2006 年）建立了烟叶中挥发性、半挥发性碱性化合物组成研究的全二维气相色谱/飞行时间质谱（GC×GC/TOFMS）分析方法，并用所建立的方法对香料烟中碱性化合物进行了表征。对比了一维气相色谱和全二维色谱方法用于烟叶碱性组分组成分析的效果。一维色谱质谱方法共鉴定出 45 种碱性化合物。用所建立的全二维气相色谱方法，采用 TOFMS 谱图库检索结合全二维特有的包含结构信息的二维谱图，通过族分离和结构谱图鉴定，鉴定出了香料烟中挥发性、半挥发性碱性组分共 92 种。包括吡咯类化合物 6 种，吡啶类化合物 39 种，吡嗪类化合物 10 种，苯胺类化合物 11 种，喹啉类化合物 11 种，吲哚类 4 种和其他类化合物 11 种。同时对不同类别的化合物在二维气相色谱上的分布模式进行了研究。研究结果表明，全二维气相色谱/飞行时间质谱的高分辨率和特有的定性手段适用于烟叶这类复杂植物体系的化学组成研究。

第五节　其他含氮化合物

一、硝基化合物

烃分子中的氢原子被硝基取代后的衍生物，称为硝基化合物，硝基（—NO$_2$）是其官能团。根据硝基连接的碳原子的不同，又可分为伯、仲、叔硝基化合物。其结构如下：

$$CH_3 — NO_2 \qquad\qquad H_3C — \underset{\underset{NO_2}{|}}{\overset{\overset{H}{|}}{C}} — CH_3 \qquad\qquad H_3C — \underset{\underset{NO_2}{|}}{\overset{\overset{CH_3}{|}}{C}} — CH_3$$

硝基甲烷　　　　　　　2-硝基丙烷　　　　　　2-硝基-2-甲基丙烷
伯硝基化合物　　　　　仲硝基化合物　　　　　叔硝基化合物

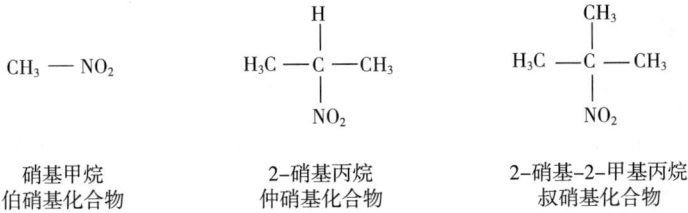

按烃基不同，硝基化合物又可分为脂肪族硝基化合物和芳香族硝基化合物。根据硝基的数目不同可分为一硝基和多硝基化合物。

脂肪族硝基化合物是无色，具有香味的液体，难溶于水，易溶于醇和醚。芳香族硝基化合物是淡黄色固体或油状液体，具有苦杏仁气味，有毒性，能透过皮肤而被吸收，能和血液中的血红素作用，严重时可以致死。多硝基化合物受热时易分解发生爆炸。

硝基化合物最重要的化学性质之一是还原反应，即硝基（—NO_2）被还原成氨基（—NH_2）。在酸性条件下，苯胺是最后产物。反应过程大致如下：

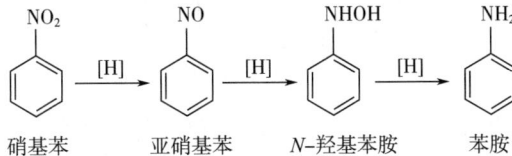

NO_2　　　　　NO　　　　　NHOH　　　　　NH_2

硝基苯　　　　亚硝基苯　　　N-羟基苯胺　　　苯胺

硝基化合物在自然界几乎不存在。烟草中的硝酸盐是燃吸过程中产生硝基化合物的直接来源，烟草中天然存在的碱金属硝酸盐在卷烟燃烧区分解为各种氮的氧化物，这些氧化物与有机基团反应产生硝基化合物。烟气中检测到的硝基化合物有硝基烷类、硝基苯类和硝基酚类（见表4-19）。

表4-19　烟气中的硝基化合物的种类与含量（μg/支）

（李汉超等，1991）

硝基烷类	含量	硝基苯类	含量	硝基酚类	含量
硝基甲烷	523	4-硝基异丙基苯	5	2-硝基酚	35
硝基乙烷	1080	硝基苯	25	2-硝基-3-甲酚	30
2-硝基丙烷	1080	2-硝基甲苯	21	2-硝基-4-甲酚	90
1-硝基丙烷	728	3-硝基甲苯	10	硝基-二羟基苯酚	80
1-硝基正丁烷	713			4-硝基酚	20
1-硝基正戊烷	215			4-硝基儿茶酚	200

在硝酸盐含量高的卷烟烟气中发现了4-硝基儿茶酚，一些人认为它是由烟气捕集材料中的儿茶酚硝基化产生的，精细分析证实，新生的烟气中确实有少量的4-硝基儿茶酚和其他硝基酚存在。

烟气中的硝基化合物与烟草中的硝酸盐含量密切相关，它与稠环芳烃的形成相互竞争。研究发现，富含硝酸盐烟草的烟气中硝基化合物含量高，稠环芳烃含量低。

二、腈和异腈

腈是氢氰酸（HCN）的烃基衍生物，通式为 R—CN，官能团（—CN）叫作氰基。因为氰基本身含有一个碳原子，所以氢氰酸可以看作腈类物质的第一个同系物，其结构式如下：

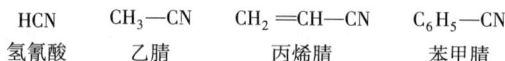

$$HCN \qquad CH_3—CN \qquad CH_2{=}CH—CN \qquad C_6H_5—CN$$
$$氢氰酸 \qquad 乙腈 \qquad 丙烯腈 \qquad 苯甲腈$$

氢氰酸不以游离状态存在于自然界，但它是一类广泛存在于植物体内称作生氰配糖物的天然产物，水解时会生成氢氰酸。氢氰酸有很强的毒性。

腈类化合物除氢氰酸外，都是稳定的中性物质，并且不似氢氰酸那样剧毒。较低级的腈是可溶于水的液体。腈的最重要的化学性质是水解反应和还原反应。在酸或碱水溶液中水解时，腈转变成相应的羧酸。反应式如下：

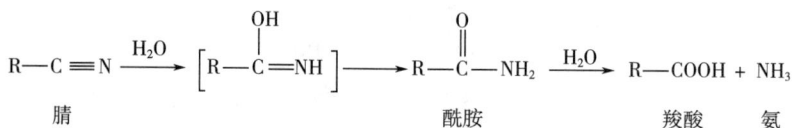

$$R—C{\equiv}N \xrightarrow{H_2O} \left[R—\overset{\overset{\textstyle OH}{|}}{C}{=}NH \right] \longrightarrow R—\overset{\overset{\textstyle O}{\|}}{C}—NH_2 \xrightarrow{H_2O} R—COOH + NH_3$$
$$腈 \qquad\qquad\qquad\qquad\qquad 酰胺 \qquad\qquad 羧酸 \quad 氨$$

腈可以被还原成相应的伯胺。这一反应可用钠和乙醇为还原剂，也可以在催化剂存在下直接氢化还原。反应式如下：

$$R—C{\equiv}N + 2H_2 \xrightarrow{Ni} R—CN_2NH_2$$

异腈（R—NC）是腈的同分异构体。异腈的结构式写作 $R—N{\overrightarrow{=}}C$，分子结构中的碳原子和氮原子之间存在着两个共价键和一个配位键。异腈不如腈稳定，长时间加热时异腈即转变成腈。异腈是具有难闻的臭味和很大毒性的液体，在水中溶解度较小。反应式如下：

$$R—N{\overrightarrow{=}}C \longrightarrow R—C{\equiv}N$$

烟草中的腈类化合物很少有人研究，主要研究的是烟气中的腈类化合物，烟气中的腈类化合物主要有氰化氢（HCN），其次是乙腈（$CH_3—CN$）、丙腈（$CH_3—CH_2—CN$）、丁腈（$CH_3—CH_2—CH_2—CN$）、丙烯腈（$CH_2{=}CH—CN$）。此外，在烟气的冷凝物中已经鉴定出了芳香腈。

硝酸盐是烟气中腈类的前身，烟草蛋白质也是烟气中腈类的重要来源。甘氨酸热解形成氰化氢要比丙氨酸、亮氨酸和异亮氨酸多。反应式如下：

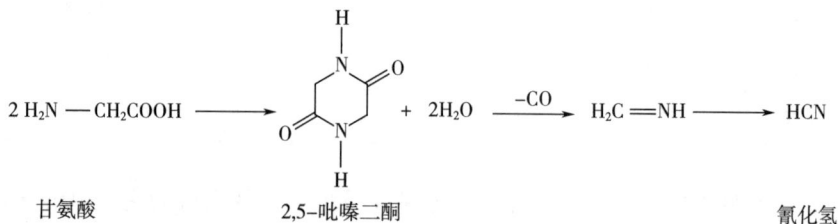

$$2\,H_2N—CH_2COOH \longrightarrow \text{(2,5-吡嗪二酮)} + 2H_2O \xrightarrow{-CO} H_2C{=}NH \longrightarrow HCN$$

$$甘氨酸 \qquad\qquad 2,5-吡嗪二酮 \qquad\qquad\qquad\qquad 氰化氢$$

其他含氮化合物如脯氨酸脱羧产生的吡咯烷，在热解过程中产生的氰化氢也较多。多氨基的酸类同样产生较高量的 HCN，特别是在 900~1000℃ 的时候。

用 [14]C 标记的葡萄糖或蔗糖的卷烟燃吸后发现烟气中含有标记的乙腈，说明燃吸期间糖类或其降解产物与含氮化合物发生了反应。

萘腈和苯腈类化合物是赖氨酸、亮氨酸、色氨酸、苯丙氨酸、丁二酸酰肼和 N，N-二甲基十二烷胺的热解产物。

三、含氮农药

烟草生产中使用的含氮抑芽剂、除草剂、杀虫剂农药如马来酰肼（MH）、二硝基苯胺类、氯化烟酰（吡虫啉）、硫代烟碱类（阿克泰）、酰胺类、硫代氨基甲酸类、尿素类、喹啉类等，也是烟草和烟气中含氮化合物的来源之一。一些研究表明，它们除以其原来形式残留在烟叶中外，还可降解（酶解或热解）生成许多新产物，如氨、胺类、酰胺类、吡啶类、吡咯类、喹啉类等。因此，这些人工使用的含氮制剂对烟草和烟气的化学成分、生物活性及香吃味品质都有一定影响，有待深入研究。

第六节　含氮化合物的存在状态及变化

一、烟草对氮素的吸收和利用

氮是组成烟草植物体的重要元素，它是烟草根系从土壤中吸收的。土壤中的氮是以无机物和有机物的形态存在，而烟草吸收氮素的形态主要是无机物的硝态氮（NO_3^-）和铵态氮（NH_4^+）两种形态。因此，有机氮必须经过氨化作用或硝化作用转化为铵态氮或硝态氮方能被烟草吸收。

烟草将吸收的氮素转化为有机物的过程叫作氮素的同化作用，烟草体内的同化过程是在酶的作用下完成的。烟草要把吸收的无机态氮转化为植株的构成成分，必须把无机态氮与糖类相结合形成有机物。烟草地上部分中，叶是糖类的主要形成器官。叶将形成的糖类输送到根部，与根吸收的无机态氮素发生反应转化为有机态氮素，然后根将这些有机态氮素输送到植株的地上部分。另一种途径是根吸收的无机态氮素直接输送到地上部分，使其在地上部分转化为有机态。这两种有机态氮的形成，都必须在特定酶的作用下才能进行。最初与无机态氮素产生反应的主要是糖代谢产生的相对分子质量较小的有机酸类，有机酸类与氨结合形成氨基酸，进一步合成蛋白质。

烟草吸收无机态氮素向地上部分输送，用 ^{15}N 示踪法的试验表明，^{15}N 施入土壤后被根部吸收，在 72 h 内即被结合到叶内的蛋白质中，证明氮的输送速度和同化过程是很快的。氮素首先向生长最旺盛的部位移动、集中。在一片叶内，叶尖和边缘含氮高，中间和叶基部含氮低，叶肉含氮高，叶脉含氮低。随着烟叶不断生长，氮素不断增加，当叶定型以后，其叶内的氮素又向别的正在生长的叶内或茎中转移，当烟草打顶以后，叶片内的氮素又向茎部和根部转移。^{15}N 试验表明，打顶后烟草各部位叶的含氮是比较均匀的，但上部叶偏多。如果不打顶，氮素向烟草顶部转移，不打杈氮素向烟杈转移。可见，打顶抹杈能减少氮素的消耗，能提高烟叶质量。

烟草根部吸收的氮被同化后，首先合成氨基酸。白宝璋等（1994 年）对烟草旺长期叶片游离氨基酸含量进行研究。供试烟草品种为 NC89，于旺盛生长期从同一植株上按照脚叶、腰叶和顶叶同时采样；烟叶分为叶片和叶脉，分别破碎，用70%酒精提取、浓缩，然后用氨基酸自动分析仪分析。

研究结果得出：烟叶中含16种以上的游离氨基酸，但叶脉中缺乏组氨酸。在叶片中，随着叶位层次的提高，总游离氨基酸含量逐渐提高；在叶脉中，顶叶总游离氨基酸含量最高，脚叶次之，腰叶最低。无论是叶片还是叶脉，谷氨酸居其他各种氨基酸含量之首，其次按含量从大到小的顺序是：苏氨酸、丝氨酸、脯氨酸、天冬氨酸、甘氨酸、丙氨酸、亮氨酸、苯丙氨酸等（表4-20）。

表4-20　烟草旺长期叶片中游离氨基酸的含量（mg/g 干重）

氨基酸	顶叶		腰叶		脚叶	
	叶片	叶脉	叶片	叶脉	叶片	叶脉
Ala（丙氨酸）	3.36	1.19	2.85	0.88	0.44	1.41
Asp（天冬氨酸）	2.73	6.89	2.88	2.31	0.86	4.24
Arg（精氨酸）	5.15	0.71	6.10	0.32	0.74	0.54
Glu（谷氨酸）	30.78	8.75	13.03	4.47	9.51	5.73
Gly（甘氨酸）	5.04	0.59	3.55	0.34	0.75	0.26
His（组氨酸）	4.22	—	1.08	—	0.45	—
Ile（异亮氨酸）	3.35	0.79	1.42	0.48	0.48	0.37
Leu（亮氨酸）	1.77	1.95	9.70	1.17	0.44	2.08
Lys（赖氨酸）	3.36	1.08	0.72	0.98	1.44	1.01
Met（蛋氨酸）	3.24	0.53	3.63	0.37	0.86	0.41
Phe（苯丙氨酸）	3.15	1.95	1.45	2.04	0.47	1.89
Pro（脯氨酸）	3.36	8.24	2.05	2.69	0.45	5.17
Ser（丝氨酸）	8.35	2.34	2.91	1.68	5.17	1.91
Thr（苏氨酸）	16.24	4.33	14.42	3.86	2.72	5.01
Tyr（酪氨酸）	3.35	2.34	5.04	1.91	6.55	1.67
Val（缬氨酸）	3.35	3.67	5.07	1.89	1.73	1.93
总氨基酸	100.98	46.27	75.63	25.39	33.06	33.74

（一）游离氨基酸的种类

从表4-20中可以看出，在烟草旺长期叶片中含有的游离氨基酸，与小麦叶片、玉米叶片中的游离氨基酸种类相同或者相近。在这些游离氨基酸中，不管是叶片还是叶脉均以谷氨酸含量为高：顶叶分别为30.78 mg/g 干重和8.75 mg/g 干重，腰叶分别为13.03 mg/g 干重和4.47 mg/g 干重，脚叶分别为9.51 mg/g 干重和5.73 mg/g 干重。谷氨酸的含量之所以远高于其他氨基酸的含量，是与其在植物体内氨基酸的合成分不开的。因为氮素的来源不管是分子氮（N_2）、硝态氮（NO_3^-）或是铵态氮（NH_4^+），在植物的氮素同化途径中，所形成的第一个有机含氮化合物均为谷氨酸或其酰胺。而且，几乎所有的其他氨基酸的生物合成均以谷氨酸为氨基（—NH_2）的供体。

（二）总游离氨基酸的含量

从表4-20所列数据可以看出，旺长期烟叶中总游离氨基酸的含量具有两个明显特点。一是与烟叶的叶片、叶脉不同部分有关，叶片明显高于叶脉。二是与烟叶的部位有关，从烟叶的叶片看，顶叶含量最高，达到 100.98 mg/g 干重；脚叶最低，仅为 33.06 mg/g 干重；腰叶居中，为 75.63 mg/g 干重。烟草叶片中总游离氨基酸含量自下而上递增可能与叶片所处的生长状态密切相关。顶叶处于旺盛生长阶段，叶片正在扩大，蛋白质合成强烈，因而需要提供大量的氨基酸；脚叶趋于衰老，代谢强度减弱，合成能力低下；腰叶虽未长成叶片，但构成细胞器、生物膜的结构蛋白随时需要更新，因此需要保持较强的合成能力。就叶脉而言，顶叶总游离氨基酸含量仍然最高（46.27 mg/g 干重），而腰叶的含量最低（25.39 mg/g 干重），脚叶的含量反而居中（33.74 mg/g 干重）。据推测，脚叶叶脉中总游离氨基酸含量高于腰叶叶脉可能与脚叶趋于衰老有关。因为，凡是衰老的器官，蛋白质的降解过程大于合成过程，并通过输导组织向外运输，而又多以谷氨酸和天冬氨酸及其酰胺的形式向外输出。这也是叶脉中这两种游离氨基酸含量较高的缘故。

（三）游离芳香族氨基酸

从分析结果可以看出，叶片中苯丙氨酸和酪氨酸的含量呈截然相反的趋势。苯丙氨酸随着叶片部位的上升而含量逐渐上升，酪氨酸却随着叶片部位的上升而含量逐渐下降。据有些资料指出，这两种氨基酸尤其是苯丙氨酸在烟叶的品质方面具有特殊意义。因为苯丙氨酸是某些酚类化合物（如肉桂酸、咖啡酸、阿魏酸、绿原酸等）生物合成途径中的重要中间产物。而这些酚类化合物（尤其是绿原酸）在烟叶品质、色泽和烟气生理强度等方面起着重要作用。因此，有人建议把多酚物质含量与蛋白质氮含量之比（即"芳香值"）作为评价烟叶香气吃味的一种依据。由此可见，游离芳香族氨基酸的含量对烟叶的色、香、味具有特殊的贡献。

氨基酸是烟草植物体中氮存在的一种重要形态。酰胺态氮则是谷氨酸、天冬氨酸进一步结合的氮，其生理作用与氨基酸相似，主要特点是贮存植株体内多余的氮素。氨基酸是合成蛋白质的基本单元，蛋白质态氮占烟草中氮的比例最高，占总氮量的 60%~90%，是烟草中氮的主要成分。除氨基酸和蛋白质外，烟草植物体内氮素的形态还有生物碱中的氮和叶绿素中的氮，这两类含氮化合物对烟草的生长发育和质量的形成也都起着重要作用。此外，烟草中还存在少量的氨态氮、硝态氮，以及在代谢过程中产生的各种含氮杂环化合物。

二、含氮化合物的积累

氮是构成蛋白质和酶的主要成分。蛋白质是原生质最重要的组成成分，而酶是代谢作用的催化剂，所以氮对有机体的生命活动有着重要的意义。烟草中的生物碱是含氮杂环化合物，其中含氮 17.3%。据测定，烟叶中含氮 2% 左右。因此，氮素营养条件对烟草的生长发育以及最终的产量和质量都有重要影响。氮素供应适当，烟草形成较大的叶片，叶色正常，其产量和质量均好。然而，氮素供应过多或过少，对烟株生长发育和烟叶品质都是不利的。如果氮素供应过多，会使叶片过大，叶脉粗，叶色深绿，不易落黄，推迟成熟，烟叶中烟碱和蛋白质含量过大，而糖类含量减小，吸味辛辣，吸食品质变差。如果氮素供应不足，烟草细胞中的原生质、叶绿素及其他含氮化合物的形成受到影响，植株矮小，叶片小而薄，叶绿素含量低，叶色淡绿或呈淡白色。为了保证烟叶的优质和适产，掌握烟草对氮素的吸收规律和土壤的供氮能力是非常重要的。

随着烟株的生长，烟叶中含氮量是逐步积累的，通常与叶片中干物质量积累相一致，放苞时期积累量最大，参见表4-21。

表4-21　烟株生长时一定部位叶片中含氮量的变化

试验时期	含氮量（mg/100cm² 叶片）				占总氮量的百分比（%）			
	总氮	蛋白质氮	尼古丁氮	可溶性氮	总氮	蛋白质氮	尼古丁氮	可溶性氮
苗芽时期	68.35	62.39	1.19	4.77	100	91.26	1.74	7.0
苗芽时期	222.27	185.20	3.50	33.67	100	82.81	1.57	15.56
放苞时期	218.70	189.60	17.63	23.64	100	86.70	7.63	10.29
开花时期	189.60	152.20	20.07	17.33	100	80.31	10.58	9.11
开花末期	152.10	113.39	18.42	20.29	100	74.55	12.10	13.55

从上表可以看出，烟草幼苗时期含氮量增长迅速，从幼苗到成苗（表中第一到第二苗芽时期）单位叶面积的含氮总量、蛋白质氮、尼古丁氮均增大到3倍以上，可溶性氮增加更多。另据试验表明，烟草幼苗期蛋白质含量也是很高的，达干物质重的26%～29%，四片真叶期为最高，达干物质重29.52%，这是因为叶片真叶期根系基本形成，吸收能力较强，吸收的氮素多，合成的蛋白质多。可见苗期需氮量很大，一定要施足氮肥，以保证生长需要，培育出壮苗，这叫"少时富"。

大田前期烟草蛋白质量和总氮含量是一直增加的，仍需要充足的氮肥供应（以基肥为主，保证少时富），至现蕾期后，蛋白质含量达到一定程度，不再下降，平衡发展。原因是现蕾前氮素用于营养生长，没有贮藏，现蕾后营养生长不再大量进行，而进入生殖生长阶段，叶片中蛋白质有所积累。如果不打顶，任烟草开花结果，则叶片中的蛋白质和糖的积累均消耗于花、果实和种子。如果采取打顶措施，糖类的积累不再形成结构骨架物质，而以淀粉的形式贮藏，淀粉的积累有利于提高烟叶的品质。但是，打顶后蛋白质也势必在叶片中积累，而蛋白质在叶片中积累过多，则形成粗筋暴叶，浓绿不落黄，推迟成熟，降低烟叶品质。所以烟株长成打顶以后，土壤的氮素供应要停止，这是栽培中的重要措施，这叫"老来贫"。

表4-22的试验资料充分说明了上述规律。从表4-22试验资料看出，春烟移栽后45 d内烟苗生长缓慢，叶面积小，光合产物也少，而氮的吸收量较大，所以制造的糖类多用于蛋白质的合成，供营养生长，增长植株。烟草的大田期中这一时期植株含氮率最高，全株蛋白质含量占20.2%，糖只有5%。移栽后45～75 d（现蕾～打顶）以内，植株生长最旺盛，干物质迅速增加，吸收氮、磷、钾营养最多，这是产量和质量的决定时期，这时期蛋白质含量占11.9%，糖占6.4%。这表明与蛋白质合成有联系的植株生长仍占优势，体内合成大于分解，但蛋白质的含量较之前已逐渐下降，而糖却有上升趋势，这也表明氮素营养水平已由高峰向低峰转移，碳素营养还在逐渐增加。因此，这一时期如果土壤中氮素过多，则光合作用的产物（糖类）多与氮结合成蛋白质供营养生长之用，从而造成叶片大而厚，水分含量多，叶片积累干物质少，不易落黄成熟，容易烤出质量差的烟叶。移栽后75 d到顶叶成熟，如果光照

好、温度高，叶内糖分积累多，蛋白质含量下降，叶片扩大逐渐停止，叶片厚度增加，叶色逐渐落黄，正常成熟，能够烤出质量好的烟叶。移栽后 90～120 d，糖分由 8.19% 增加到 13.2%，而蛋白质由 10.3% 降到 9.8%，一般这一时期分解大于合成是正常现象。因此，在烤烟栽培上应重视基肥，以适应烟株旺长期的需要。现蕾后氮的吸收率逐渐降低，叶片含糖类逐渐增加，可适当追施磷、钾肥，促使烟叶蛋白质的分解和糖分转化，以提高烟叶品质。

表 4-22　烤烟不同生育期碳氮营养的变化（%）

移栽后天数	总糖	蛋白质	总氮
30	—	—	3.30
45	5.0	20.2	3.41
60	3.6	11.7	1.98
75	6.4	11.9	2.03
90	8.19	10.3	1.82
105	12.8	11.16	1.98
120	13.2	9.8	1.85

注　表中数字是对烟株地上器官的分析。

　　烟草含氮化合物的积累除了随生育期的变化而变化外，还受烟草类型、环境条件和栽培措施的影响。不同类型的烟草含氮化合物的积累是不同的，一般烤烟和香料烟的氮化合物含量最低，白肋烟、马里兰烟、雪茄烟和地方性晾晒烟的氮化合物含量高。环境条件和栽培措施对含氮化合物积累也有影响，一般规律是高氮水平施肥，低密度栽植，干旱天气或控制灌溉，采取打顶措施控制留叶数，土壤黏重肥沃，生长的烟叶含氮化合物积累多。相反，低氮水平施肥，高密度栽植，多雨天气或充分灌溉，采取高打顶多留叶，肥力较差的沙质壤土，生长的烟叶含氮化合物积累少。

三、含氮化合物在调制过程中的变化

（一）蛋白质的变化

　　研究结果表明，蛋白质的水解自烟叶采收后不久开始，其水解速度的快慢取决于开始烘烤时蛋白质氮和可溶性氮的比例，而烟叶的成熟度及烘烤时间也直接影响烤后烟叶游离氨基酸的含量。

　　在烟叶烘烤过程中蛋白质的水解是与变黄期烟叶失水凋萎和变黄紧密联系的。失水凋萎的同时，叶片逐渐变黄，凋萎是变黄的条件，变黄是外观表现，内部变化是叶绿素的降解，绿色消失，黄色呈现。叶绿素是与蛋白质结合为复合体而存在的，叶绿素降解说明了蛋白质水解。

　　蛋白酶和肽酶活性，在烘烤前期增强，后期减弱。蛋白质水解需要还原条件，才能提高酶的活性，所以叶片要先失水凋萎，气孔关闭，才能创造还原条件，促进蛋白质的水解。若烟叶不先失水凋萎，形成"硬变黄"，对蛋白质水解不利，因此失水凋萎对蛋白质水解具有重要意义，也是烤好烟叶的关键技术。

鲜烟叶中蛋白质含量比较高，且因烟草品种和栽培条件不同而有很大差异。一般正常成熟的鲜烟叶蛋白质含量为 12%～15%，烤后仅保留 8%左右。蛋白质水解主要在变黄期进行，定色期也有少量水解。

（二）氨基酸的变化

蛋白质在蛋白酶的作用下水解为肽链较短的多肽，多肽在肽酶的作用下水解为氨基酸。烤烟在调制过程中各种游离氨基酸的总量是增加的，不同的调制阶段某些氨基酸减少，而另一些氨基酸增加。1966 年韦布鲁（Weybrew）等研究结果表明，烟叶内游离氨基酸的主要成分变化在烘烤初期的 3 d 内进行，17 种氨基酸在烤后大量增加，其中以脯氨酸含量最高，占增加氨基酸总量的 65%左右，而 9 种氨基酸减少约一半。

白肋烟在调制中约有一半的烟叶原始蛋白质水解产生相应的氨基酸，氨基酸增加的时间与蛋白质迅速水解的时间相符合，蛋白质水解完成氨基酸停止增加。但是并非总游离氨基酸都是由蛋白质水解而来的，因为鲜烟叶中本来就含有相当量的游离氨基酸，而且在氨基酸迅速增加的同时，又有相当量的氨基酸流失掉。当蛋白质停止水解，烟叶呈最大程度变黄时，总游离氨基酸开始下降，并持续至大部分烟叶变成棕色。一旦烟叶呈棕色，氨基酸的量就很少变化，一般维持在 2.5%左右，含量最多的是天冬酰胺（1.03%左右）和天冬氨酸（0.78%左右）。

在调制过程中氨基酸可以以游离的形式存在于烟叶中，也可以进一步分解变化。游离氨基酸发生互变作用（脱羧氧化脱氨和脱羧脱氨作用），引起羰基化合物增加，对改善烟叶品质，特别是对增加烟叶香气特性是非常重要的。氨基酸脱氨基产生有机酸和氨，脱羧基生成胺类和二氧化碳。氨可以与有机酸结合生成新的氨基酸，与氨基酸结合生成酰胺，与有机酸结合生成铵盐，也可以氨的形式保留在烟叶中，但容易挥发散失，随着调制时间的延长散失增加。氨基酸脱氨生成的各种有机酸可能保留在烟叶中，也可能继续分解而生成各种各样的物质。如酪氨酸可以生成对甲基苯酚，苯酚又可以与糖生成苷类。色氨酸可以生成甲基吲哚、羟基吲哚和吲哚等。

（三）叶绿素的降解

烟叶在烘烤过程中颜色的变化是最明显、最直观的。颜色变化的实质是叶绿素的降解和类胡萝卜素等黄色色素比例的增加。

随着蛋白质的水解，与蛋白质结合为复合体的叶绿素也随之降解。叶绿素的降解是在叶绿素酶的作用下进行的。叶绿素在降解过程中，首先是结构中的酯键断裂形成叶绿醇和甲醇，然后进一步氧化，直至分解消失。由于叶绿素结构的破坏是与蛋白质水解同步进行的，所以从烟叶外观颜色即可判断烟叶组织细胞内蛋白质分解转化的程度。因为烟叶中叶绿素蛋白质通常占蛋白质总量的一半以上，所以当外观由绿变黄、叶绿素接近完全降解的时候，蛋白质也就水解得差不多了，这时应该转入定色期，将叶片烤干，把已获得的优良品质固定下来。

1988 年李雪震等研究报道了变黄过程中色素含量变化，在变黄结束时，叶绿素含量减少 80%左右，而类胡萝卜素仅减少 5%左右。由于叶绿素的降解速度远远大于类胡萝卜素等色素的降解速度，因此引起烟叶组织内色素比例的变化。黄色色素占色素总量的比例随时间的推移而逐渐增加，并发展为优势地位，从而使烟叶在外观上呈现黄色。

在适宜的温湿度条件下，叶绿素降解烟叶变黄经 50～60 h 即可完成。但是叶绿素降解速度还与烟草品种、烟叶部位、成熟度、含水量等关系密切。一般是下部叶比上部叶变黄速度快，工艺成熟的烟叶比欠熟烟叶变黄速度快，烟叶先失水凋萎有利于加速变黄。

表4-23给出了烤烟在调制过程中各种含氮化合物变化的整体概念。所列数据将不溶性氮与水溶性氮的总和作为100，各种水溶性氮均为相对含量，从这些数据可以看出烟叶在堆黄和烘烤过程中总氮和各种含氮化合物的变化总趋势。

①总氮量：以不溶性氮与水溶性氮的总和计算，堆黄阶段总氮量几乎不变，而不溶性氮转化为水溶性氮的量极为显著。

②不溶性氮：堆黄减少占总氮量的27.87%，水溶性氮相应增加1倍左右，说明蛋白质的水解在变黄阶段最为剧烈。水溶性氮在烤干后略有减少，这是分解散失所致。

③植物碱氮：烤后烟叶比鲜烟叶的含量有所增加，这可能是由于烘烤过程中干物质消耗减少，植物碱在干物质中所占比例相对增加。也可能是由于硅钨酸沉淀未知氮转化而来，但这种可能性还未证实。

④α-氨基氮和酰胺氮：在变黄阶段增加最多，两者合计从占总氮量的4%增至21.42%，增加了17.42%，可见蛋白质水解后绝大部分生成了这两类水溶性氮。

⑤氨氮：在变黄期氨氮明显增加，从占总氮量的1.62%增至4.68%。烤干后略有减少，主要是逸散所致。

⑥其他未知氮：从鲜烟叶到最后烤干，其他未知氮增加而且幅度较大。

表4-23　烤烟调制过程中各种含氮化合物的变化
(不溶性氮+水溶性氮 = 100)

成分	鲜烟叶	堆黄后	烤后烟叶	一般烘烤
不溶性氮	74.36	46.49	49.32	49.69
水溶性氮	25.64	53.51	50.68	50.31
植物碱氮	7.15	7.42	8.71	6.99
氨氮	0.52	1.02	1.57	2.71
酰胺氮	2.00	6.72	6.72	5.41
未知来源氨氮	1.10	3.66	2.45	2.53
硅钨酸沉淀未知氮	4.53	5.80	3.23	3.97
α-氨基氮	2.00	14.70	13.31	12.67
其他未知氮	8.34	14.19	14.69	16.03

第七节　含氮化合物对烟质的影响

一、蛋白质的影响

烟草中蛋白质对烟叶品质具有两个方面影响：一方面，蛋白质是烟株生长的主要营养物质，也是烟株生长发育过程中维持机体活力的重要物质基础。烟叶中的蛋白质按功能分为两大类，一类为结构蛋白，另一类为酶蛋白，二者在烟株的生长发育阶段对影响烟叶品质的有机营养物质的代谢转化与积累具有重要的影响。另一方面，成熟烟叶中的蛋白质是烟叶中的重要化学成分，其含量的高低与烟草的品质息息相关。

对于烟草的生长发育，蛋白质有其积极作用，而对于烟叶吸食质量的影响则需另当别论。成熟采收的烟叶，调制过程中随着变黄程度的提高，蛋白质含量显著减少，当变黄程度达到要求时，蛋白质水解趋于停止。这是因为鲜烟叶中叶绿素蛋白质要占蛋白总量的一半左右，调制过程中蛋白质的减少大部分属于叶绿素蛋白质，这就客观地决定了调制后烟叶中的蛋白质含量仍然相当于鲜烟叶蛋白质含量的一半左右。蛋白质在发酵、陈化过程中的变化也是微弱的，由于干烟叶水分、酶活性都已降低，以及环境温湿度的不允许，所以蛋白质的降解减少是缓慢而微弱的。因此，干烟叶的蛋白质含量在很大程度上取决于鲜烟叶蛋白质含量，所有有利于蛋白质生物合成的因素都会引起鲜烟叶蛋白质含量的增加。叶片过大，叶脉粗，叶色深绿，不易落黄成熟的烟叶蛋白质含量过多，干物质积累少，且调制后往往易出现黑糟烟，这是因为蛋白质含量过多的烟叶，多酚氧化酶活性也高，调制过程酶促褐变极易激烈进行引起的。

尽管蛋白质在烟草生长发育过程中对生理生化过程具有重要意义，但是对于烟草制品来说，蛋白质在总体质量上是一种不利的化学成分，若调制后的烟叶蛋白质含量高（如烤烟蛋白质含量超过 15%），则烟气强度过大，香气和吃味变差，产生辛辣味、苦味和刺激性。并且蛋白质含量高，燃吸时会产生一种如同燃烧羽毛的蛋白质臭味。若蛋白质含量过低，抽吸时平淡无味，吃味和香气也变差。同时烟叶的蛋白质含量往往与糖含量呈负相关，无论是高氮低糖还是低氮高糖都将使美拉德反应不能很好地进行。因此，烟叶含有适量的蛋白质，能够赋予烟草充足的香气和丰满的吃味强度，平衡糖过多或过少而产生的烟味平淡或强度过大。

二、氨基酸对烟质的影响

氨基酸既是合成蛋白质的原料，又是蛋白质降解的产物，不仅参与烟株碳、氮代谢，从而影响烟株内含氮化合物和其他化学物质的形成，而且与烟叶调制、陈化、燃吸过程中所发生的复杂生物化学变化关系密切。因此，氨基酸对烟质的影响相当复杂，影响的结果最终可以从烟叶色泽、香味和抽吸感觉反映出来。

成熟烤烟含 4%~7% 的总氨基酸及其中 0.4%~0.7% 的游离氨基酸，调制后其含量均有较大量增加。氨基酸不仅是烟叶香气前体物的间接前体（氨基酸和还原糖发生美拉德反应），也可在调制过程中直接转化为挥发性羰基化合物。Probhu（1984）应用同位素示踪方法证明游离氨基酸可转化形成醛、酮类物质。史宏志（1997）将烟叶氨基酸的含量与最终评吸分值进行相关分析，结果表明，烟叶氨基酸的含量与香吃味品质有一定关系。总氨基酸的含量与香气量和劲头得分有正相关关系，与香气质、刺激性和杂气 3 项分值呈负相关关系。相关分析还表明与香气质、香气量、劲头、杂气和刺激性呈正、负相关的氨基酸种类不同。这说明通过各种技术措施，改变烟叶氨基酸的种类和组成，对于改善烟叶品质具有一定潜力。

氨基酸对烟质的影响表现在以下几个方面：

（1）氨基酸在酸、碱、酶的作用下，特别是烟叶燃烧过程中，分解产生氨。氨的挥发是烟气刺激性的来源之一，氨的浓度增大会产生一种恶臭气味，白肋烟的特殊气味就是因其含有大量蛋白质和氨基酸所致。

（2）氨基酸在酶的作用下生成黑色素，使烟叶的颜色加深，叫作酶促棕色化反应。例如酪氨酸在酪氨酸酶的作用下生成黑色素的反应，其中多巴醌和吲哚醌是重要的中间体。酪氨酸酶一般也称为多酚氧化酶，存在于烟叶中，在有氧的条件下，酪氨酸、二羟基苯丙氨酸、邻苯二酚（儿茶酚）、儿茶酸、绿原酸等单酚或多酚类，被多酚氧化酶氧化，从而发生酶促棕色化反应。

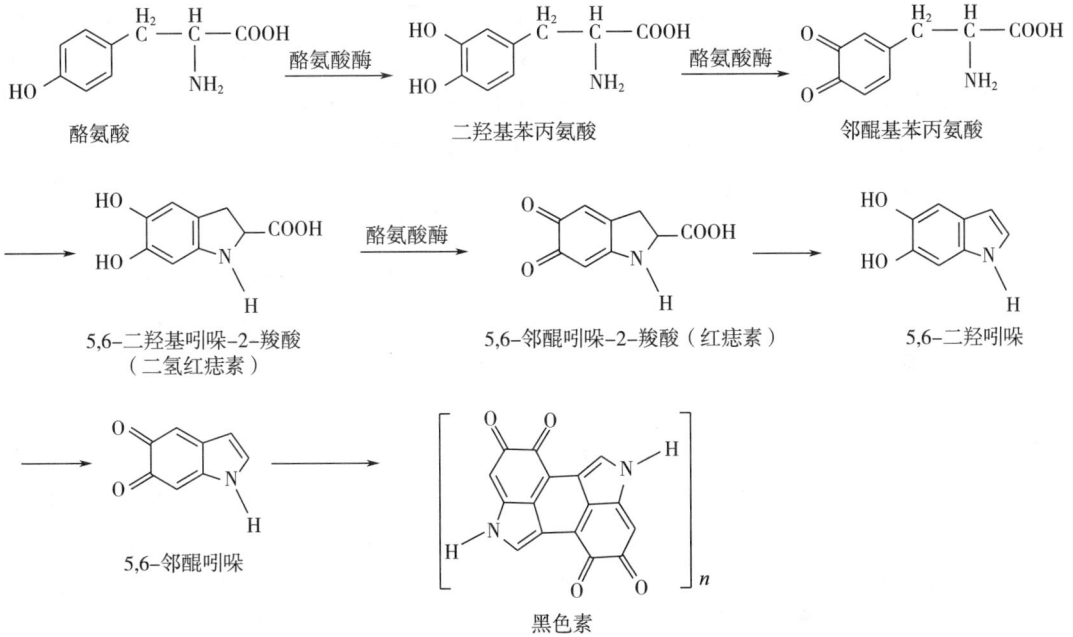

酪氨酸 → 二羟基苯丙氨酸 → 邻醌基苯丙氨酸

5,6-二羟基吲哚-2-羧酸（二氢红痣素） → 5,6-邻醌吲哚-2-羧酸（红痣素） → 5,6-二羟吲哚

5,6-邻醌吲哚 → 黑色素

（3）氨基酸和糖类在没有酶的参与下发生美拉德反应（Maillard reaction）。反应的结果也是生成黑色物质，使烟叶的颜色加深，同时形成大量具有烟草特征香味的挥发性化合物，如羰基化合物、呋喃化合物以及吡嗪类和吡咯衍生物等。它们不但赋予烟气焙烤香、坚果香和甜焦糖味，而且还使烟量感增加，尤其是呋喃类成分，对烟气的香味有重要作用。此外，某些氨基酸如苯丙氨酸可直接分解为香味化合物（如苯甲醇、苯乙醇等）。

以上酶促和非酶促棕色化反应在烟叶调制和发酵或陈化过程中均可发生。在烟叶调制过程中对这两种棕色化反应的要求不同，烟叶调制过程中要求酶促棕色化反应恰当而不激烈地进行，使烟叶向有利于质量和产量提高的方向发展。酶促棕色化反应激烈进行的过程是烟叶褐变的过程，这将严重影响调制后烟叶的质量和产量。非酶促棕色化反应缓慢而较持续地进行，对于烟叶质量的提高是有利的。因此，在调制过程中，对这两种棕色化反应的条件控制是不同的，这正是提高烟叶调制质量的巧妙之处。烟叶发酵、陈化过程的非酶促棕色化反应是以高等级烟叶为基础的，越是高等级烟叶，通过发酵、陈化，质量提高得越明显。卷烟中几乎不使用刚生产的烟叶，除非这些烟叶经过充分陈化。在长期处于高温环境的地区，达到所需要的陈化效果的时间比在较冷的气候下的时间要短。因而，较冷地区的烟草公司将其烟叶贮存于南部地区陈化非常普遍。在陈化过程中，含氮化合物在改进烟草品质方面有重要的作用。另外，与形成烟碱和酚类化合物有关的氨基酸，还可通过影响其形成和含量间接影响烟叶品质。

三、氨、酰胺、胺类对烟质的影响

烟叶中氨的绝对量虽不大，但它对吸食质量所产生的影响却是很大的。氨具有挥发性，吸烟时受热挥发，氨几乎全部进入烟气中。烟气中含游离态氨过高，产生刺激性和辛辣味，引起吸烟者喉部出现收缩作用，吃味强度大，引起呛咳，口腔和鼻腔有辛辣和难受的感觉，而且产生恶臭味，令人不愉快。氨的浓度大，会强烈刺激人的黏膜而中毒，如口腔、喉部、肺部的黏膜，甚至刺激眼角膜而流泪。但是一般认为，氨与其他含氮化合物参与了烟气吃味劲头的形成，烟气中的碱性有 70%～80% 是由氨产生的，因此氨对于调节烟气中质子化或游离态烟碱的比例有重要作用。氨含量越高，刺激性越强；氨含量过低，会造成烟气劲头不足，丰满度不够。由此可见，烟气中含适量的氨是必要的，特别是对于含糖类和有机酸较多的烟草，烟气酸度较大，氨的存在就可以弥补烟气的碱度不足，增加吃味强度，使吸烟者感到烟气既醇和又丰满厚实。

另据报道，氨与葡萄糖和果糖在弱酸条件下反应产生吡嗪类化合物，热解时，这些多羟基吡嗪生成许多产物，诸如水、乙酸、丙酮醇、呋喃类、吡咯类和各种简单的吡嗪。可以说烟叶内可经过多种化学反应途径（蛋白质和氨基酸的加热分解、氨基酸或氨与糖或羰基化合物反应），生成许多吡嗪类、吡咯类和吡啶类。尽管这些成分含量较少，但它们对烟叶的香气和香味至关重要。这似乎表明，氨在一定条件下对致香成分的形成有一定作用。

酰胺是氨基酸进一步与氨结合的化合物，所以被看作氨基酸的衍生物。酰胺作为氨基的"中转站"，在烟草生长发育的代谢过程中起着重要作用，调制后的烟叶中酰胺含量往往超过氨基酸的含量。酰胺对烟质的影响与氨基酸相同，而且比氨基酸的影响大。因为酰胺在一定条件下可以发生氨基转移，生成新的氨基酸和新的酰胺，继续脱氨则生成 α-酮酸和氨。在烟草燃烧时，有些酰胺如谷氨酰胺和天冬酰胺被彻底氧化，每分子酰胺放出两个氨，氨直接挥发进入烟气中，可见酰胺对烟质的影响也与氨相似。另外，一些酰胺类对烟叶的香味也有一定的影响。

据报道，烟叶中的胺类物质是在调制、发酵等加工过程中产生的，且主要是在发酵过程中产生的。一方面是 α-氨基酸在降解过程中伴随着脱羧反应而产生相应的胺或二胺，另一方面是氨的氢原子被小分子脂肪烃取代而产生简单的胺类。胺类对烟质的影响与氨相似，这是因为胺可以看作氨的衍生物，其结构与氨极相似，都具有挥发性，刺激性与氨相似而略小于氨，碱性与氨相似而略大于氨，并都有臭味。芳香胺的氧化对烟叶颜色的影响也不容忽视。

思考题

①氨基酸为什么有两性性质？什么叫等电点？什么叫内盐？什么叫偶极离子？

②蛋白质水溶液中为什么会具有胶体性质？为什么不易聚沉？

③在某一蛋白质的水溶液中，加入酸至小于 7 的某个 pH 值时，可观察到此蛋白质被沉淀下来，这是什么原因？在这一 pH 值时，该蛋白质以何种形式存在？这一蛋白质的 pI 是小

于 7，还是大于 7？

④某种蛋白质的等电点为 5.3，而其溶液的 pH 值为 6.4，问在电场中蛋白质粒子向阳极移动还是向阴极移动？为什么？

⑤简述利用氨基酸的哪些性质可以对氨基酸进行分离鉴定？如何分离？

⑥简述利用氨基酸的哪些性质可以对氨基酸进行定性和定量分析？

⑦简述利用蛋白质的哪些性质可以对蛋白质进行定性和定量分析？

⑧简述烟草蛋白质的组成、含量和营养价值。

⑨简述烟叶中的氨及对烟质的影响。

⑩简述烟草中的酰胺及对烟质的影响。

⑪简述烟叶中的胺类及对烟质的影响。

⑫简述烟叶和烟气中的含氮杂环化合物。

⑬简述烟草在生长发育过程中含氮化合物积累的趋势。

⑭试述烤烟在调制过程中含氮化合物的变化。

⑮试述蛋白质对烟草质量的影响。

⑯试述氨基酸对烟草质量的影响。

思政小课堂

　　烟草中的蛋白质既有较高的营养价值，也是烟气中有害成分的前体物。在烟叶调制前提取出高纯度蛋白质，既可以充分利用蛋白质，也有利于生产较安全的卷烟。这说明了事物的两面性，深刻体现了马克思主义辩证法的观点。我们要辩证地看待问题，客观地对待事情，学会思维变通和创新思维。

第五章　烟草生物碱

　　生物界是一个十分庞大、极其复杂的世界，在漫长的进化过程中，生物体内的代谢途径及其产物也必然是形形色色、繁杂纷纭的。初生代谢是指所有生物的共同代谢途径。对生物生存和健康必需的化合物叫初生代谢产物，如合成糖类、氨基酸类、普通的脂肪酸类、核酸类以及由它们形成的聚合物（多糖类、蛋白质类、RNA、DNA 等）。通过初级代谢，能使营养物质转化为结构物质、具生理活性物质从而为生长提供能量，因此初生代谢产物，通常都是机体生存必不可少的物质，只要在这些物质的合成过程的某个环节上发生障碍，轻则引起生长停止，重则导致机体发生突变或死亡。初生代谢是一种基本代谢类型。

　　次生代谢是指生物合成生命非必需物质并储存次生代谢产物的过程。抗生素、维生素、生物碱等对生物体没有明显作用的物质代谢被称为次生代谢。而次生代谢产物是由次生代谢产生的一类细胞生命活动或植物生长发育正常运行的非必需的小分子有机化合物，其产生和分布通常有种属、器官、组织以及生长发育时期的特异性。这些次生代谢产物可分为苯丙素类、醌类、黄酮类、单宁类、类萜、甾体及其苷、生物碱七大类。还有人根据次生产物的生源途径分为酚类化合物、类萜类化合物、含氮化合物（如生物碱）等三大类，据报道，每一大类的已知化合物都有数千种甚至数万种以上。

　　次生代谢的产物对生物体本身的意义不大，不是机体生存所必需的物质，但是同人类的生活有着密切的关系，其产物的开发和利用具有重要的社会价值和商品价值。例如各种抗生素是重要的医药原料；维生素是维持机体生命活动的一类微量小分子有机化合物，能调节机体内的物质代谢过程；许多生物碱对人体有很强的生理作用，是许多中草药的有效成分，还可以作为植物杀虫剂开发利用。与初生代谢产物相比，次生代谢产物无论是在数量上还是在类型上都要比初生代谢产物多得多和复杂得多。而且，目前对次生代谢产物的研究还远远不及对初生代谢产物研究得那么广泛和深入。其中生物碱就是最大的、最引人注意的一类次生代谢产物。

第一节　生物碱概述

　　烟草生物碱是烟草中重要的一类化学物质，其化学分子结构大多数属于季胺类、仲胺类以及叔胺类含氮杂环化合物，同时也是检测烟草品质的重要特征物。由于烟草生物碱是一类特殊的含氮化合物，无论是其结构、性质都会影响烟草的质量，所以需要对烟草生物碱进行专门的研究。

　　生物碱是一类存在于生物体中的一类含氮的有机碱性物质，它主要存在于植物中，所以也叫作植物碱。

自德国化学家泽尔蒂纳（Serturner）于 1806 年首次从鸦片中分离出吗啡碱以来，人们对生物碱的研究产生了浓厚的兴趣。并不是所有的植物都含有生物碱，但是一种植物可以含有多种植物碱，同科植物所含植物碱的结构往往是相似的。据研究，有 100 多科植物含有生物碱，其种类达 4000 多种。有人曾提出植物界还有数万种新的生物碱有待发掘。

植物碱通常是与无机酸（硫酸、磷酸、硫氰酸）或有机酸（苹果酸、柠檬酸、草酸、琥珀酸、醋酸、丙酸等）结合成盐而存在于植物中，只有少数植物碱以游离碱的形式存在，也有少数植物碱以糖苷、有机酸酯或酰胺的形式存在。大多数生物碱都是结构复杂的多环化合物，分子中大多含有含氮的杂环，且氮原子在杂环内，有旋光性和明显的生理效应，且多为左旋。一些含氮有机物不属于生物碱，如低分子胺类（如甲胺、乙胺等）及氨基酸、氨基糖、肽类、蛋白质、核酸、核苷酸、卟啉类、维生素等。

生物碱对于植物本身的作用虽然尚不清楚，但它毕竟属于植物次生代谢产物，这类化合物大多有特殊且显著的毒性作用，对原生质甚至对产生它的细胞也有毒害作用。植物要避免其自身受损就需将植物碱藏在某一部分或某一器官中。植物体中积累的生物碱经传输到达贮藏细胞组织，往往会发生次级结构修饰，如甲基化、去甲基化、酰化等，从而生成新的生物碱或生物碱衍生物。示踪烟碱的研究表明，烟碱和其他生物碱确实参加了植物的代谢活动。很多生物碱对人体有很强的生理作用，是很有效的药物，许多中草药（甘草、当归、黄连、麻黄、贝母、常山等）的有效成分都是生物碱。

生物碱可按来源和化学性质分类，也可按来源结合化学结构分类。根据来源可以分为：茄科生物碱、毛茛科生物碱、百合科生物碱及罂粟科生物碱等；根据生理作用分为：降压生物碱、驱虫生物碱及镇痛生物碱等。本书根据生物碱的基本结构进行分类，将生物碱分为：吡咯衍生物类、吡啶衍生物类、喹啉衍生物类、异喹啉衍生物类、吲哚衍生物类、咪唑衍生物类、喹唑啉酮类、嘌呤衍生物类、甾体生物碱类、莨菪衍生物类、无环生物碱类、二萜生物碱类及其他，具体如表 5-1 所示。

表 5-1　生物碱类型及其基本结构

序号	类型	基本结构	代表性生物碱
1	吡咯衍生物类		狗舌草碱、天芥菜碱、聚合草碱
2	吡啶衍生物类		毒芹碱、羽扇豆碱
3	喹啉衍生物类		金鸡纳碱、喜树碱
4	异喹啉衍生物类		罂粟碱、石蒜碱

续表

序号	类型	基本结构	代表性生物碱
5	吲哚衍生物类		番木鳖碱、毒扁豆碱、麦角碱
6	咪唑衍生物类		毛果芸香碱
7	喹唑啉酮类		常山碱
8	嘌呤衍生物类		咖啡碱
9	甾体生物碱类		藜芦碱、龙葵碱
10	莨菪衍生物类		莨菪碱、东莨菪碱、古柯碱
11	无环生物碱类		麻黄碱、秋水仙碱
12	二萜生物碱类		飞燕草碱
13	其他		乌头碱

第二节　烟草生物碱的种类

　　烟草生物碱是一个类群，包括近 50 种物质，存在于 60 多个不同种的烟草中，它们的个别成分也存在于烟草以外的某些植物中。烟草生物碱按照其分子结构主要分为两类，一类是吡啶与氢化吡咯相结合的化合物，如烟碱（尼古丁）、去甲基烟碱（降烟碱）、去甲基去氢烟碱（表斯明）、二烯烟碱（尼古替啉）、去甲基二烯烟碱（降尼古替啉）等；另一类是吡啶环与吡啶或氢化吡啶相结合的化合物，如假木贼碱（安那培新）、N-甲基假木贼碱（N-甲基安那培新）、新烟草碱（安那他品）、N-甲基去氢假木贼碱（N-甲基安那他品）、2，3'-二吡啶等，其结构式为：

烟碱　　　　降烟碱　　　　麦斯明　　　　二烯烟碱　　去甲基二烯烟碱

假木贼碱　　　N–甲基假木贼碱　　新烟草碱　　　可替宁　　　2，3'–二吡啶

烟草生物碱还有烟碱的对映体异烟碱（$C_{10}H_{14}N_2$）、尼可托因（$C_8H_{11}N_2$）、N–氧化烟碱（氧化烟碱）、N'–甲酰基降烟碱、N'–乙酰基降烟碱、N'–己酰基降烟碱、N'–辛酰基降烟碱、可的宁、2，2'–双吡啶、2，3'–双吡啶、5–甲基–2，3'–双吡啶、N'–甲基烟草酮以及烟草灵和新烟草灵等。

可替宁　　　　烟草灵　　　　　　新烟草灵　　　　5–甲基–2,3'–双吡啶

在烟草生物碱中，烟碱最为重要，它占烟草生物碱总量的90%以上，其次是去甲基烟碱、新烟草碱、假木贼碱等，其余大多是微量生物碱。去甲基烟碱又称降烟碱，以左旋、右旋、外消旋体三种形式存在。烤烟中去甲基烟碱的存在对吃味不利，一般认为它是在烟叶生长、烘烤和复烤期间由烟碱形成的。假木贼碱的生理效应和其他性质基本上与烟碱相同。

第三节　烟碱的结构和性质

一、烟碱的结构

烟碱的英文名称是 Nicotine（尼古丁）。根据资料介绍，1561 年法国驻葡萄牙大使琼·尼可特（Jean　Nicot）把黄花烟草献给法国皇后卡萨林，开始作为观赏植物种在花园里，后被人们作为鼻烟来利用，发现烟草中有一种刺激性物质，就以这个大使的名字来命名，这便是Nicotine 的来历。1753 年植物分类学家林奈斯（Linnaeus）就用这个名称作为烟草属的属名：*Nicotiana*。

1809 年，烟碱被首次报道。1825 年，瑞士化学家培柯特（A　Pikete）首次从烟草中分离出尼古丁。1893 年，培聂尔（Pinner）完全以化学方法最早确定尼古丁的化学结构。1928年，Spath 和 Bretschneider 用化学合成法证实了这种结构，即尼古丁的化学名称为 1–甲基–2–（3'–吡啶）吡咯烷。

烟碱和假木贼碱的分子式都是 $C_{10}H_{14}N_2$，它们是同分异构体。去甲基烟碱的分子式是 $C_9H_{12}N_2$。

二、烟碱的物理性质

纯烟碱在室温下为无色或淡黄色油状液体，与空气接触易被氧化，颜色变深。有强烈的刺激性，味辛辣。沸点 246℃（197.33 kPa），比重 1.0094 g/cm^3（20℃），具有旋光性。烟碱可溶于水，并可与水以任意比例混溶。有潮解性，在 60℃ 以下能与水反应生成水合物。具有随水蒸气挥发而不分解的特殊性质，常规分析中从烟草样品中提取烟碱就是根据这种性质进行的。在调制、发酵以及烟草制品加工过程中，在高温有水分蒸发的情况下，烟碱随之蒸发而含量减少。烟碱也能溶于乙醇、乙醚及石油醚等有机溶剂。

烟碱对某波段的短波光（即紫外光）具有极大的吸收能力，并且吸光度与烟碱的含量成正比。因此用水蒸气将烟草样品中的烟碱蒸馏出来，借助于紫外分光度计即可测得待测液中烟碱的浓度，进一步换算出烟碱的含量。

三、烟碱的化学性质

（一）碱性及成盐作用

氮原子的电子层结构是 $1s^2 2s^2 2p^3$，最外电子层有 3 个未成对的 p 电子。在形成吡啶环时，氮原子外层电子的 $2s^2 2p^1$ 电子轨道发生 sp^2 杂化，形成三个杂化轨道，两个与碳原子形成 σ 键，一个参与了共轭体系，其余两个 p 电子仍是未共用电子对，能与质子结合，因此吡啶显碱性。

吡啶又是一个叔胺，由于氮原子上存在未共用电子对，环上的电子云也偏向于氮原子，它的碱性（$pK_b = 8.8$）比苯胺的碱性（$pK_b = 9.3$）强，但比脂肪族胺及氨（CH_3—NH_2：$pK_b = 3.36$；NH_3：$pK_b = 4.75$）弱得多。

吡咯是一个仲胺。在吡咯环上由于氮原子上的未共用电子对参与了共轭体系，不易与质子结合，吡咯的碱性极弱，比一般仲胺的碱性弱的多。但是烟碱结构中的氢化吡咯为饱和化合物，不存在共轭体系，未共用电子对能与质子结合，具有比一般仲胺较强的碱性。

由于烟碱结构中的吡啶环和氢化吡咯环均呈碱性，所以烟碱是碱性化合物，能与多种无机酸及有机酸反应生成盐，这些盐大多易溶于水和有机溶剂。例如在烟草生物体内大部分烟碱与草酸、苹果酸、柠檬酸、芳香族酸结合成相应的盐类，叫作结合态烟碱。这种结合态烟碱在碱性条件下会分解，产生游离态烟碱。游离态烟碱的碱性大于结合态烟碱，烟草样品中烟碱含量的常规分析就是根据这种性质，加强碱（NaOH）使烟碱的盐分解为游离态烟碱，再进行蒸馏。烟碱能与无机酸结合生成盐，如在烟碱的工业提取中，就是用盐酸或硫酸吸收烟碱而制取盐酸烟碱或硫酸烟碱。

烟碱在水溶液中存在下列平衡：

烟碱　　　　　　　烟碱（单质子态）　　　　　烟碱（双质子态）

当 pH 值<5 时，主要以双质子态存在；当 pH 值在 5~8 时，主要以单质子态存在；当 pH 值>10 时，主要以烟碱分子态存在。

（二）氧化作用

烟碱易被氧化，在空气中或遇紫外光会自动氧化成烟酸、氧化烟碱、烟碱烯等，变成暗褐色。受强氧化剂作用，如浓 HNO_3、$KMnO_4$ 等，则转变为烟酸。反应式如下：

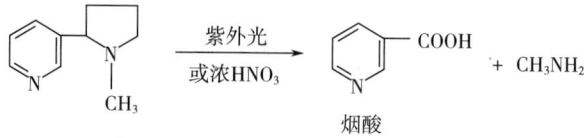

烟酸羧基的羟基被氨基取代生成烟酰胺。反应式如下：

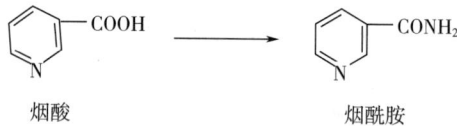

烟酸及其酰胺都是复合维生素 B 的成分，又常称为维生素 PP，在医学上能治疗人和动物的癞皮病，在酵母、米糠、肝、牛奶、花生中含量较多。烟酰胺是生物体内一些酶（如辅酶 I 和辅酶 II）的组成成分。

在缓和氧化条件下，烟碱变成二烯烟碱，二烯烟碱制成碘化物后氢化又可生成烟碱。反应式如下：

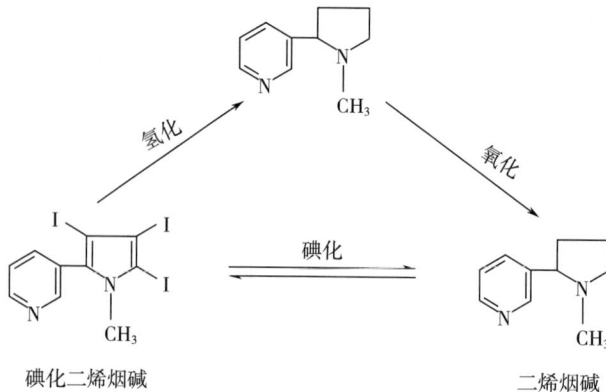

（三）淀作用

许多试剂（生物碱试剂）可与烟碱生成沉淀或发生颜色反应，可以用这些试剂来检出烟碱。例如，在酸性条件下，烟碱溶液中加入硅钨酸，生成烟碱的硅钨酸盐白色沉淀，加热静置后形成针状结晶。烟碱的硅钨酸盐在 800~850℃ 的高温下烧灼，剩余下来的不能氧化的是无水硅钨酸残渣，即 $SiO_2·12WO_3$。根据化合物的定量比例关系，称其重量即可计算出总烟碱的含量。

（四）烟碱的稳定性

CORESTA 研究了各种储存条件对烟碱降解的影响，结果表明，在储存过程中，高纯度烟碱降解缓慢，将纯度为 99% 的烟碱储存于冰箱中 18 个月，纯度降为 97%，经测定主要降解的产物为可的宁（Cotinine）和麦斯明（myosmine），实验中测到的最大值为 1%，且对烟碱的测定结果影响较小。另外，水是储存过程中的主要影响物质，其含量大约为 1%，在校正了水分之后，硅钨酸对纯度高于96%的烟碱可得到最佳测定值。即在这个纯度下，降解产物的干扰可以忽略不计。

（五）显色反应

某些纯的生物碱单体能与以浓无机酸为主的试剂反应，生成不同颜色，这种试剂称为生物碱显色试剂，可以用来鉴别个别生物碱。如碘化铋钾可与烟碱反应生成粉红色。

（六）烟碱的毒性

烟碱有剧毒，少量摄入具有兴奋中枢神经系统的生理作用，可以起到提神、振作精神、消除疲劳等作用。大量吸入会引起晕眩、呕吐甚至死亡。成人如果一次吸入或内服纯烟碱40~60 mg，则就可能使人致命。吸一支烟通常可吸入0.2~0.5 mg烟碱。由于烟碱不会在人体内积累，吸入的烟碱通过呼吸器官、汗腺和膀胱直接排出体外或在体内代谢转化后排出体外，不会在体内长久停留。所以吸烟者每次吸烟得到生理上的满足之后，随着烟碱的排出，又会重新出现吸烟的欲望。

烟碱对植物神经和中枢神经系统有先兴奋后麻痹的作用，是一种宝贵的药物和化工原料。各种脂肪酸与烟碱形成的盐溶于水后有杀虫活性，能杀灭蚜虫、蓟马、木虱等。游离烟碱（左旋性）杀虫活性比烟碱的盐（右旋性）强，烟碱的碱性溶液对动物或昆虫的毒性大于中性溶液，中性溶液大于酸性溶液。

（七）烟碱的挥发性

烟碱用水蒸气蒸馏时很稳定，即具有随水蒸气挥发而不被分解的特殊性质。在常温下烟碱的挥发性不强，在生长期的高温季节，烟碱能从成熟烟叶"蒸发"。在日本有报道桑叶被附近烟田里所蒸发出来的烟碱污染，常对家蚕有毒性作用。烟碱在碱性溶液中不仅易挥发出蒸汽对昆虫产生熏蒸杀灭作用，而且也容易渗入虫体。烟叶在加工过程中由于高温和水分蒸发的作用，使得烟碱不断挥发散失，从而也达到了去除杂气、醇和烟味的目的。

（八）烟碱的降解

烟碱比较容易被降解，在不同条件下烟碱的降解产物不同。烟碱在陈化和发酵时，酶的作用和非酶反应可在某种程度上造成烟碱的降解转化。如宾夕法尼亚雪茄芯叶在陈化和发酵时，烟碱显著降低，同时增加了烟酸、麦思明、3-吡啶基甲基酮、2-3'-联吡啶、氧化烟碱、3-吡啶基丙酮、烟酰胺、N-甲基烟酰胺和可的宁等烟碱转化物。烟碱也可被微生物和细菌的酶降解，能利用烟碱作为碳、氮源的微生物单体不仅可以从土壤中获得，也可得自烟草、空气和烟草薄片中。

（九）烟碱的亚硝化反应

随着吸烟与健康的深入研究，烟草特有的亚硝胺（TSNA）已受到重视。为了提供对潜在致癌物（TSNA）形成的理解，进行了烟碱和$NaNO_2$反应的研究。在25℃时反应导致N-亚硝基去甲基烟碱（NNN）、4-（N-甲基亚硝胺)-1-（3-吡啶基)-1-丁酮（NNK）和4-（N-甲基亚硝胺)-4-（3-吡啶基)-丁醛（NNA）的生成，产率为0.1%~2.8%，绝大部分烟碱没有发生反应。当反应用过量5倍的$NaNO_2$在90℃进行时，有75%~85%的烟碱发生反应，亚硝胺NNN和NNK的生成较多，产率可分别高达13.53%和4.3%。

除烟碱外，其他烟草生物碱也能生成TSNA，如N-亚硝基新烟碱（NAB）和N-亚硝基新烟草碱（NAT）分别来源于新烟碱和新烟草碱。

第四节 烟碱的生物合成和积累

一、烟碱的生物合成

烟草生物碱合成研究最活跃的时期为20世纪40~60年代，近年来的研究尤其重视生物合成的场所和路线。目前生物合成的研究大多数涉及新仪器、同位素标记、有机化学和组织培养等。但是，尽管烟草科学进展较快，在烟草中各种生物碱的形成机理和详细的合成路线还不完全清楚。

（一）烟碱的形成部位

为了研究生物碱的转移，奈斯（Nath B.V.，1936）成为做烟草-番茄嫁接的第一个人，此后，这项技术被广泛地用于生物碱形成场所的研究。许多研究表明，烟碱是在烟草根部形成的，通过木质部输送到顶部，这是比较统一的结论。去甲基烟碱是在植株的上部分中的烟碱脱去甲基的产物，假木贼碱在根部和地上部分均能形成。

（二）烟碱的形成途径

^{14}C 示踪研究表明，烟碱的形成可能涉及糖、有机酸和氨基酸。烟碱的生化合成是极其复杂的过程，有不少假说。一般认为需经历三个步骤，即 N-甲基吡咯烷环的形成、烟酸的活化及其两者的化合。

1. 吡咯烷环的形成

烟碱中 N-甲基吡咯烷环生物合成的主要路线是通过腐胺（1，4-丁二胺）、N-甲基腐胺和4-甲氨基丁醛至 N-甲基-Δ'-吡咯烷盐而进行的（图5-1），对烟草喂以 2-^{14}C 的鸟氨酸，发现烟碱被对称地标记在 C-2'H 和 C-5' 位置。2-^{14}C 鸟氨酸的对称结合可以从诸如腐胺的对称中间体发生。经对 S-腺嘌呤核苷基蛋氨酸在活体中对腐胺 N-甲基转移酶的测量表明其是一有效的甲基供体，而最有可能是活体中的甲基供体。

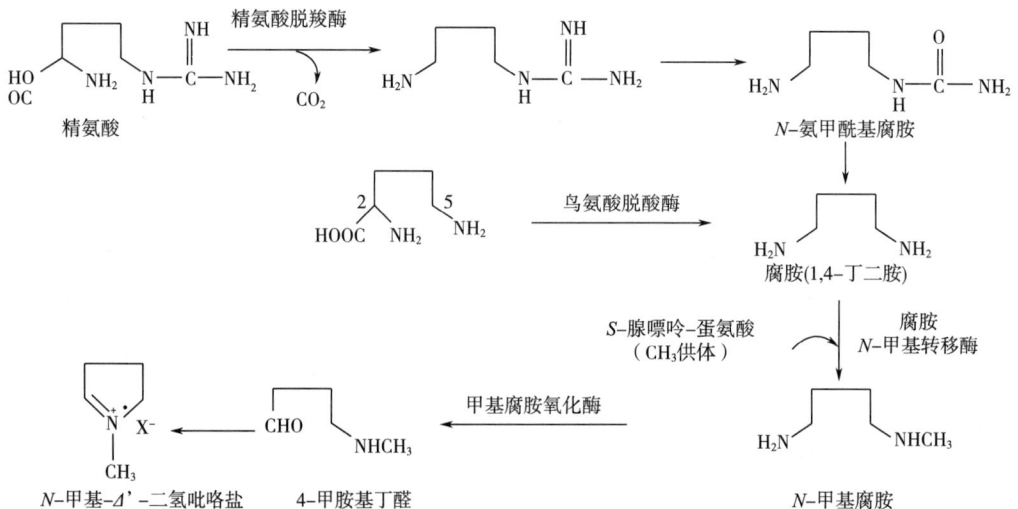

图5-1 精氨酸或鸟氨酸形成 N-甲基二氢吡咯环

除精氨酸和鸟氨酸外，发现其他的氨基酸同样可作为吡咯烷环的供体。[14]C 标记的氨基酸结合到烟碱中的速率按下列次序递减：谷氨酸、天冬氨酸、精氨酸、脯氨酸、亮氨酸、缬氨酸、丝氨酸、苯丙氨酸、丙氨酸、组氨酸、赖氨酸和苏氨酸。

2. 烟酸的形成和活化

3-磷酸甘油醛和天冬氨酸可形成喹啉酸，喹啉酸脱羧性形成烟酸（图 5-2）。

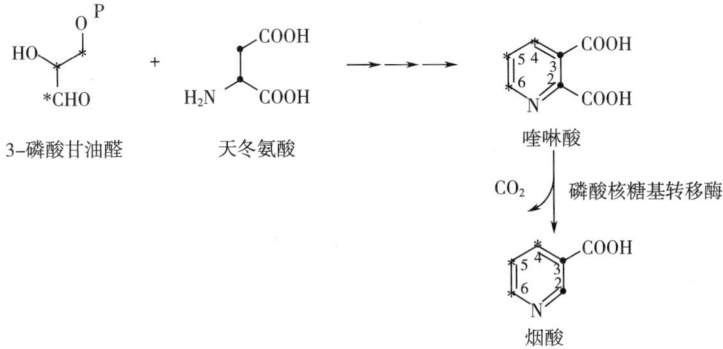

图 5-2　烟酸的生物合成

3. _N_-甲基吡咯烷环与烟酸的化合

烟酸结合到烟碱的吡啶环同时失去羧基，烟碱中的吡咯烷环是与吡啶环的 C3 位置相连接。

烟碱形成的假设，包括了烟酸还原成为 3，6-二氢烟酸，二氢烟酸经受同时脱羧并与 _N_-甲基-Δ'-吡咯烷盐的化合。中间产物脱氢失去原先存在于烟酸 C6 上的氢，而截留的氢加到还原步骤中成为 3，6-二氢烟酸（图 5-3）。

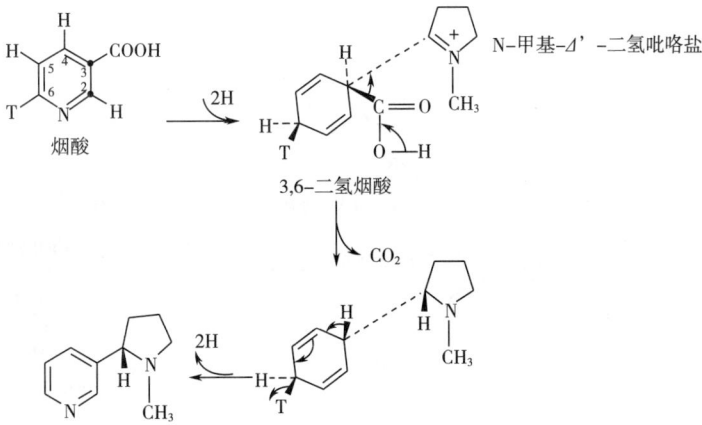

图 5-3　烟酸和 _N_-甲基-Δ'-二氢吡咯盐形成烟碱

（三）烟碱的代谢

1959 年，左天觉第一次令人信服地证明了烟碱比去甲基化作用经受更广泛的降解作用。将 [15]N 标记的假木贼碱和去甲烟碱 [15]N、[14]C 双标记的烟碱给予黄花烟草、粉蓝烟草和黏毛烟草，结果表明所有的生物碱都发生相互转化作用。

1. 烟碱的代谢物

在烟碱的广泛降解中，烟酸是第一个已知的特殊代谢物。左天觉用[14]C 单一标记的烟碱长时间喂黄花烟草，结果表明，在它所含有的氨基酸、色素、有机酸和糖类中都可检查到放射性；用[15]N 单一标记的烟碱给予烟草，同样发现大部分同位素含在氨基酸部分（包括游离氨基酸和水解后的氨基酸）。研究表明，在烟草内烟碱是处于动态的，它与初生代谢途径有关。烟碱在发芽后的种子里出现，以及在生长过程中的形成和降解，是与蛋白质及其组分的代谢作用有关系的。烟碱不是代谢的废物。

Leete 报道了在粉蓝烟草中 2'-[14]C 烟碱进行着非常广泛的代谢。人们没有发现假木贼碱是烟碱的代谢物，然而有 5.7% 的放射性存在于去甲烟碱中。Lovkova 和 Leete 发现的差别可能是因为在离体的粉蓝烟草里面，烟碱不是假木贼碱的直接前体所引起的。2'-[14]C 烟碱可能代谢为 7-[14]C 烟酸。

Kisaki 和 Tamaki 发现，烟草中麦斯明是去甲烟碱的一个代谢物。作者假设去甲烟碱可能为一个外消旋体而被合成，并且为形成麦斯明，后者在光学上被立体特异性的脱氢作用所活化。在烟草中，(−)-去甲烟碱降解的速率比 (+)-异构体快几倍，这支持了假设的烟碱代谢途径（图 5-4）。

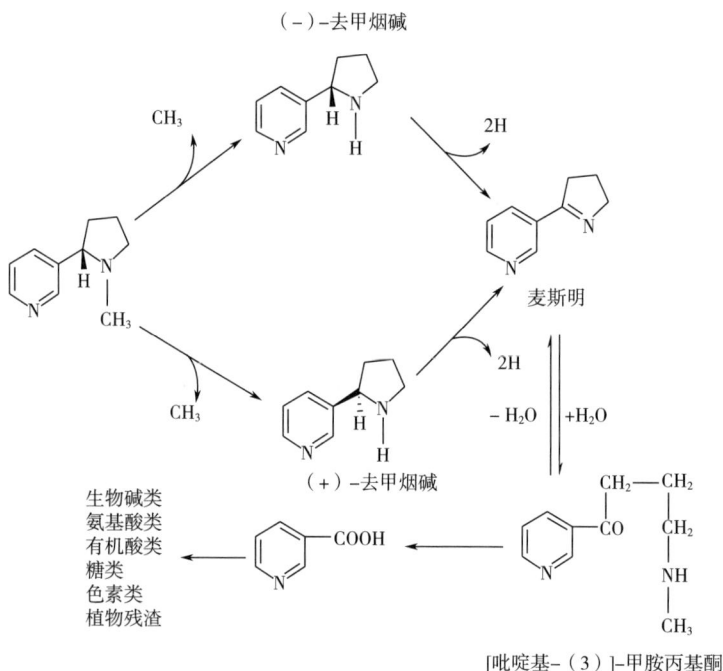

图 5-4　假设的烟碱代谢途径

2. 代谢途径的调节

烟草生物碱形成是受基因控制的，并且也受环境条件的影响。在烟草植物体内含有生物碱，就意味着烟草具有生物碱合成和分解代谢作用两种能力，而且分解代谢作用的速度相当慢，生物合成的速度相当快，致使烟草生物碱积累起来。

鸟氨酸形成烟碱时，催化最初三个反应的三个酶已从烟草里分离出来。去顶后四周的植株中，这三种酶的活性提高 2~10 倍，去顶后 24 h 它们的活性达到最高，以后 1~2 天再降低。烟碱以类似的规律在根部积累。测过活性的这三种酶是鸟氨酸脱氢酶、腐胺 *N*-甲基转化酶和 *N*-甲基腐胺氧化酶。以烟碱为抑制剂在体内试验结果是负的。在去顶植物的根部，吲哚乙酸（IAA，2.5~5.0 μmol/L）有效地增加了这些酶的活性，但是 IAA 的浓度较高时，妨碍由于去顶引起酶活性的升高。在所有情况下，在去顶植物的根部，烟碱强烈地抑制酶活性的提高。因此，由鸟氨酸合成烟碱的调节作用导致这三种酶在一个共同的调节系统的控制下，在这个系统中植物生长素和烟碱是重要成分。在根部当酶的浓度增加到 0.02~0.5 μmol/L 时，足以抑制这三种酶的形成。这可能是生物碱生物合成作用的反馈调节作用的一个例子。

二、烟碱的化学合成

早在 1905 年就有人提出了一种实验室合成烟碱的方法。1911 年法国专利报道一种四步合成烟碱的路线。

D. B. Jones 的合成实验是降吡咯、氨、丁二烯的混合物在三氧化二铝及氧化钍（Al_2O_3 + ThO_2）和铁（Fe）、钴（Co）、镍（Ni）的催化作用下一步合成烟碱。

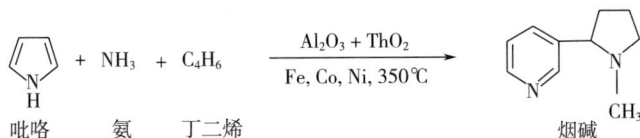

以下是几种合成烟碱的简要路线：

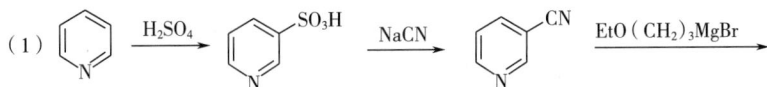

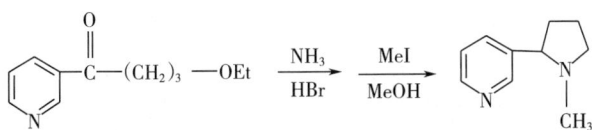

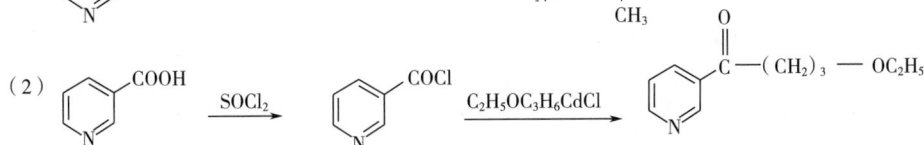

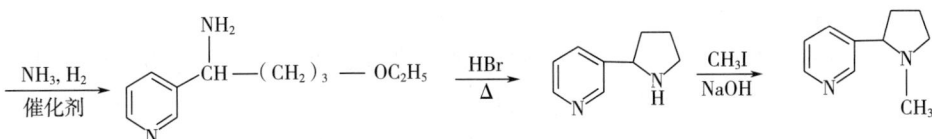

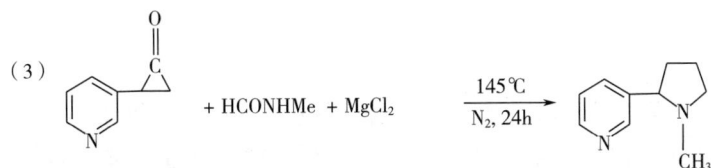

三、烟碱的积累

烟草类型、烟叶部位、栽培方法、成熟度和肥料处理是决定烟草生物碱含量的几个重要因素。实际上，生产中每一个影响生物代谢的步骤，都对生物碱的合成和积累起一定程度的作用。

马里兰烟和土耳其烟一般烟碱含量较低，烤烟、白肋烟、古巴和美国康涅狄格州的雪茄外包叶属于中等，宾夕法尼亚烟、深色明火烤烟，尤其是黄花烟的烟碱含量高。烟草中叶片的烟碱含量最高，根部次之，烟茎最少。在一片叶片中，叶尖和叶缘的生物碱含量通常高于叶基和叶中心区域。未打顶的烟株，部位越低，烟叶中烟碱积累越多，打顶后的烟株则与之相反，即上部叶的烟碱含量最高，中部叶次之，下部叶最低。生物碱含量随着植株的成熟而增加，尤其是在打顶以后时期。烟碱的显著增高通常伴随着氮肥用量的增加。在适宜的条件下，黄花烟草所产生的烟碱通常比普通烟草多。种植在经几年灌溉的肥沃土壤中的黄花烟草，每亩经常产生 11 kg 或更多的烟碱，差不多比红花烟草所产生的多一倍。

红花烟草中在烟碱含量上也存在着较大的变化。检测 152 个栽培品种，发现生物碱含量的变化范围在 0.17%~4.93%。关于烟碱遗传的现行知识已有完整的记载，有广泛含量范围的烟草品系都能获得。去甲基烟碱和假木贼碱是烟草中仅次于烟碱的最常见的生物碱。已知烟碱和去甲烟碱之间转化的遗传学是由单一的显性基因所控制的。

烟叶中烟碱的积累在移栽后就开始，并一直增加到烟叶成熟时。当烟叶成熟时，各个叶片的最高烟碱含量出现在最终较高的部位上。积累的速度和数量取决于种植的烟草类型和生产烟草所用的栽培措施。白肋烟在打顶后常常观察到烟碱的积累速度增加，而烟碱的积累速度则取决于在同一时期内干重量的增加。增加干重的积累造成烟碱积累的增加。烟叶生长和烟碱积累之间的相关性可能是由于增加了根部生长和烟株固定二氧化碳（CO_2）的能力，从而增加烟碱合成的结果。一次试验计算表明，一株生长了 60 天的植株每天固定 CO_2 的净值有 17% 用于合成烟碱。

在一次黄花烟叶切片的研究中，发现生物碱的贮存可以发生在烟叶薄壁组织的任何细胞中。在液泡和内质网内部也能看到烟碱。

四、影响生物碱积累的因素

（一）遗传性质

某些物种和品种的遗传性规定其生物碱含量的高或低。不同含量的生物碱可通过选种或育种来获得。烟草中烟碱的含量可从某些雪茄烟品系的接近于 0，直至白肋烟品系中的 4.5%。在美国，研究人员收集保存的红花烟草种质和烟草属各品种中，总生物碱含量范围为 0.20%~7.80%。

（二）栽培因素

在栽培操作中氮素营养对烟草生长和烟碱的积累有最大的影响。白肋烟生长于高氮肥条件下，而总生物碱似与总氮量发生较少联系；烤烟组织中氮与烟碱的含量却有正的相关性。也有报道白肋 21 在高氮肥条件下总生物碱中转化为去甲基烟碱的百分率比低氮肥条件下多。

烟草植株用打顶前后所吸收的氮肥合成烟碱。在植物中氮素有明显的流动，而烟碱的合成可使用植株中任何场所的氮素。

图 5-5 表示烟草体内生物碱形成过程与氮素的吸收过程。在氮素吸收过程几乎停止时，生物碱的形成急剧增加，打顶是这两个过程高峰的分界，可见打顶对氮素代谢和生物碱合成有重要作用。

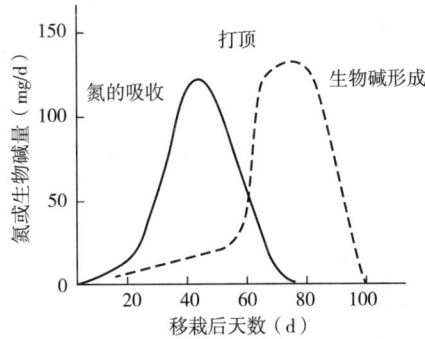

图 5-5　生物碱的形成与氮的吸收过程

早花期打顶（摘除顶端分生组织）是标准的栽培操作，这个操作改变了烟草的质量。除去顶端优势使腋芽发展起来，必须除去或抑制这些新生分枝的发展，以求获得高质量的烟叶。用不打顶不抹杈、打顶不抹杈、打顶后手工抹杈和打顶后用马来酰肼处理等方法，分别获得每公顷产量为 2128 kg、2297 kg、2528 kg 和 2766 kg 的白肋烟。经过这些处理所得烟叶中烟碱含量分别为 2.17%、2.74%、3.02% 和 2.85%。上述数据说明这样的结论：打顶并控制腋芽发生可增加烟叶的烟碱含量。用马来酰肼控制腋芽的烟叶烟碱含量低于手工抹杈的对照，即每 1 公顷的烟碱总产量未变，烟碱含量较低是由于使用马来酰肼增加了烟叶产量所造成的冲淡作用。

（三）环境因素

根部发育、土壤条件和环境条件都能影响植株中烟碱含量，其他因素如光照、气温、降雨等对生物碱的含量也都有影响。

肥沃、黏重、色暗的土壤生产的烟叶烟碱含量高，疏松的沙质土壤生产的烟叶烟碱含量低。土壤的 pH 值对烟碱的积累也有影响，对烟碱形成最适宜的 pH 值为 6 左右。

有效的土壤湿度是调节烟草生长和烟碱合成的重要因素。土壤湿度低将限制烟草生长，叶面积增长慢，有利于烟碱的积累；土壤湿度高将增加生长速度和叶面积，而降低烟碱的含量。因此，适当浇水和及时中耕是促进根系生长、提高烟碱含量的有效措施。防雨排涝，防治根结线虫及危害根系的病害也是重要的。

生长的烟叶随成熟度的增加而烟碱含量增加，充分成熟的烟叶其烟碱含量稍有增加。

烤烟在调制过程中，延长"变黄期"可少许增加烟碱含量。

据报道，成熟期积温与叶片中烟碱含量呈正相关，相关系数为 $\gamma = 0.2002$，即成熟期积温越高，越有利于烟碱积累，烟叶中烟碱的含量就越高，反之则低。成熟期降雨量与烟碱含量呈负相关，相关系数为：$\gamma = -0.2223$。即成熟期降雨量越多，越不利于叶片中烟碱的积累，烟碱含量越低。但烟草的正常生长和成熟又需要适当的水分。成熟期日照时数与叶片中烟碱的含量呈正相关，相关系数为 $\gamma=0.6623$，达显著水平。这说明，成熟期日照时数的长短对烟碱含量的影响较大。日照充足时成熟的烟叶烟碱含量高，反之叶片烟碱含量低。但日照过度会造成叶片厚而粗糙，影响烟叶品质。

第五节　烟草中主要生物碱含量及组成比例

烟草栽培品种中主要有 4 种生物碱：烟碱、降烟碱、新烟草碱和假木贼碱，以烟碱含量最高，一般占总生物碱组成的 90% 以上，其他 3 种碱所占的比例在正常情况下很少超过 6%。生物碱的组成和含量是烟叶的重要质量要素，直接影响烟草制品的生理强度、烟气特征和安全性。

烟碱可直接刺激人体中枢神经，产生生理反应。烟碱含量过高，生理强度大，吃味变劣，刺激性增强；烟碱含量低，吃味平淡，不能满足吸食需要。因此不同类型、不同风味特点的烟叶和制品要求有适宜的烟碱含量。

2001 年史宏志等对我国烟草和卷烟生物碱含量和组成比例进行了分析研究，样品在 70℃下烘干至恒重，粉碎后过 40 目网筛。称样后加甲基丁醚（MTBE）提取生物碱，移取上清液至进样管，用 HP-5890 气相色谱仪对生物碱进行定量分析。

一、不同类型烟叶主要生物碱含量及组成比例

不同类型烟叶生物碱含量的测定结果如表 5-2 所示。我国香料烟生产主要集中在新疆、湖北十堰、浙江新昌、云南保山一带。表 5-2 中对我国不同地区主要等级香料烟生物碱含量的分析结果表明：新疆、湖北和浙江香料烟生物碱含量水平接近，总生物碱含量幅度为 0.86%~2.52%，平均为 1.58%；烟碱含量为 0.84%~2.17%，平均为 1.45%。上部叶和中部叶的总生物碱平均含量分别为 1.40% 和 1.79%，烟碱含量分别为 1.33% 和 1.61%。3 个地区香料烟生物碱含量相比，以湖北十堰相对较高，浙江新昌较低。4 种生物碱中烟碱含量最高，假木贼碱最低。烟碱、降烟碱、新烟草碱和假木贼碱占总生物碱的比例分别为 92.51%、6.27%、0.97% 和 0.26%。不同烟样之间生物碱水平的变异情况进行分析表明，降烟碱变异幅度最大，其占总生物碱的比例从 1.2% 到 12.1%，变异系数达到 72.6%。烟样中随着降烟碱比例的增加，烟碱比例下降。由此可见，我国香料烟的烟碱向降烟碱转化问题比较突出，烟叶样品中不同程度地存在着转化型烟叶。

云南保山香料烟为 Basma 类型，其生物碱水平与其他类型香料烟显著不同，总生物碱含量和烟碱含量很低，分别仅为 0.20% 和 0.19%。新烟草碱和假木贼碱含量低于检测阈值。

表 5-2　我国不同类型烟叶的生物碱含量及组成比例

类型	产地	品种	级别	生物碱（%）					占总生物碱（%）			
				烟碱	降烟碱	假木贼碱	新烟草碱	总生物碱	烟碱	降烟碱	假木贼碱	新烟草碱
香料烟	新疆		A1	1.334	0.176	0.007	0.014	1.531	87.1	11.5	0.5	0.9
			A2	1.260	0.048	0.000	0.009	1.317	95.7	3.6	0.0	0.7
			B1	1.397	0.150	0.006	0.013	1.566	89.2	9.6	0.4	0.8
			B2	1.837	0.133	0.006	0.019	1.995	92.1	6.7	0.3	1.0
	湖北十堰		A1	1.606	0.136	0.007	0.024	1.773	90.6	7.7	0.4	1.4
			A2	1.955	0.030	0.006	0.017	2.008	97.4	1.5	0.3	0.8
			B1	1.422	0.195	0.004	0.012	1.633	87.1	11.9	0.2	0.7
			B2	2.166	0.306	0.008	0.044	2.524	85.8	12.1	0.3	1.7
	浙江新昌		A1	0.835	0.012	0.000	0.009	0.856	97.5	1.4	0.0	1.1
			A2	0.889	0.011	0.000	0.007	0.907	98.0	1.2	0.0	0.8
			B1	1.100	0.021	0.006	0.009	1.235	97.1	1.7	0.5	0.7
	云南保山	巴斯马（Basma）	B1	0.185	0.007	0.000	0.000	0.192	96.4	3.6	0.0	0.0
			B2	0.199	0.009	0.000	0.000	0.208	95.7	4.3	0.0	0.0
白肋烟	湖北建始		上三	4.891	0.171	0.032	0.164	5.257	93.0	3.2	0.6	3.1
			中一	5.870	0.190	0.041	0.177	6.278	93.5	3.0	0.7	2.8
			上一	4.101	0.790	0.035	0.156	5.082	81.9	14.4	0.7	3.1
			中二	3.474	0.119	0.024	0.124	3.741	92.9	3.2	0.6	3.3
			中三	3.162	0.177	0.023	0.096	3.458	91.4	5.1	0.7	2.8
	四川		上二	4.199	0.168	0.022	0.068	4.457	94.2	3.8	0.5	1.5
			中三	2.121	0.006	0.011	0.033	2.391	88.7	9.5	0.5	1.4
	四川达县		上一	3.437	0.053	0.014	0.025	3.529	97.4	1.5	0.4	0.7
			中一	3.243	0.064	0.025	0.040	3.372	96.2	1.9	0.7	1.2
	河南西峡		中一	3.280	0.390	0.016	0.053	3.739	87.7	10.4	0.4	1.4
烤烟	河南襄县	NC89	B_2F	2.542	0.074	0.016	0.039	2.671	95.2	2.8	0.6	1.5
			C_3F	2.138	0.049	0.013	0.032	2.232	95.8	2.2	0.6	1.4
	河南许昌	RG17	B_2F	2.962	0.064	0.014	0.044	3.084	96.0	2.1	0.5	1.4
			C_3F	2.094	0.040	0.010	0.025	2.169	96.5	1.8	0.5	1.2
	河南南阳	G80	B_2F	2.251	0.058	0.014	0.033	2.356	95.5	2.5	0.6	1.4
			C_3F	2.038	0.045	0.011	0.029	2.123	96.0	2.1	0.5	1.4
	河南泌阳	K326	B_2F	2.614	0.057	0.015	0.034	2.72	96.1	2.1	0.6	1.3
			C_3F	2.255	0.051	0.013	0.033	2.352	95.9	2.2	0.6	1.4

类型	产地	品种	级别	生物碱（%）					占总生物碱（%）			
				烟碱	降烟碱	假木贼碱	新烟草碱	总生物碱	烟碱	降烟碱	假木贼碱	新烟草碱
烤烟	河南洛阳	红大	B₂F	3.018	0.063	0.016	0.052	3.149	95.8	2.0	0.5	1.7
			C₃F	2.202	0.036	0.010	0.032	2.280	96.6	1.6	0.4	1.4
	云南玉溪	K326	B₂F	2.575	0.070	0.018	0.062	2.730	94.5	2.6	0.7	2.3
			C₃F	2.070	0.051	0.016	0.044	2.181	94.9	2.3	0.7	2.0
		红大	B₂F	2.372	0.038	0.014	0.036	2.460	96.4	1.5	0.6	1.5
			C₃F	1.924	0.033	0.014	0.034	2.005	96.0	1.6	0.7	1.7
	贵州	K326	B₂F	2.132	0.054	0.012	0.028	2.226	95.8	2.4	0.5	1.3
			C₃F	2.189	0.050	0.012	0.031	2.282	95.9	2.2	0.5	1.4
	湖南	K326	B₂F	2.536	0.045	0.011	0.028	2.620	96.8	1.7	0.4	1.1
			C₃F	2.274	0.038	0.011	0.022	2.345	97.0	1.6	0.5	0.9*
	山东	NC89	B₂F	3.454	0.104	0.020	0.065	3.643	94.8	2.9	0.5	1.8
			C₃F	2.536	0.066	0.013	0.037	2.652	95.6	2.5	0.5	1.4
黄花烟	新疆			4.132	0.079	0.047	0.045	4.303	96.0	1.8	1.1	1.0
晒黄烟	东北			2.835	0.041	0.014	0.047	2.937	96.5	1.4	0.5	1.6

注 引自史宏志，等. 我国烟草和卷烟生物碱含量和组成比例分析 [J]. 中国烟草学报，2001（2）.

湖北、四川等地是我国白肋烟的集中产地。表5-2 中对不同白肋烟烟样生物碱含量测定结果表明：总生物碱含量变化范围为 2.39%～6.28%，其中烟碱为 2.12%～5.87%，平均值分别为 3.74% 和 4.03%（表5-3）。目前国际公认的优质白肋烟烟碱含量分别为 3.0%～3.5%，可见，我国部分白肋烟烟碱含量偏高，这对提高烟叶品质，提高在国际上的竞争力不利。比较不同烟样间生物碱含量和组成比例的变异情况可知，降烟碱在各生物碱中变异性最大，其绝对含量从 0.053% 到 0.79%，其占总生物碱的比例从 1.5% 到 14.4%，变异系数大于100%。这表明在白肋烟烟样中不同程度地存在烟碱转化型烟叶。

对我国主要烤烟产区不同品种上二和中三2个烟叶等级烟样生物碱含量测定结果（表5-2）表明，生物碱在不同样品间的变异性相对于白肋烟和香料烟，总生物碱和烟碱的变化幅度分别为 2.00%～3.64% 和 1.92%～3.45%，平均值分别为 2.56% 和 2.45%（表5-3），上二和中三平均烟碱含量分别为 2.65% 和 2.17%。试验中同时测定了津巴布韦和巴西优质烤烟样品的生物碱含量，发现我国烤烟烟碱含量高于津巴布韦烟叶（1.71%），但与巴西烟叶（2.88%）接近。

新疆黄花烟和东北晒红烟的生物碱组成比例与烤烟接近，但生物碱和烟碱的绝对含量较高，尤其是黄花烟。

我国3种类型烟叶的生物碱平均含量和标准差见表5-3。

表 5-3　我国 3 种类型烟叶的生物碱平均含量及标准差

类型	品种	生物碱（%）					占总生物碱（%）			
		烟碱	降烟碱	假木贼碱	新烟草碱	总生物碱	烟碱	降烟碱	假木贼碱	新烟草碱
白肋烟		3.742	0.173	0.032	0.087	4.025	92.78	4.62	0.57	2.03
		(1.10)	(0.10)	(0.01)	(0.06)	(1.15)	(3.15)	(3.20)	(0.12)	(0.97)
烤烟		2.454	0.056	0.014	0.039	2.563	95.81	2.16	0.54	1.45
		(0.51)	(0.02)	(0.01)	(0.02)	(0.54)	(0.64)	(0.38)	(0.08)	(0.32)
香料烟	沙木逊	1.445	0.111	0.005	0.016	1.577	92.51	6.27	0.26	0.97
		(0.42)	(0.10)	(0.01)	(0.01)	(0.50)	(4.78)	(4.55)	(0.18)	(0.32)
	巴斯马	0.192	0.008	tr.	tr.	0.200	96.01	3.99	—	—

　　注　括号内为标准差。引自史宏志，等. 我国烟草和卷烟生物碱含量和组成比例分析 [J]. 中国烟草学报，2001 (2).

二、我国不同类型卷烟生物碱含量分析

　　选择市场上 5 种类型（烤烟型、混合型、外香型、雪茄型和雪茄）不同牌号的卷烟进行生物碱含量的测定，结果如表 5-4 所示。烤烟型卷烟总生物碱和烟碱含量的范围分别为1.19%~1.88% 和 1.15%~1.80%，平均值分别为 1.62% 和 1.55%，烟碱含量占总生物碱含量的 95.9%。其他依次为降烟碱、新烟草碱和假木贼碱。与国外名牌烤烟型卷烟相比，生物碱含量水平接近。与国外名牌烤烟型卷烟相比，生物碱含量水平接近，如"登喜路"的 4 种生物碱含量分别为 1.71%、0.04%、0.03% 和 0.01%。

表 5-4　我国不同类型卷烟的生物碱含量

类型	牌号	生产厂家	生物碱（%）					占总生物碱（%）			
			烟碱	降烟碱	假木贼碱	新烟草碱	总生物碱	烟碱	降烟碱	假木贼碱	新烟草碱
烤烟型	中华	上海	1.748	0.032	0.010	0.027	1.817	96.2	1.8	0.6	1.5
	金沙	长沙	1.153	0.017	0.006	0.015	1.191	96.8	1.4	0.5	1.3
	红塔山	玉溪	1.694	0.038	0.012	0.036	1.780	95.2	2.1	0.7	2.0
	云烟	昆明	1.582	0.043	0.011	0.035	1.671	94.7	2.6	0.7	2.1
	茶花	昆明	1.411	0.032	0.010	0.031	1.484	95.1	2.2	0.7	2.1
	哈德门	青岛	1.429	0.028	0.008	0.019	1.484	96.3	1.9	0.5	1.3
	发时达	驻马店	1.711	0.030	0.011	1.028	1.780	96.1	1.7	0.6	1.6
	帝豪	许昌	1.567	0.027	0.009	0.022	1.625	96.4	1.7	0.6	1.4
	红旗渠	安阳	1.567	0.030	0.009	0.027	1.642	96.0	1.8	0.6	1.6
	许昌	许昌	1.590	0.034	0.008	0.023	1.655	96.1	2.1	0.5	1.4
	黄金叶	郑州	1.686	0.036	0.009	0.025	1.756	96.0	2.1	0.5	1.4
	金芒果	新郑	1.803	0.039	0.011	0.030	1.883	95.8	2.0	0.6	1.6
	永光	武汉	1.362	0.027	0.008	0.020	1.417	96.1	1.9	0.6	1.4
	老仁义	东北	1.373	0.024	0.008	0.020	1.425	96.4	1.7	0.6	1.4
	平均		1.594	0.031	0.009	0.026	1.615	95.93	1.92	0.57	1.57
	标准差		0.182	0.007	0.002	0.006	0.193	0.58	0.28	0.06	0.29

类型	牌号	生产厂家	生物碱（%）					占总生物碱（%）			
			烟碱	降烟碱	假木贼碱	新烟草碱	总生物碱	烟碱	降烟碱	假木贼碱	新烟草碱
混合型	中南海	北京	1.596	0.066	0.009	0.022	1.693	94.3	3.9	0.5	1.3
	中美	中美	1.857	0.061	0.011	0.030	1.959	94.8	3.1	0.6	1.5
	长乐	北京	1.947	0.064	0.010	0.037	2.058	94.6	3.1	0.5	1.8
	丝绸之路	安阳	2.173	0.088	0.015	0.055	2.331	93.2	3.8	0.6	2.4
	853	安阳	1.741	0.067	0.011	0.036	1.855	93.9	3.6	0.6	1.9
	平均		1.863	0.069	0.011	0.036	1.855	93.9	3.6	0.6	1.9
外香型	凤凰	上海	1.335	0.021	0.006	0.015	1.377	96.9	1.5	0.4	1.1
	银象	常德	1.532	0.034	0.008	0.024	1.598	95.9	2.1	0.5	1.5
	双叶	杭州	1.492	0.029	0.007	0.019	1.547	96.4	1.9	0.5	1.2
	平均		1.453	0.028	0.007	0.019	1.507	96.40	1.84	0.46	1.27
雪茄型	松烟	郑州	1.424	0.068	0.006	0.019	1.517	93.9	4.5	0.4	1.3
	凤烟	信阳	1.643	0.153	0.010	0.030	1.836	89.5	8.3	0.5	1.6
雪茄		新疆	2.051	0.088	0.012	0.035	2.186	93.8	4.0	0.5	1.6

注 引自史宏志，等．我国烟草和卷烟生物碱含量和组成比例分析［J］．中国烟草学报，2001（2）．

混合型卷烟的总生物碱、烟碱和降烟碱含量明显高于烤烟型卷烟，特别是降烟碱平均含量比烤烟型卷烟高55%。从各种生物碱的组成比例来看，烟碱占总生物碱的比例降低，降烟碱比例增加。这种变化趋势与混合型卷烟中配有白肋烟有关。白肋烟的降烟碱含量明显高于烤烟烟叶。与国外名牌混合型卷烟相比，我国多数混合型卷烟的烟碱含量偏高，如"万宝路"两个牌号的烟碱含量分别为1.65%和0.71%，"骆驼"为1.66%。各生物碱的组成比例与国外卷烟接近。

外香型卷烟各生物碱含量水平及组成比例与烤烟型卷烟相近，这与我国外香型卷烟多以烤烟烟叶为原料有关。国外混合型卷烟的烟碱和降烟碱含量明显高于我国薄荷型卷烟"双叶"。如布朗威廉姆公司的"Kool"烟碱和降烟碱含量分别为1.75%和0.06%，雷诺公司的"More"烟碱和降烟碱含量分别为1.76%和0.05%，与混合型卷烟水平相当。

所选的两个牌号的雪茄型卷烟为低档次卷烟。分析结果表明，其总生物碱和烟碱水平与烤烟接近，但降烟碱含量明显偏高，降烟碱占总生物碱的比例，两个牌号分别为4.56%和8.3%，表明原料中转化型烟叶比例较高。雪茄烟的烟碱含量和降烟碱比例都高于烤烟型卷烟。

第六节　烟碱对烟质的作用

一、烟碱的挥发和降解

烟碱具有挥发性和随水蒸气蒸发的性质。已知烟碱能从成熟的烟叶中"蒸发"，烟叶在加工过程中由于高温和水分蒸发的作用，烟碱不断挥发散失，因此在烟草加工时常采用加湿和去湿交替进行，而达到去除杂气和醇和烟味的目的，其中烟碱也有较大的散失。

在烟草植株中烟碱一边合成一边分解，合成和分解是一连续过程，只是在开花期打顶抑制了降解作用，造成了总生物碱含量的净增。

烟草生物碱在不同条件下的降解已有许多报道，使烟碱降解的条件有光照、氧化、高温、微生物降解等。例如，烟碱在紫外光照射时形成氧化烟碱、甲胺和烟酸。在30℃通气氧化时，烟碱的氧化产物有烟酸、氧化烟碱、二烯烟碱、可的宁、麦斯明等。有报道称烟碱的微生物降解涉及土壤细菌，从微生物降解产物中分离出假氧化烟碱和3-烟酰基丙酸。

Frankenburg 及其同事们对生物碱降解做了很深入的研究。宾夕法尼亚雪茄芯叶在陈化和发酵时，烟碱含量显著降低，同时增加了烟碱转化产物。烟碱和次要的烟草生烟碱在雪茄烟叶中转化成为各种3位取代的吡啶化合物，包括烟酸、麦斯明、3-吡啶基甲基酮、2，3'-联吡啶、氧化烟碱、3-吡啶基丙酮、烟酰胺、N-甲基烟酰胺、可的宁等。

二、烟碱的生理和药理作用

烟碱是烟叶中最重要的生理活性物质。摄入适量的烟碱可以提神兴奋、精神振作、消除紧张等，这是因为烟碱具有兴奋大脑神经的生理作用。烟气中的烟碱可给吸烟者以生理满足，其他生理物质所产生的香气和吃味也赋予消费者以生理享受。当烟气被吸入口腔时，接触味蕾的可溶性物质，可获得吃味的生理享受，烟气到达鼻腔时，嗅觉神经可感受到愉快的香气，烟气到达肺部时，其中的烟碱对中枢神经的药理作用通过传导而提供强烈的生理感受。烟碱最重要的生理作用是通过烟碱的药理作用引起的，它的成瘾作用使人们对吸烟产生强烈的依赖性。

人们通过吸烟将烟碱摄入体内，96%在肺内吸收，入血液后6秒可到达大脑，对大脑皮层产生兴奋作用。烟碱似乎是通过脉络丛的被动扩散和主动转移而进入大脑的，并结合在大脑中的乙酰胆碱受体上，对中枢神经和自主神经系统的神经细胞和运动神经末梢具有双重作用。美国军医局的报告表明，吸烟具有成瘾性，而烟碱又是烟草中引起成瘾的物质。

吸烟者吸入的烟碱是和整个烟气量一样对大脑产生兴奋和抑制两个方面的作用，既和剂量有关，又和吸烟习惯有关（如深吸或浅吸，快吸或慢吸等）。通常表现为短暂的兴奋，紧接着就被压抑，甚至麻痹。神经节起初对乙酰胆碱较为敏感，这使得神经节前信号更为有效，烟碱的麻痹作用使神经节对乙酰胆碱的敏感性消失，并伴随着神经节后放电强度的减弱。中枢神经系统对烟碱的呼应与交感神经一样，也是先兴奋后抑制。另外，烟碱与乙酰胆碱一样能使肾上腺及有关的腺体释放肾上腺素，并使后垂体释放抗利尿激素。另外，烟碱可通过对胫动脉体上的化学品感受体的刺激而产生各种反应。

三、烟碱的毒性和在体内的代谢

中等剂量的烟碱能使吸烟者呼吸加快，血管舒张，稍大剂量的烟碱可引起震颤和痉挛，重度吸烟者吸入较多的烟碱后，表现为短暂的呼吸困难和血压上升。对兔子的脑电图研究发现在施以 $0.5 \sim 3.0 \ mg/kg$ 的烟碱时，产生"觉醒反应"，在这种反应结束时，出现如痉挛的放电现象。

许多实验和临床实践表明，重度吸烟能减退食欲，这种减退是由于烟气对胃分泌的直接作用和对口腔黏膜及味蕾的反射作用，中度吸烟者的饥饿性挛缩也是由于烟碱的作用而抑制，但胃的消化运动并不受到影响。

过量吸入烟碱，会引起心脏输血量升高，血压升高并使周围血管收缩增加，这是间接通过作用于交感神经—肾上腺髓质系统或直接作用于微粒中心而发生的。烟碱可能影响脂类代谢和血小板黏连—聚集反应，因此，对动脉粥样硬化的发展有一定的影响。烟碱引起肾上腺体释放肾上腺素和去甲肾上腺素，从而对心血管系统有一定的影响。烟碱还使血浆中的纤维蛋白原上升，因此增加了患局部缺血心脏病的危险性。一氧化碳与烟碱的协同作用使其毒性增大，若不考虑烟气中一氧化碳的影响，也不能就烟碱对心血管系统的作用做出全面的评价，所以必须考虑两者的协同作用。

烟碱的毒性虽然是多方面的，但是烟碱在人体内不会积累，短时内即由尿排出体外，所以只要不是连续不断地吸烟，是不会引起烟碱中毒的。另外人体的代谢作用也可以将烟碱变成无毒物质。但如果连续吸入过量的烟碱，则会引起头晕、大量出汗、呕吐、意识模糊等中毒症状。

吸烟者从一支卷烟的主流烟气中吸入 0.2~3.5 mg 烟碱，10%的烟碱自尿液排出，而大部分则通过体内代谢而形成其他代谢物。烟碱是很活泼的化学物质，在人体内很快发生代谢，从尿液中很容易检测到烟碱代谢物。人体器官和各种组织中尚未发现有烟碱的积累，即使有的话，其量也一定很少，以致仪器检测不到或可以忽略不计。从烟碱的分子结构来看，它是很不稳定的，在中性或偏碱性条件下即可发生各种变化。在人体内的代谢中其主要的中间体是可的宁，可的宁的毒性很小，而且也不像烟碱那样能刺激血压升高。可的宁失去了烟碱的生理效应，但有人认为此物质有精神兴奋和抗抑郁作用。可的宁和去甲可的宁的吡咯烷环可水解为 γ-氨基丁酸的衍生物，γ-氨基丁酸是中枢神经系统的重要神经递质，对中枢神经有重要的作用，从而影响到神经状态。

四、烟碱对烟叶及烟制品颜色、香吃味的影响

内在质量好的烟叶及烟制品含有适量的烟碱，将给吸烟者以适当的生理强度和好的香气、吃味。

(一) 烟碱对烟叶颜色的影响

在烟株群体中，存在有烟碱向去甲基烟碱转化突变的烟株，群体中转化型烟叶的存在，使得去甲基烟碱水平增高，烟叶调制后容易呈现棕红色，该颜色是由于酚类（如绿原酸）经酶促氧化与去甲基烟碱、氨基酸以及酶本身的蛋白质等作用后而形成。这不仅影响烟叶外观色泽，而且使烟叶吸食品质下降。

(二) 烟碱对烟叶香味的影响

烟碱本身具有烟草独特香味，烟碱高温分解会产生吡啶类化合物。下列反应式说明在不同温度下烟碱的热解反应：860℃主要生成吡咯，800℃主要生成 2, 2'-联吡啶，600~800℃则主要生成 3-甲基吡啶、4-甲基吡啶及 3-乙烯基吡啶。这些化合物具有类似烟叶的树脂香味，烟碱含量低于 1%的烟叶香气明显不足，但是如果加工前将吡啶衍生物添加到烟叶中，则可以大大改善吸食品质。

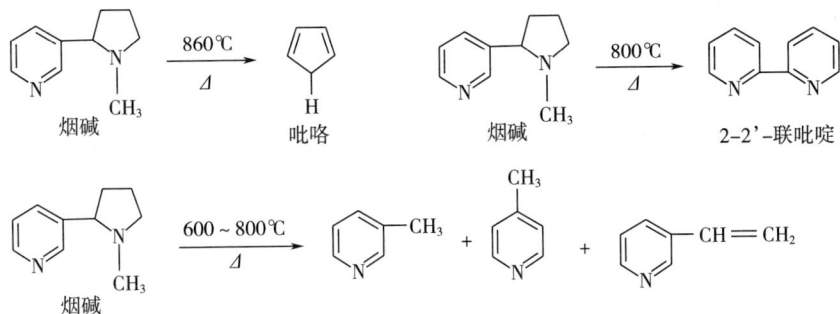

（三）烟碱对烟叶吃味的影响

烟碱在烟叶中以游离态和结合态两种状态存在，烟叶燃烧后在烟气中这两种状态也存在。游离态烟碱的碱性和刺激性强于结合态。一方面，随着烟叶或烟气碱性的增加，结合态烟碱转变为游离态。因此，控制烟气的碱度，是减轻刺激性的一种途径。另一方面，游离态烟碱对味觉感官有明显的满足效果，所以在一定量的范围内，当烟碱含量高，烟气的 pH 值大或游离态烟碱比例高时，吸烟者会得到更大满足。若烟碱含量过低则劲头小，吸食淡而无味；若烟碱含量过高则劲头大，刺激性增强，产生辛辣味。烟碱含量还要与其他化学成分保持平衡协调的比例，才能产生好的综合质量，特别是水溶性糖与烟碱的比例常用来评价烟质的劲头和舒适程度。

思考题

①写出烟碱、去甲基烟碱、新烟草碱和假木贼碱的结构式。

②烟碱为什么具有碱性？

③烟碱有哪些理化性质？

④简述引起人们吸烟习惯形成的因素。

⑤烟碱使剧毒物质，但是为什么很多人经常吸烟而不会出现明显的中毒症状？

思政小课堂

既然大家公认吸烟有害健康，烟碱又是剧毒物质，但是为什么没有一个国家全面禁止烟草，而只是通过政策使吸烟者控制在一定范围内呢？

因为如果强行禁止生产，后果可能会很严重。我国有三亿多烟民，既然这么多烟民对烟草有需求，就会有庞大的市场，而如此庞大的市场后面代表的则是巨大的经济利益，即使国家全面禁止烟草，依然会存在私营、走私等现象。在 19 世纪 20 年代，美国为了解决饮酒文化造成的社会健康问题曾实施过"禁酒令"，结果使酒变成了稀缺资源，民间交易，走私事件大肆泛滥，反而对社会造成了更大的危害，最后以美国政府不得不又取消了"禁酒令"而告终。中国历史上，父子鲧和禹治水，一个采用堵，另一个采用疏，父子命运各不相同，鲧采用土来铸造堤坝的方法，花费了九年时间修好了堤坝，一发大水就把堤坝冲毁了，更加剧了水灾，结果鲧被杀死。其儿子禹采用清理河道、开挖河渠的方法治水成功。所以，堵不如疏，国家通过较为柔和的方式控制香烟市场，比如通过税收提高香烟价格，实行寓禁于征的政策，或许不能帮助戒烟，但可以减少烟民出于经济的考虑而降低吸烟的频率。同样，在公共场合禁止吸烟也可以帮助减少吸烟行为。

第六章　烟草有机酸

有机酸是烟草中的重要组成部分，烤烟中还原糖与多元有机酸总量的比值（糖酸比）在一定程度上可反映不同烟区烤烟的香气风格和香气品质，同时糖酸比也可以反映出生态环境对烤烟中的还原糖及其转化产物多元有机酸的影响。糖酸比还可以衡量烤烟中和碱性化合物的强度。

研究烟草有机酸有十分重要的意义，烟草有机酸的研究对判断烤烟的烟气是否醇和，评定烟叶的品质及可用性的指标具有重要的作用。有机酸广泛存在于烟草中，对烟草生长过程中的生理代谢起重要作用，它们是三羧酸循环的中间产物，又是合成糖类、氨基酸和脂类的中间产物。许多有机酸及其衍生物是烟草香味的主要成分，直接影响烟叶品质及烟制品的质量。烟草中的有机酸主要是指除氨基酸以外的有机酸，其种类繁多，含量差异大，占烟叶干物质总含量的 12%~16%，占烟叶鲜重的 2.1%~2.4%。据报道烟草中的有机酸有 40~50 种（R. A. W. Johnstons，J. R. Plimmer，1959 年），其中二元酸和三元酸种类较少，含量较多，占有机酸含量的绝大部分；一元酸种类较多，但含量比二元酸和三元酸低得多。

第一节　羧酸的结构、分类和性质

一、羧酸的结构与命名

羧酸通式及官能团分别如下：

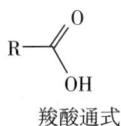

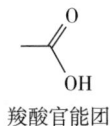

羧酸通式　　　　　　羧酸官能团

羧酸简写为 R—COOH，除甲酸外，羧酸都可以看作是烃分子中的氢原子被羧基取代所生成的化合物。

羧酸的系统命名与醇、醛、酮等相似，首先选择包括羧基在内的最长碳链为主链，然后根据其主链中的碳原子数命名为"某酸"，如甲酸、乙酸、丙酸、丁酸等。许多羧酸是由天然产物中得到的，因此常按其最初来源给以相应的俗名，如甲酸最初来自蚂蚁，称为蚁酸；乙酸最初来自食醋，称为醋酸；苯甲酸来自安息香胶内，称为安息香酸等。其他如草酸、琥珀酸、苹果酸等也都是俗名。

二、羧酸的分类

按羧基连接的烃基种类不同，可分为直链和支链的脂肪酸、脂环酸、芳香酸、杂环酸及萜烯类酸等；按烃基饱和与否分为饱和酸和不饱和酸；按羧基数目不同，又可分为一元酸、二元酸、三元酸等，二元及二元以上的羧酸统称为多元酸；根据羧酸的挥发性可分为挥发性酸、半挥发性酸和非挥发性酸。

所谓挥发性酸是指那些能和水蒸气一同蒸出的酸，主要包括甲酸、乙酸、丙酸等 C10 以下的脂肪酸挥发性有机酸和一些芳香酸。甲酸和乙酸是烟叶中主要的挥发性酸，其他还有丙酸、苯甲酸、α-呋喃酸、α-甲基丁酸、异戊酸、β-甲基戊酸等。半挥发性酸主要是 C10 以上的脂肪酸，主要为生成油脂的高级脂肪酸，以 C18 的酸为主，C16 酸次之。非挥发性酸主要为苹果酸、柠檬酸、草酸与丙二酸，其次为乳酸、琥珀酸、马来酸、羟基乙酸等。

三、羧酸的性质

(一) 物理性质

甲酸至壬酸在常温下是无色而具有刺激性或腐败气味的液体。饱和一元酸中，甲酸、乙酸、丙酸具有强烈酸味和刺激性，含有 4~9 个碳原子的羧酸具有腐败恶臭，是油状液体，动物的汗液和奶油发酸变坏的气味就是由于存在游离正丁酸的缘故。含 10 个碳原子以上的高级脂肪酸是蜡状固体，其挥发度很低，没有气味。多元酸和芳香酸都是结晶固体。

羧酸的沸点比相应的醇高，是由于羧酸能通过分子间的氢键缔合为二聚体。

低级饱和一元酸一般在水中的溶解度比相应的醇大，原因是羧酸更易与水分子以氢键缔合的方式水化。但是羧酸在水中的溶解度随分子质量的增加而减小，高级脂肪酸几乎不溶于水，芳香酸大多难溶于水，易溶于乙醇或乙醚等有机溶剂中。

(二) 化学性质

羧酸的化学性质主要表现在羧基上。羧基中的碳原子是 sp^2 杂化，三个 sp^2 杂化轨道分别与—OH 的氧原子、—C≡O 的氧原子、烃基的碳原子以 σ 键相结合，碳原子余下的一个 p 轨道与—C≡O 中的氧原子的 p 轨道互相交盖形成一个 π 键。羧基氧原子上存在着未共用的 p 电子对，它和羧基上的 π 电子形成 p-π 共轭。

$$\begin{array}{c} O \\ \| \\ R-C-\ddot{O}-H \end{array}$$

羧基虽然是由羰基和烃基所组成的，但是由于 p-π 共轭的存在，羧基在一定程度上形成一个整体。羧基中的羰基和羟基就不同于醛、酮中的羰基和醇中的羟基。

p-π 共轭的存在使羧基的电离倾向增大了。因为 p-π 共轭的结果使羧基中碳、氧原子上的电子云密度发生平均化，而在电离后的羧基负离子中，电子云密度还会进一步平均化，羧基负离子更加稳定。所以羧酸的酸性强于酚。

羧酸的化学性质，根据分子结构中键的断裂方式不同而发生不同的反应，可表示如下：

1. 成盐反应

羧酸能与弱碱或强碱中和生成羧酸盐。

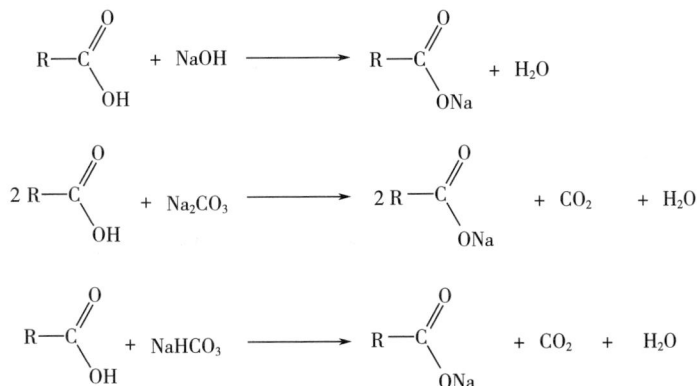

$$R-\underset{OH}{\overset{O}{\underset{\|}{C}}} + NaOH \longrightarrow R-\underset{ONa}{\overset{O}{\underset{\|}{C}}} + H_2O$$

$$2R-\underset{OH}{\overset{O}{\underset{\|}{C}}} + Na_2CO_3 \longrightarrow 2R-\underset{ONa}{\overset{O}{\underset{\|}{C}}} + CO_2 + H_2O$$

$$R-\underset{OH}{\overset{O}{\underset{\|}{C}}} + NaHCO_3 \longrightarrow R-\underset{ONa}{\overset{O}{\underset{\|}{C}}} + CO_2 + H_2O$$

羧酸形成的盐易溶于水，羧酸盐和无机酸作用又可得到原来的羧酸，因此可以利用这一性质来分离提纯羧酸。

2. 羧酸衍生物的生成

羧酸中的羧基，可以被卤素、酸根所取代，分别生成酰卤、酸酐等衍生物；可以和醇烃基、氨基反应，分别生成酯、酰胺等衍生物。酰氯和酸酐与烟质的关系不大。酯和酰胺则对烟草吸食品质影响很大，酯大多具有芳香气味（尤其是低级酯），是烟草香气的主要成分，酰胺影响烟草吃味并产生刺激性。

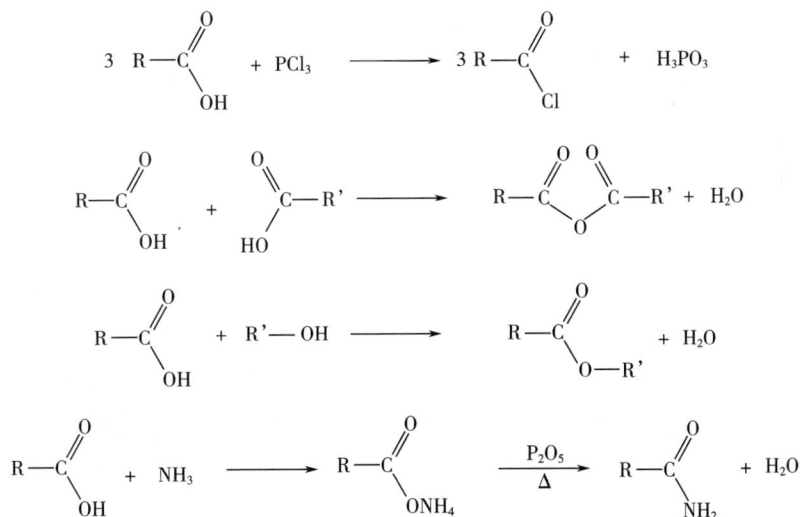

$$3R-\underset{OH}{\overset{O}{\underset{\|}{C}}} + PCl_3 \longrightarrow 3R-\underset{Cl}{\overset{O}{\underset{\|}{C}}} + H_3PO_3$$

$$R-\underset{OH}{\overset{O}{\underset{\|}{C}}} + \underset{HO}{\overset{O}{\underset{\|}{C}}}-R' \longrightarrow R-\overset{O}{\underset{\|}{C}}-O-\overset{O}{\underset{\|}{C}}-R' + H_2O$$

$$R-\underset{OH}{\overset{O}{\underset{\|}{C}}} + R'-OH \longrightarrow R-\underset{O-R'}{\overset{O}{\underset{\|}{C}}} + H_2O$$

$$R-\underset{OH}{\overset{O}{\underset{\|}{C}}} + NH_3 \longrightarrow R-\underset{ONH_4}{\overset{O}{\underset{\|}{C}}} \xrightarrow[\Delta]{P_2O_5} R-\underset{NH_2}{\overset{O}{\underset{\|}{C}}} + H_2O$$

3. 脱羧反应

一元羧酸的钠盐和 NaOH 共熔可失去一分子的 CO_2，生成少一个碳原子的烃，这个反应叫脱羧反应。一元羧酸脱羧较困难，二元酸和三元酸在烟草生物体内呼吸酶的作用下进行脱羧反应。

4. 烃基的卤代反应

与羧基直接连接的碳原子，称为 α-碳原子，α-碳原子的氢称为 α-氢。α-氢由于受羧基的影响而较为活泼，易被卤素取代生成卤代酸。但该反应需用硫、磷或硫、磷的卤代物为催化剂。例如乙酸在磷的催化下通入氯气，α-氢被逐步取代而生成氯乙酸、二氯乙酸及三氯乙酸。

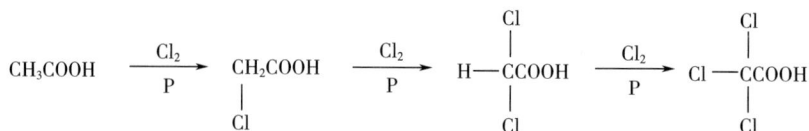

$$CH_3COOH \xrightarrow[P]{Cl_2} \underset{Cl}{CH_2COOH} \xrightarrow[P]{Cl_2} H-\underset{Cl}{\overset{Cl}{C}COOH} \xrightarrow[P]{Cl_2} Cl-\underset{Cl}{\overset{Cl}{C}COOH}$$

第二节　烟草中主要的有机酸

一、一元酸

已发现烟草中含有 $C_1 \sim C_{34}$ 的脂肪酸，主要的一元酸的名称和结构式如表6-1所示。

表6-1　烟草中主要一元酸的名称和结构式

名称	结构式
甲酸（蚁酸）	$HCOOH$
乙酸（醋酸）	CH_3COOH
丙酸（初油酸）	CH_3CH_2COOH
丁酸（酪酸）	$CH_3(CH_2)_2COOH$
异丁酸	$H_3C-\underset{CH_3}{CHCOOH}$
戊酸（缬草酸）	$CH_3(CH_2)_3COOH$
异戊酸	$H_3C-\underset{CH_3}{CHCH_2COOH}$
β-甲基戊酸	$CH_3CH_2-\underset{CH_3}{CHCH_2COOH}$
己酸（羊油酸）	$CH_3(CH_2)_4COOH$
异己酸	$H_3C-\underset{CH_3}{CHCH_2CH_2COOH}$
庚酸	$CH_3(CH_2)_5COOH$
辛酸	$CH_3(CH_2)_6COOH$
壬酸	$CH_3(CH_2)_7COOH$
癸酸	$CH_3(CH_2)_8COOH$

以上列举的是 C_{10} 及以下的酸，均为挥发性酸。挥发性脂肪酸尤其是 C_{10} 以下的挥发性强的脂肪酸对烟草香味有显著的影响，特别是 $C_5 \sim C_6$ 的如戊酸、异戊酸、β-甲基戊酸是具有烟草特征香气（特别是香料烟）的酸。

C_{10} 以上的酸为生成油脂的高级脂肪酸，属于半挥发酸，如月桂酸、豆蔻酸、棕榈酸、硬脂酸、油酸、亚油酸、亚麻酸等。烟叶中的高级脂肪酸以 C_{18} 的酸含量较多，C_{16} 酸次之。烟草中主要高级脂肪酸的名称和结构式如表 6-2 所示。

表 6-2　烟草中主要高级脂肪酸的名称和结构式

名称	结构式
月桂酸	$CH_3(CH_2)_{10}COOH$
豆蔻酸	$CH_3(CH_2)_{12}COOH$
棕榈酸（软脂酸）	$CH_3(CH_2)_{14}COOH$
硬脂酸	$CH_3(CH_2)_{16}COOH$
油酸	$CH_3(CH_2)_7CH{=}CH(CH_2)_7COOH$
亚油酸	$CH_3(CH_2)_4CH{=}CHCH_2CH{=}CH(CH_2)_7COOH$
亚麻酸	$CH_3CH_2CH{=}CHCH_2CH{=}CHCH_2CH{=}CH(CH_2)_7COOH$

半挥发性高级脂肪酸能增加烟气的脂肪味，使烟气醇和，但亚油酸和亚麻酸会增加刺激性。

二、二元酸和三元酸（包括羟基酸和羧基酸）

二元酸和三元酸是非挥发酸。烟草中主要的二元酸和三元酸有苹果酸、柠檬酸、草酸等，其次还有羧基乙酸、琥珀酸、丙二酸、延胡索酸、丙酮酸等。烟草中主要的二元酸和三元酸的名称和结构式如表 6-3 所示。

表 6-3　烟草中主要的二元酸和三元酸的名称和结构式

名称	结构式
草酸	COOH|COOH
苹果酸	CH_2COOH / HO—CHCOOH
琥珀酸	CH_2COOH / CH_2COOH
顺延胡索酸	CHCOOH ‖ CHCOOH
顺乌头酸	CH_2COOH / CCOOH ‖ COCOOH
戊二酸	CH_2COOH / CH_2 / CH_2COOH

名称	结构式
柠檬酸	CH₂COOH HO—C—COOH CH₂COOH
α-酮戊二酸	O=CCOOH CH₂ CH₂COOH
羟基乙酸	CH₂OH COOH
丙二酸	COOH CH₂ COOH
丙酮酸	CCOOH C=O CH₃

这些有机酸含量大，无挥发性，主要影响烟叶及烟气的酸碱性，使烟气醇和，减少刺激性和辛辣味。

三、芳香酸

烟草中的芳香酸主要有苯甲酸和苯乙酸及其衍生物，其次还有咖啡酸、香豆酸（酚类一章介绍）、邻苯二甲酸和对苯二甲酸等。结构式如下：

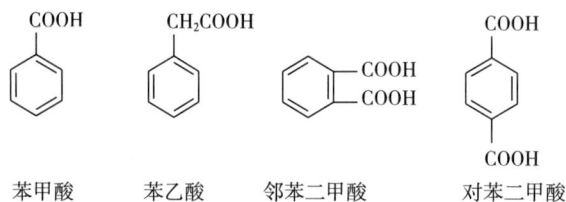

苯甲酸　　　苯乙酸　　　邻苯二甲酸　　　对苯二甲酸

苯甲酸和苯乙酸是烟草中主要的香气物质，卷烟加香中常把它们作为香原料使用。

第三节　有机酸在烟叶中的存在形态及分布特点

一、存在形态

在烟草中有机酸大多数与3种主要的碱金属或碱土金属的阳离子钾、镁、钙等结合成盐，一部分与有机碱（主要是烟碱及其衍生物）结合成盐存在，少部分以游离态（主要是简单的挥发性酸）而存在。

通常研究中所指的烟叶中的酸性组分指的是烟叶中挥发性、半挥发性酸性成分的含量，为酸性成分的游离态部分或游离态酸与结合态酸的总和。

由于不同形态的有机酸对烟草的品质影响不同，因此需要了解烟叶中酸性成分的含量并清楚它们的存在状态。

李彦强等（2000）利用同时蒸馏萃取装置，对我国云南、河南烤烟烟叶中挥发性、半挥发性酸，不经衍生化直接进行 GC 分析，对烤烟烟叶中挥发性、半挥发性酸的含量及存在状态进行了分析比较（表6-4）。

表6-4　云南、河南烤烟烟叶中酸性成分含量（μg/g 烟叶）

编号	名称	云南烟叶			河南烟叶		
		游离态酸	结合态酸	总酸	游离态酸	结合态酸	总酸
1	异戊酸	8.47	23.90	32.40	5.15	15.70	20.85
2	戊酸	3.65	6.65	10.30	1.52	24.70	26.20
3	β-甲基戊酸	0.78	2.22	3.00	0.52	2.82	3.34
4	己酸	1.17	1.56	2.73	3.75	6.85	10.60
5	庚酸	0.51	0.15	0.66	0.97	1.19	2.16
6	辛酸*	0.62	0.22	0.84	0.78	0.66	1.44
7	壬酸	1.80	0.11	1.91	1.67	0.10	1.77
8	癸酸	0.92	0.16	1.08	0.85	0.37	1.22
9	十一酸*	0.20	0.60	0.80	0.40	0.07	0.47
10	月桂酸	1.34	1.04	2.38	2.27	0.28	2.55
11	十三酸*	1.38	0.49	1.87	1.94	0.70	2.64
12	肉豆蔻酸*	4.61	1.01	5.62	4.05	0.92	4.97
13	12-甲基十四酸*	1.18	0.10	1.28	2.32	0.20	2.52
14	十五酸*	3.20	0.62	3.82	2.39	0.18	2.57
15	14-十五烯酸*	1.75	0.45	2.20	0.90	0.31	1.21
16	棕榈酸	125.40	25.20	150.60	91.90	5.80	97.70
17	十七酸	9.32	1.88	11.20	6.67	0.27	6.94
18	硬脂酸	12.00	1.30	13.30	7.53	0.50	8.03
19	油酸*	12.90	6.10	19.00	16.10	0.20	16.30
20	亚油酸*	10.60	2.30	12.90	7.44	0.13	7.57
21	亚麻酸*	33.00	15.10	48.10	7.10	1.04	8.14
合计	—	234.80	91.20	326.00	166.20	62.90	229.10

注　*依据回收率为100%，相对校正因子为1计算。引自李彦强，等. 云南、河南烤烟中挥发性、半挥发性游离及结合态脂肪酸的研究［J］. 中国烟草学报，2000（1）.

由表6-4可以看出，烟草中的挥发性、半挥发性酸不仅以游离态形式存在，还以结合态的形式存在。从分析的 21 种酸性成分的总量看，游离态酸性成分比结合态酸性成分高，游离态酸在云南、河南烤烟烟叶中的含量分别是结合态的 2.57 倍和 2.64 倍。相对分子质量较小、挥发性较强的酸性成分，如异戊酸、戊酸和 β-甲基戊酸，以结合态形式存在较多；而相对分子质量较大的半挥发性酸性成分，游离态形式的含量比结合态高，特别是十五酸、十六酸、十七酸和十八酸游离态形式均是结合态形式的 5 倍以上。

从游离态与结合态酸的总和来看，云南烤烟是河南烤烟的 1.42 倍。云南烤烟中明显偏高的酸性成分（十五碳酸、十六碳酸、十七碳酸、十八碳酸等）的含量明显比河南烤烟偏高，尤其突出的是亚麻酸，它在云南烤烟中的含量是河南烤烟的 4.6 倍。河南烤烟中游离酸含量比云南烤烟明显偏高的有己酸、庚酸和十二酸，特别是己酸在河南烤烟的含量是云南烤烟的 3.2 倍。

比较结合态酸性成分，云南烤烟中的含量是河南烤烟的 1.45 倍，与游离酸在两种烤烟中的差别（1.41 倍）接近。不过，结合态酸在云南烤烟中的含量比河南烤烟高的有异戊酸和十个碳以上的酸，特别是十六酸、油酸、亚油酸和亚麻酸等半挥发性酸性成分。河南烤烟含量较高的主要是十个碳以下的挥发性较强的酸性成分，比较突出的有戊酸、己酸和庚酸。

二、分布特点

（一）不同类型烟草有机酸含量的差异

不同类型烟草有机酸含量不同，这是不同类型烟草具有不同风格的重要因素之一。就非挥发性的苹果酸、柠檬酸、草酸来说，以白肋烟含量最高，香料烟次之，烤烟最低。其中白肋烟中柠檬酸含量最多，烤烟和香料烟中苹果酸的含量最多，其次是草酸；就挥发性酸来说，以香料烟含量最高，烤烟次之，晒晾烟较低。一些研究者在分析了烤烟、白肋烟、马里兰烟和香料烟中挥发性酸以后发现，几种类型烟草挥发性酸定性组成相似，在定量上差别较大（表6-5和表6-6）。烤烟的甲酸和乙酸含量均较高，比香料烟的还略高。白肋烟和马里兰烟所含的各种挥发酸都比香料烟和烤烟低得多。特别是香料烟中异戊酸和 β-甲基戊酸含量比烤烟高许多倍，且 C_5 和 C_6 异/正异构体的比值也较高。这种组成特点被认为赋予香料烟的特征香味，因此有报道用异戊酸和 β-甲基戊酸的混合物可代替混合型卷烟配方中的香料烟。

表6-5 烟叶中挥发性有机酸的含量（$\mu g/g$）（A是编号）

挥发性有机酸	鲜亮烟（烤烟）A	伊兹密尔（Izmir）烟（土耳其）A	白肋烟	马里兰烟（Kirigasaku）
甲酸	597	587	288	283
乙酸	877	688	372	417
丙炔酸	15	24	12	17
异丁酸	32	72	29	28
丁酸	2	0	0	25
α-甲基丁酸	247	313	26	72
异戊酸	116	202	20	121
巴豆酸	12	3	1	2

续表

挥发性有机酸	鲜亮烟 （烤烟）A	伊兹密尔（Izmir）烟 （土耳其）A	白肋烟	马里兰烟 （Kirigasaku）
戊酸	1	4	0	49
β-甲基戊酸	4	1372	1	358
己酸	5	5	3	12
2-呋喃甲酸	32	125	36	39
苯甲酸	22	25	14	22
苯戊酸	36	65	0	45
庚酸	5	6	5	10
辛酸	5	5	12	50
壬酸	16	24	21	37
总计	2024	3520	840	1587

表 6-6　各种烟叶中的挥发性有机酸（μg/g）

挥发性酸	烤烟		日本各种类型的烟草				白肋烟	东方型烟	
	日本	美国	Snifu L.	Matsukawa L.	Daruma L.	Ibusuki L.	Mito No. 3	土耳其	希腊
甲酸	208	456	68.9	32.8	107	88.5	161	664	456
乙酸	1378	1552	51.0	36.1	70.1	191	75.5	1423	1075
丙酸	25.2	21.0	1.4	1.3	1.7	2.1	2.4	24.8	21.2
异丁酸	2.4	2.5	—	—	—	—	—	13.9	11.4
正丁酸	1.4	2.8	—	0.3	—	—	0.3	8.8	1.8
α-甲基丁酸	9.1	7.8	0.7	0.3	4.0	1.6	2.9	26.2	31.0
异戊酸	7.7	6.6	0.5	0.3	0.5	5.8	1.2	24.8	33.7
巴豆酸	6.2	5.4	—	—	0.6	—	0.4	8.3	6.0
正戊酸	2.7	4.2	—	—	0.2	—	0.3	2.2	2.1
β-甲基戊酸	8.4	1.2	6.1	0.7	5.7	26.2	—	83.0	115.6
己酸	1.7	12.2	0.7	0.7	0.7	0.2	0.9	5.3	6.6
α-呋喃酸	31.7	14.0	—	—	0.5	7.5	—	20.8	16.6
苯甲酸	16.2	10.8	10.6	13.3	3.7	3.4	26.0	16.4	22.0
苯乙酸	7.8	8.1	2.3	2.7	1.3	—	5.1	21.1	16.2
总计	1706.5	2104.6	142.2	88.5	196.0	326.3	276.0	2342.6	1815.2

（二）有机酸在不同部位烟叶中的分布规律

有机酸在烟叶中含量因部位不同而存在差异。从下部叶、中部叶到上部叶呈逐渐减少趋势。

第四节　有机酸对烟草品质的影响

一、烟草生长发育过程中有机酸的积累

烟叶中的有机酸既是合成糖类、蛋白质和脂肪等一系列大分子物质的中间产物，又是呼吸作用的中间产物，所以有机酸对于烟草植株的新陈代谢和生长发育起着重要作用。研究表明，随着烟株和叶片的生长，叶片中有机酸的积累量是不断变化的，直到烟株开花前，叶片中有机酸的积累达到高峰。如果让烟株开花结果，叶片中有机酸含量将呈下降趋势；如果采取打顶抹杈措施，叶片中有机酸含量将继续增加。这种现象表明，烟叶中有机酸的积累是与含氮化合物和糖类的积累变化规律相吻合的。生长阶段，当叶片中的糖类和氨基酸不断增加时，有机酸与之同步增加。相反，开花阶段由于糖类和含氮化合物要向顶部器官输送，有机酸也要向顶部流失，所以叶片中有机酸含量减少。打顶以后，各种营养物质均无须向顶部输送，相应地有机酸含量随之增加，而且随着烟叶成熟度的增加，大分子营养物质会部分转化和分解，有利于有机酸的积累。达到工艺成熟调制后的烤烟叶片一般有机酸含量为 $12\% \sim 16\%$，苹果酸约 8.62%，柠檬酸约为 4.00%，草酸约为 0.96%。

苹果酸和柠檬酸在叶片生长过程的不同阶段其积累速度不同。工艺成熟前，苹果酸积累速度一直超过柠檬酸，但是达到工艺成熟时，情况反过来，苹果酸有下降趋势，柠檬酸则大幅度增加。其原因可能是：

①在成熟时，叶组织中氧化还原反应中氧化作用占优势，苹果酸氧化成为柠檬酸，如苹果酸先氧化形成草酰乙酸，草酰乙酸再和乙酰-CoA 作用转变成柠檬酸。因此柠檬酸的增加是由于苹果酸的代谢作用。

②有人根据烟叶成熟时酰胺含量剧增的现象，认为可能是消耗苹果酸而形成的，如苹果酸氧化形成的草酰乙酸与氨作用形成天冬氨酸，进而形成天冬酰胺。

③有人甚至认为苹果酸或由其形成的天冬氨酸很快形成烟碱的吡啶环，解释了烟叶成熟时苹果酸的减少，也解释了烟叶成熟时烟碱积累增加的原因。

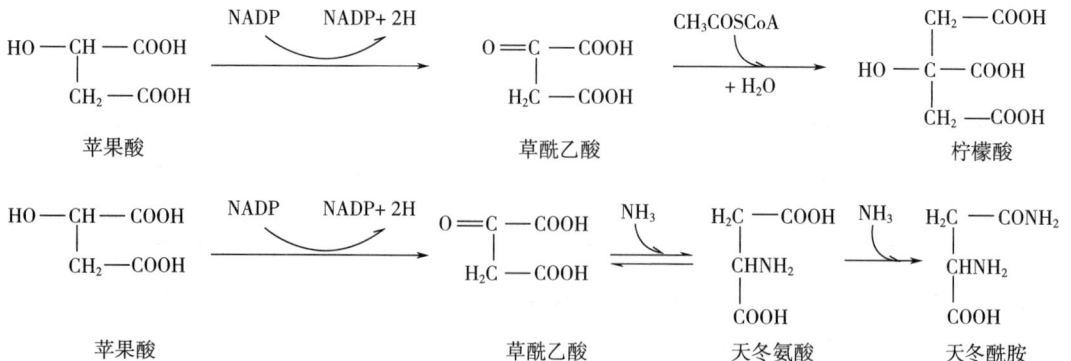

二、烟叶在调制和发酵过程中有机酸的变化

白肋烟在晾制过程中，苹果酸的浓度降低，柠檬酸的浓度升高，草酸的浓度无明显变化。试验表明，全晾制过程中苹果酸从 8.2% 下降到 6.3%，而柠檬酸，则从 1.3% 增至 5.6%，虽然总的酸浓度变化可能很小，但是苹果酸和柠檬酸的比率变化却非常剧烈。

雪茄烟在晾制过程中与白肋烟的情况相同，苹果酸和柠檬酸变化的方向相反，即苹果酸含量降低，柠檬酸含量升高。

烟叶在人工发酵或自然陈化过程中，挥发性有机酸含量大大增加。用不同等级的烟叶在发酵前后的分析结果表明，烟叶等级越高，吃味越好，其挥发性有机酸含量也越高。吃味好的金黄烟叶含挥发性酸比赤黄烟叶多。无论哪种烟叶，经发酵后挥发性酸含量均有所提高，吃味越好的烟叶提高的幅度越大，金黄烟叶提高 60% 左右，赤黄烟叶提高 50% 左右（表 6-7）。可见挥发性含量的增加对吃味的改善有一定的意义，烟叶发酵是提高挥发性酸含量和烟叶品质的有效措施。

表 6-7 烟叶发酵前后挥发性酸含量比较

样品等级	挥发性酸含量（以醋酸计）		
	发酵前（%）	发酵后（%）	增加（%）
金黄二级	0.3032	0.4908	61.87
赤黄四级	0.2524	0.3748	48.49

注 材料来源（轻工业部烟草工业科学研究所，1958 年）。

三、有机酸对烟质的影响

（一）挥发性有机酸对卷烟品质的影响

不同的有机酸对烟草的吸食品质影响不同。许多挥发性有机酸及其衍生物是烟草香味的主要成分，对于烟气的吸味口感特性而言具有积极的贡献作用，并赋予烟气吸味和芳香特征。挥发性酸包括 C_{10} 以下的低级脂肪酸和部分芳香酸如苯甲酸、苯乙酸等，由于其挥发性在卷烟抽吸过程中可直接进入烟气，对吸味和香气有明显的影响。一般认为，总挥发性有机酸含量高，烟叶品质好。表 6-8 列出了几种挥发酸对烟草香气和吸味的作用。

表 6-8 各种挥发性酸对烟气的香气和吸味的影响

挥发性酸	烟气吸味	香气	烟型
异丁酸	醇和、奶酪、水果味	醇和、似黄油的	土耳其烟、白肋烟、烤烟
异戊酸	甜、酒味、水果奶酪、增加浓度	醇和奶酪香料烟型	土耳其烟、白肋烟、烤烟
戊酸	甜、水果、奶酪似黄油味	醇和、奶酪	土耳其烟、白肋烟、烤烟
β-甲基戊酸	甜、奶酪、水果味	奶酪、水果、香料烟	土耳其烟、白肋烟、烤烟
己酸	甜、蜡味、槭树味	蜡	土耳其烟、白肋烟、烤烟
苯甲酸	醇和、清淡的	清淡的	土耳其烟、白肋烟、烤烟

续表

挥发性酸	烟气吸味	香气	烟型
正辛酸	甜的、蜡、醇和味	似蜡的	土耳其烟、白肋烟、保加利亚香料烟
癸酸	脂肪味	脂肪的	土耳其烟、香料烟、烤烟
壬酸	脂肪、蜡味	脂肪的	土耳其烟、烤烟、白肋烟

日本的 Konish 和美国的 R. L. Stedman、J. A. Weybrew 等将烟草样品用水蒸气蒸馏，将蒸馏产物分为中性组分和酸性组分两部分。中性组分主要是醛、酮类化合物，酸性组分即挥发性有机酸。酸性组分对烤烟和香料烟的香气有明显相关性。具有香气的烟叶，酸性组分含量高；缺乏香气的烟叶，酸性组分含量低。具有香气的烤烟，其酸性组分含量大致和香料烟相近，它们之间的差别在于含 5 个碳原子和 6 个碳原子的脂肪酸，即戊酸、异戊酸和 β-甲基戊酸的分布比例不同，表 6-9 的资料也说明了这个结论。

表 6-9　各种类型各个等级烟叶中一些挥发性酸的差别

酸	当量峰面积比率（ratios of equivalent peak areas，EPA）								
	烤烟					白肋烟	马里兰烟	香料烟	
	有香气的			缺乏香气				斯米尔纳	沙姆逊
	A	B	C	A	B				
$C_1 \sim C_2$	1.0	0.95	0.99	0.77	0.82	0.05	0.10	0.69	0.37
C_3	1.0	0.91	1.17	0.71	0.69	0.24	0.33	0.41	0.73
$48i\text{-}C_4$	1.0	0.97	0.63	0.20	0.20	0.08	0.04	0.32	0.48
$n\text{-}C_4$	1.0	0.65	0.69	0.77	0.69	0.08	0.12	0.08	1.18
$n\text{-}C_5$	1.0	0.74	0.90	0.63	0.61	0.04	0.07	0.08	0.41
$i\text{-}C_5$	1.0	0.55	1.26	0.34	0.39	0.08	0.18	0.41	0.94
BMV	1.0	0.52	0.88	0.41	0.41	0.06	0.22	0.98	4.84
$i\text{-}C_6$	1.0	0.84	1.00	0.71	1.01	—	0.16	—	—
$n\text{-}C_6$	1.0	0.65	0.71	0.56	0.81	0.14	0.33	0.15	1.23
U_1	1.0	0.62	0.72	0.33	0.55	0.08	0.09	0.19	1.24
U_2	1.0	0.96	1.04	0.90	1.21	0.13	0.54	0.17	0.82
U_3	1.0	0.45	0.69	0.91	0.76	0.14	0.37	0.18	1.26
$n\text{-}C_7$	1.0	0.46	0.59	0.59	0.42	0.34	0.42	0.13	0.69
U_4	1.0	0.58	0.54	0.54	0.32	0.11	0.69	—	0.44
U_5	1.0	1.26	1.21	1.27	0.99	0.73	0.79	0.33	1.64
$n\text{-}C_8$	1.0	0.66	0.75	1.28	0.75	0.46	0.53	0.28	2.42
$n\text{-}C_9$	1.0	2.53	1.14	3.91	1.80	0.52	0.60	0.33	2.15
总 EPA	22700	19000	21600	17400	16200	2930	5100	5100	22100

注　以上数据均以烤烟有香气的 A 为标准的比较值。

烤烟和香料烟挥发性酸含量高，一般认为其吃味醇和。然而若挥发性酸含量过高，则有可能使烟气产生辛辣灼热的感觉。晾晒烟挥发性酸含量一般较低，烟气碱性较强，刺激性较大，因此在晾晒烟生产中往往要补充有机酸，以改善吃味。所用有机酸通常有乙酸、乳酸等，以加料的形式添加入晾晒烟叶。

（二）非挥发性有机酸对卷烟品质的影响

非挥发性有机酸中的苹果酸、柠檬酸和草酸含量相对较高（约占烟叶干物质总量的10%），含量以白肋烟最高，香料烟次之，烤烟最低。烤烟中的非挥发性有机酸以苹果酸为主，白肋烟以柠檬酸为主，香料烟居中。

非挥发性酸可以调节烟草的 pH 值，使吃味改进，变得醇和，还能增强烟气浓度，对烟草香气没有明显的直接作用，但能通过调节酸碱平衡，间接影响烟草香气。苹果酸在香料烟和烤烟中含量较多，能改进烟气特征，特别是对高生物碱含量的烟草有良好的平衡作用。柠檬酸的含量与烟叶的质量负相关，导致烤烟的吃味变差。一些有机酸的盐类在烟草中也起着重要作用，如柠檬酸盐能降低卷烟焦油含量，苹果酸的盐类能增强卷烟持火力，乳酸钾可作为卷烟的保润剂。

（三）高级脂肪酸对卷烟品质的影响

饱和高级脂肪酸能使烟气柔和，不饱和高级脂肪酸由于在燃烧过程中会产生青杂气物质，使得卷烟刺激性增加。

思考题

①烟草中的有机酸可以分为哪几类？各类主要的有机酸有哪些？
②有机酸的性质主要有哪些？
③简述不同类型烟草有机酸含量的差异。
④试述有机酸对烟质的影响。

第七章　烟草酚类化合物

　　酚类化合物对烟草的生理生化活性、烟叶的色泽、卷烟的香吃味和生理强度都起着重要的作用，卷烟烟气中酚类化合物含量的高低会直接影响卷烟产品的抽吸品质和安全性。随着人们对烟草酚类化合物结构和性质研究的深入，酚类化合物在烟草中的重要性越来越多地受到关注。

　　烟草中酚类物质按照羟基数目的不同，分为简单酚类和多酚类，对感官的影响主要体现在烟气吸味和烟气强度上。简单酚类通常表现为涩口、中药味、有一定的刺激性，它们部分来自多酚类或木质素等其他大分子的降解。卷烟燃烧过程中发生了一系列复杂的化学变化，在卷烟烟支燃烧时，部分物质裂解以及其他化学反应生成40多种酚类化合物，其中最主要的酚类化合物是苯酚和邻苯二酚。

　　多酚是烟草中一类重要的化合物，含量高达5%。多酚类物质在烟草中以糖苷和酯的形式存在，绿原酸、芸香苷和莨菪亭是烟草中最主要的多酚类物质，绿原酸占总多酚的75%~95%，其为烟草特征香味物质的前体物。其他含量低的多酚类化合物在烟草品质鉴定与改善方面也有辅助影响。

第一节　酚的结构和性质

一、酚的结构

　　羟基直接连在苯环上的化合物称为酚。

　　按照芳香环的数目不同可分为苯酚、萘酚、蒽酚等。按照羟基数目不同可分为一元酚、二元酚、三元酚、多元酚等。苯酚是酚类中最简单的一个。酚类命名时，一般以苯酚作为母体，其他为取代基，羟基编号为1，苯环上连接的其他基团作为取代基。羟基连接在稠环上的化合物，它们的命名与苯酚类相似。结构式如下：

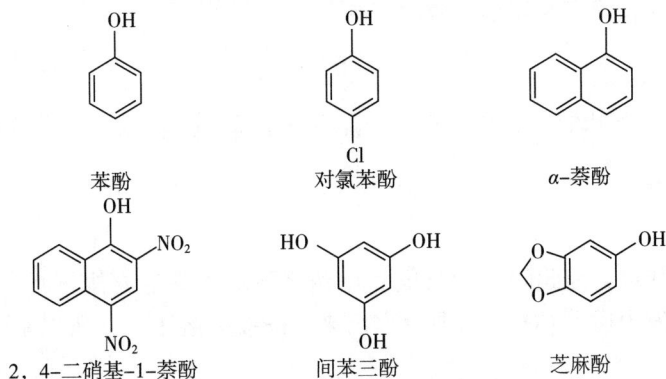

苯酚　　　　　　　对氯苯酚　　　　　　α-萘酚

2，4-二硝基-1-萘酚　　　间苯三酚　　　　　芝麻酚若环上取代基的位次优先于酚羟基，则酚羟基为取代基。

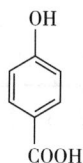

对羟基苯甲酸

二、物理性质

酚大多数为结晶固体，少数烷基酚为高沸点液体（如间甲苯酚）。

酚是芳烃的羟基化合物，酚的分子间也可以通过氢键而缔合，因此，酚的沸点比相应的芳烃要高得多。例如苯的沸点为 80.1℃，苯酚的沸点为 181℃；萘的沸点为 218℃，而 α-萘酚的沸点为 279℃。

纯粹的酚是无色的，久置在空气或光照下，会部分氧化而略带红色或褐色，一般均因含有氧化物而呈微红至暗褐色。

羟基是亲水基，所以苯酚微溶于水，水也微溶于苯酚。如苯酚在水中的溶解度是 6.7 g/100 g H_2O，而与热水（超过临界溶解湿度，65~85℃）可互溶。多元酚在水中的溶解度大于相应的一元酚。酚羟基数目越多，水溶性越大。酚在醇和醚中易溶。

三、化学性质

（一）酚羟基的反应

在苯酚的分子中，羟基中的氧原子是以 sp^2 杂化轨道参与成键，因此氧原子上的 1 对未公用电子所处的 p 轨道与苯环的 π 轨道交盖而形成 p-π 共轭。与氯代苯的情况相似，p-π 共轭使羟基与苯环的结合趋于牢固，因此酚的羟基比醇的羟基难被取代。由于氧原子的电子云密度因 p-π 共轭而降低，O—H 键中的电子云密度进一步向氧原子偏移，从而增强了氢的电离倾向，所以酚羟基上的氢比醇羟基上的氢活泼得多，甚至可以部分地电离出 H^+ 而呈酸性。

当环上有吸电基时，负电荷分散程度更高，稳定性更大，酸性更强。当环上有供电基时，负电荷分散程度较小，稳定性较小，酸性较弱。

如 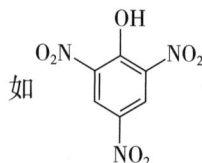 苦味酸，分子中有 3 个强吸电子基，$pK_a = 0.38$，与无机酸酸性相当。

1. 成盐反应

酚的酸性比碳酸弱，因此酚只能与氢氧化钠等强碱作用生成盐，而不能与碳酸盐作用。相反，在酚钠的溶液中通入 CO_2，酚即游离出来。酚盐易溶于水，所以苯酚易溶于氢氧化钠的溶液中。

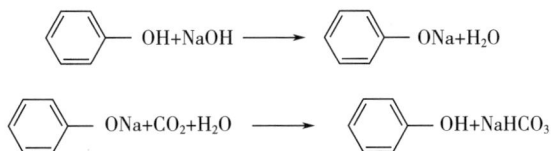

$$\text{C}_6\text{H}_5\text{—OH} + \text{NaOH} \longrightarrow \text{C}_6\text{H}_5\text{—ONa} + \text{H}_2\text{O}$$

$$\text{C}_6\text{H}_5\text{—ONa} + \text{CO}_2 + \text{H}_2\text{O} \longrightarrow \text{C}_6\text{H}_5\text{—OH} + \text{NaHCO}_3$$

2. 生成醚

酚和醇相似，也可成醚，但因为 p-π 共轭，C—O 键牢固，不易断键。所以不能通过分子间脱水成醚，而是通过酚钠和氯代烃作用制醚。

$$\text{C}_6\text{H}_5\text{—ONa} + \text{CH}_3\text{I} \longrightarrow \text{C}_6\text{H}_5\text{—OCH}_3 + \text{NaI}$$

3. 成酯反应

酚不能直接和酸成酯，而用酰氯、酸酐等发生成酯反应。

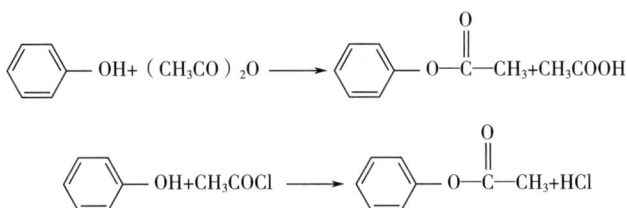

$$\text{C}_6\text{H}_5\text{—OH} + (\text{CH}_3\text{CO})_2\text{O} \longrightarrow \text{C}_6\text{H}_5\text{—O—}\overset{\displaystyle O}{\overset{\|}{\text{C}}}\text{—CH}_3 + \text{CH}_3\text{COOH}$$

$$\text{C}_6\text{H}_5\text{—OH} + \text{CH}_3\text{COCl} \longrightarrow \text{C}_6\text{H}_5\text{—O—}\overset{\displaystyle O}{\overset{\|}{\text{C}}}\text{—CH}_3 + \text{HCl}$$

4. 与三氯化铁的显色反应

苯酚类和其他大多数酚与三氯化铁溶液作用，会产生红、蓝、紫等颜色。不同的酚产生的颜色不同，酚与三氯化铁的呈色反应常用于酚类的鉴定。

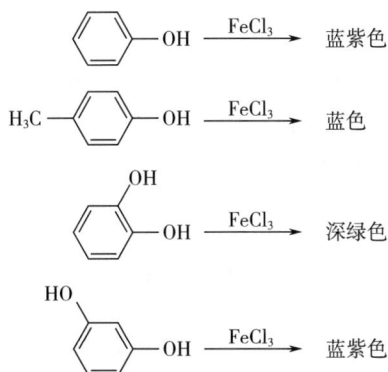

苯酚 $\xrightarrow{\text{FeCl}_3}$ 蓝紫色

$\text{H}_3\text{C—}$对甲苯酚 $\xrightarrow{\text{FeCl}_3}$ 蓝色

邻苯二酚 $\xrightarrow{\text{FeCl}_3}$ 深绿色

间苯二酚 $\xrightarrow{\text{FeCl}_3}$ 蓝紫色

凡具有 $\overset{\displaystyle}{\text{C}}{=}\text{C—OH}$ 烯醇结构的脂肪族化合物都能与 FeCl_3 显色。反应机理一般认为是生成了酚铁络合物的缘故。

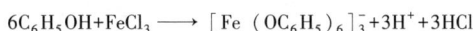

$$6\text{C}_6\text{H}_5\text{OH} + \text{FeCl}_3 \longrightarrow [\text{Fe}(\text{OC}_6\text{H}_5)_6]^{3-} + 3\text{H}^+ + 3\text{HCl}$$

5. 氧化反应

酚易被氧化，例如苯酚久贮可因与空气接触而氧化成粉红色至暗褐色。苯酚的氧化过程和氧化产物相当复杂，现在还不完全清楚。苯酚的氧化不仅发生在羟基部分，也常同时发生在苯环的对位处。因此苯酚被空气氧化产物之一是对苯醌。

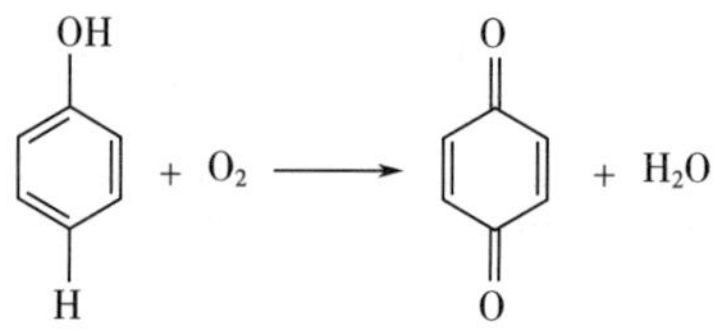

苯酚的进一步氧化还会导致苯环的破坏，直至最后生成二氧化碳。邻苯二酚和对苯二酚易被氧化成为相应的邻苯醌和对苯醌。

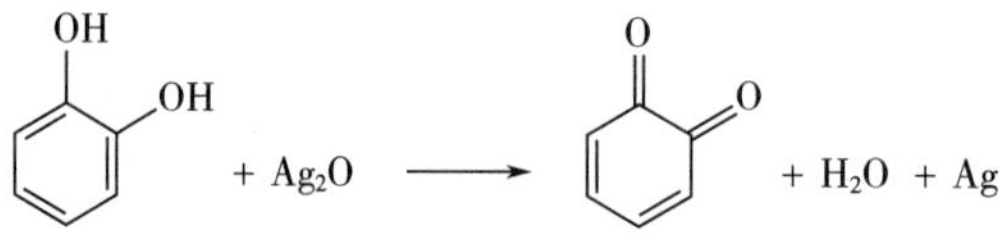

邻苯醌

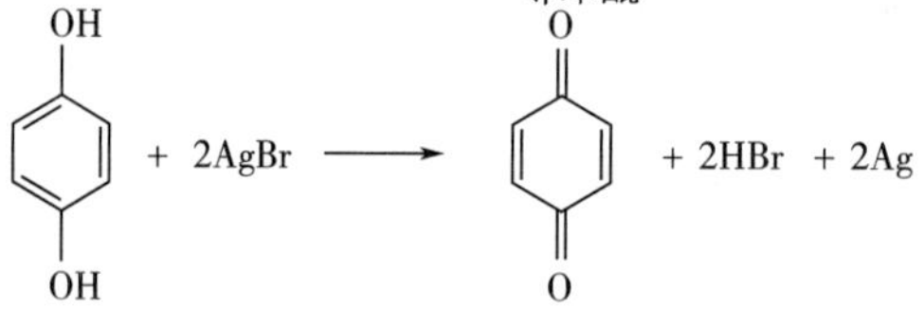

苯环上的羟基越多越易被氧化，例如苯三酚-1，2，3 很容易吸收空气中的氧而被氧化。它常用于气体混合物中氧的定量分析。

（二）苯环上的取代反应

酚分子中的苯环，由于羟基对芳环有较大的致活作用，而变得较为活泼，因此酚比苯容易起卤代、磺化、硝化等反应。

1. 卤代反应

苯酚与溴的水溶液作用，立即生成 2，4，6-三溴苯酚白色沉淀。反应现象明显，作用完全，可用于苯酚的定性和定量检测。即使只有百万分之十的稀苯酚也可得到白色沉淀，继续加溴水，白色沉淀转变为黄色的四溴苯酚。

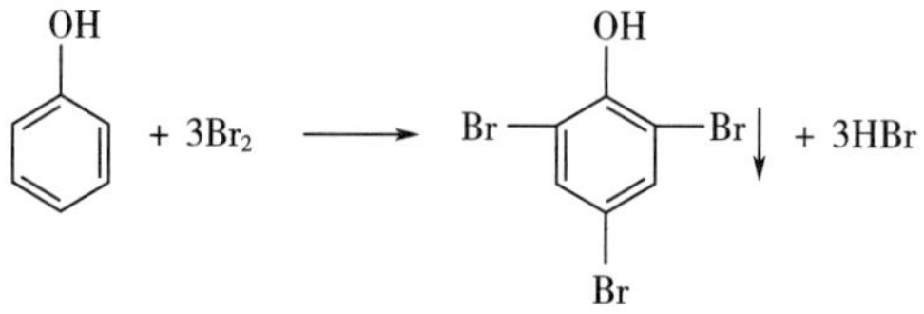

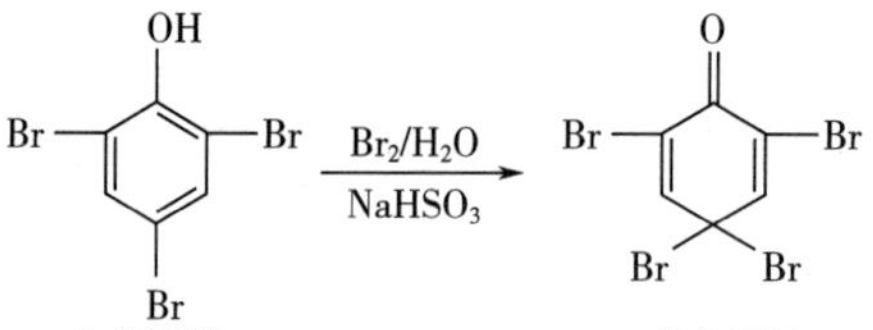

白色沉淀　　　　黄色沉淀

在低温、低极性溶剂中，苯酚与溴反应可得一溴苯酚。

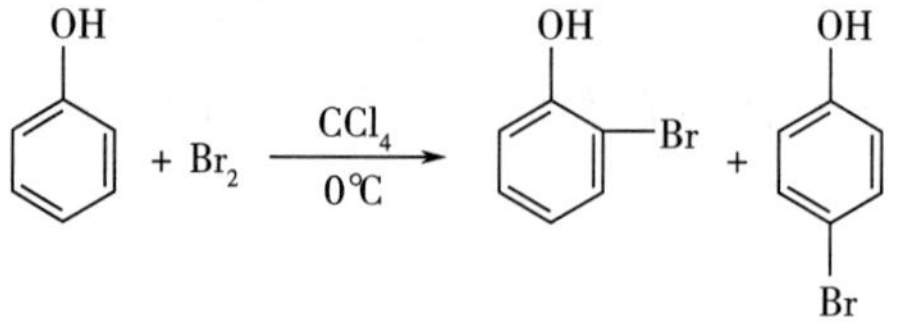

2. 硝化反应

苯酚与稀硝酸（1∶4）作用就能发生硝化反应而生成邻位和对位硝基苯酚。

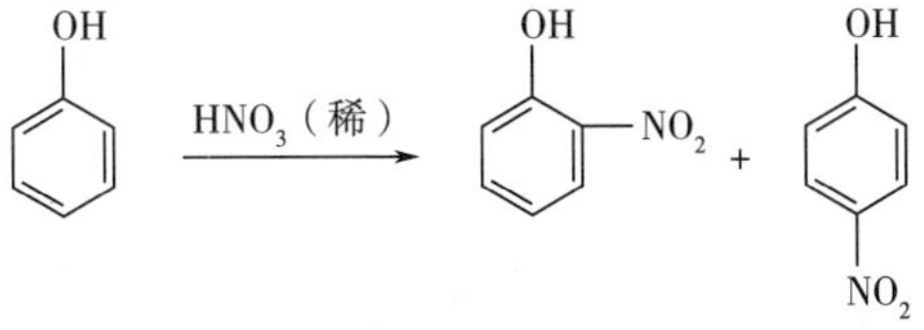

3. 磺化反应

苯酚在较低的温度下就能与浓硫酸作用而生成邻位或对位羟基苯磺酸。

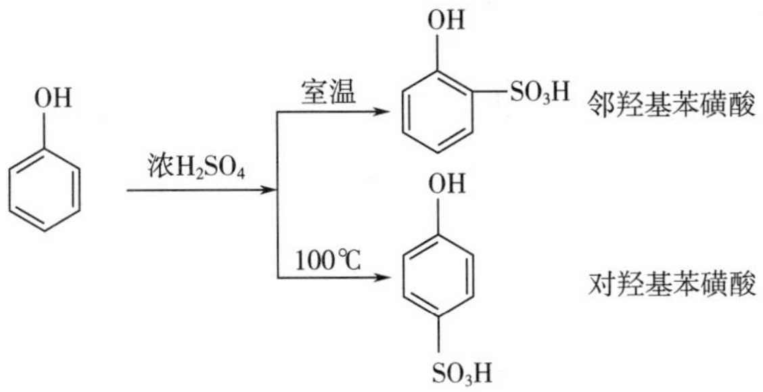

第二节　烟草中的酚类化合物

烟草中的酚类化合物对烟草的生理生化活动、色泽，香吃味和生理强度都起着重要作用。因此它是一类人们比较关心的化学成分，对它的研究越来越多，越来越具体。曾有人提出用烟草的酚类物质含量与蛋白质氨含量的比值作为“芳香值”来判断烟草香吃味的化学指标。

烟草中酚类化合物种类繁多，变化复杂，简单酚及其衍生物的种类较多，但含量极微。多酚类化合物则较为重要。

一、苯酚和苯甲酚

苯酚是一个羟基直接连接在芳香环上的化合物。苯甲酚有邻、间、对三种异构体，其化学结构如下：

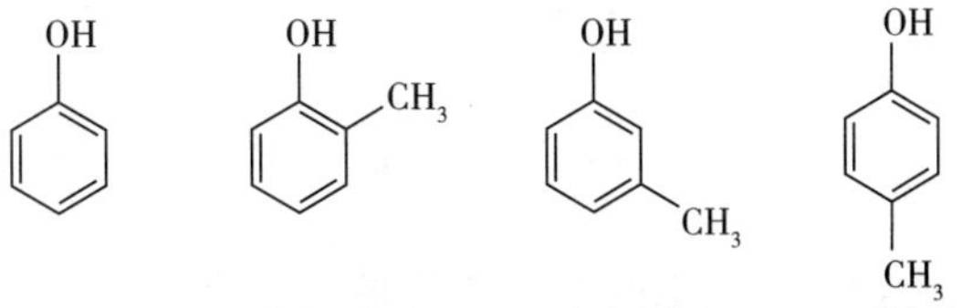

苯酚　　邻甲酚　　间甲酚　　对甲酚

二、苯二酚

苯二酚有邻、间、对三种异构体，另有邻苯二酚的衍生物愈疮木酚、丁子香酚、异丁子香酚等，这些化合物可在酸提取液中蒸馏出来，属于烟草香精油和树脂类物质的成分，对烟草香味有利。苯二酚相关化学结构如下：

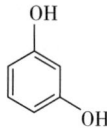

邻苯二酚 （儿茶酚）	间苯二酚 （树脂酚）	对苯二酚

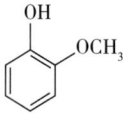 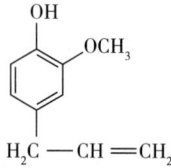 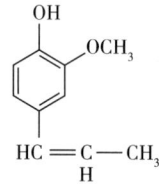

愈创木酚	丁子香酚	异丁子香酚

三、酚酸类

这一类主要是肉桂酸的衍生物，包括香豆酸、咖啡酸、阿魏酸等。其化学结构如下：

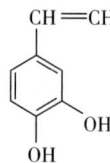 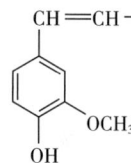

肉桂酸	香豆酸	咖啡酸	阿魏酸

四、羟基化的环己烷类

已经发现烟草中有环己六醇，是单糖的同分异构体。一般认为环己六醇是由单糖转化成多酚的中间产物，环己六醇很容易生成多酚类，如奎尼酸、莽草酸等。其结构式如下：

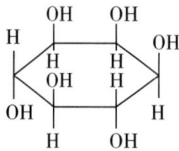 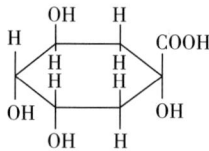 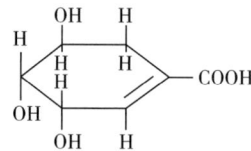

肌-环己六醇 （肌-肌醇）	奎尼酸	莽草酸

五、香豆素类

这一类为香豆素的衍生物，包括七叶亭、莨菪亭、莨菪灵等。其化学结构如下：

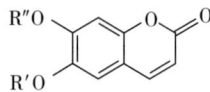

香豆素

七叶亭：R′=H，R″=H
莨菪亭：R′=H，R″=CH₃
莨菪灵：R′=D-葡萄糖，R″=CH₃

六、咖啡单宁类

绿原酸是咖啡酸和奎尼酸的二缩酯，是烟草中唯一的单宁类化合物，也称咖啡单宁，其化学结构如下：

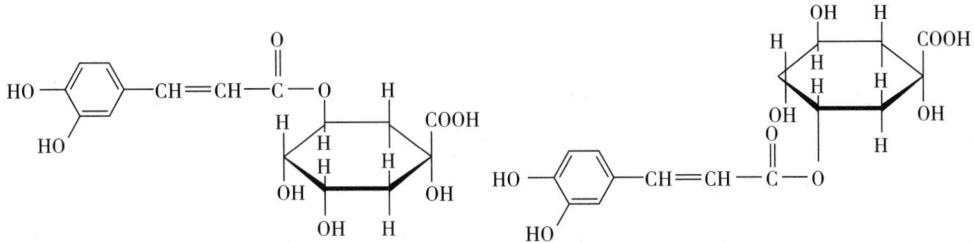

绿原酸（3-O-咖啡基-D-奎尼酸）　　　　　新绿原酸（5-O-咖啡基-D-奎尼酸）

七、黄酮类

烟草中已发现黄酮类化合物包括芸香苷、异栎苷、莰非醇基（4′，5，7-三羟基黄酮醇）-3-芸香糖苷等。这些苷的非糖部分是黄酮类及其衍生物，糖的部分主要有鼠李糖、葡萄糖、芸香糖等。其化学结构如下：

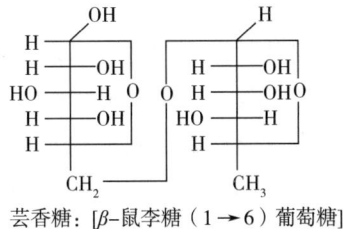

芸香糖：[β-鼠李糖（1→6）葡萄糖]

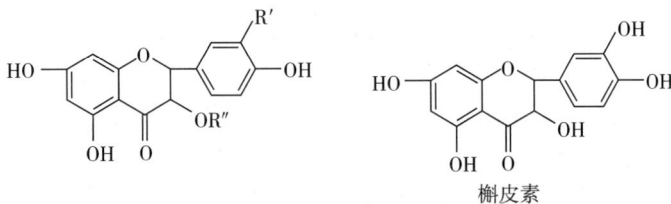

槲皮素

槲皮鼠李苷：R′ =OH，R″=L-鼠李糖
芸香苷（芦丁）：R′ =OH，R″=芸香糖[β-鼠李糖（1→6）葡萄糖]
异栎苷：R′ =OH，R″=D-葡萄糖
莰非醇基-3-芸香糖苷：R′ =H，R″=[β-鼠李糖（1→6）葡萄糖]

第三节　酚类化合物的存在状态及分布特点

一、存在状态

在活体组织中，酚类化合物几乎全部以糖苷和酯的状态存在于液泡中。在花组织中，花色苷是花具有鲜艳颜色的原因，但花色苷不稳定，花色苷可能通过氢键和疏水键与黄酮类连

接成复合色素的松散复合物，使花色苷稳定性提高。

莨菪亭、奎尼酸、咖啡酸是游离的。黄酮类化合物（如芸香苷）在烟叶干燥期间，被氧化作用转化为微溶棕色素，多酚变成黑色素是以多酚与蛋白质和铁的结合存在的，绿原酸与蛋白质的结合是通过赖氨酸以共价键连接的。

二、分布特点

大量研究表明，烟叶酚类化合物含量随品种、栽培、部位、调制等不同有很大变化，同时又是多种因素作用的结果。烟叶中简单酚的含量极微，绿原酸、芸香苷和莨菪亭是烟草中相对丰富的多酚，其中绿原酸占总多酚的75%~90%。

不同来源的烟草样品中多酚总含量的变化范围较宽。在最近的一项研究中，Snook 等人分析了现有全部的烟草属和另外几个试验种烟草叶片样品的多酚类含量从 *N. Cordifolia* 的 0.4% 至 *N. tomentosiformis* 的 6.04%，总咖啡奎尼酸含量从 0.2%（*N. attenuate*）到 5.4%（*N. tomentosiformis*）。虽然所有的种都产生绿原酸（3-*O*-咖啡奎尼酸），但却观察到了 3-位、4-位和 5-位异构体的令人感兴趣的分布情况。芸香苷和莰非醇基-3-芸香糖苷的变化范围分别为 0.005%~1.6% 和 0.005~0.16%。有几个种，包括 *N. linearis*，*N. setchellii* 和 *N. noctiflora* 含有大量的栎苷和莰非醇-3-槐二糖苷-7-单葡萄糖苷。

（一）不同烟草类型酚类化合物含量不同

烟草中多酚类化合物含量变化范围：烤烟 3.58%~4.25%、晾烟 0.029%~0.52%、白肋烟 1.13%~1.75%，且由于白肋烟属于晒烟，所以说烤烟中多酚含量高于晒烟和晾烟。等级较好的烟叶中绿原酸和芸香苷的百分含量较高。每克烤烟可积累 70 mg 的多酚而晾烟则每克仅含 0~5 mg。多酚物质在晾制过程中的消失，揭示了在烤制过程中的热量可使氧化酶类失活。烤烟中含有 3% 或更多的绿原酸，1% 的芸香苷和少量的莨菪亭。曾经发现 *N. glauca* 中的芸香苷浓度特别高（2%）。异栎苷是烟草中发现的另一个黄酮类物质。

（二）不同部位烟叶酚类物质含量不同

烟叶酚类物质从烟株下部到中部显著增加，到达上部达到最大值，但中部和上部叶酚类物质含量差别不大（表7-1）。

表7-1 烤烟不同部位烟叶酚类物质含量比较（%）

部位	下部	中部	上部
酚类含量	3.15	4.11	4.22

（三）一片叶的不同部位，酚类物质含量不同

就一片烟叶来说，酚类物质分布也有明显差异，晾烟从烟叶尖部到叶基部绿原酸水平逐渐降低，尖部的含量几乎是基部的 2 倍，而尖端也是开始变褐最早的部位。这表明烟叶叶片尖端到基部的绿原酸的变化梯度与烟叶晾制过程中颜色的变化梯度一致，因为绿原酸与褐变有关。

（四）烟叶颜色不同，酚类物质含量不同

颜色是影响多酚含量最重要的因素。叶片颜色越深，绿原酸、芸香苷的含量越低，而

莨菪亭的含量越高，这说明中、下部叶颜色从柠檬黄到橘黄，上部叶从柠檬黄到橘黄，再到红棕，是因为在烟叶烘烤过程中，部分酚类物质参与了多酚氧化酶介导的酶促棕色化反应，被氧化生成淡红色至黑褐色的醌类物质，从而导致绿原酸和芸香苷含量的降低和叶色加深。

（五）烟叶等级不同，酚类物质含量不同

等级好的烟叶中绿原酸和芸香苷含量较高。各等级烟叶的绿原酸含量为 0.53%~2.87%，莨菪亭 0.012%~0.165%，芸香苷 0.43%~1.34%，3 种多酚总量 1.15%~4.24%。芸香苷和莰非醇基-3-芸香糖苷的变化范围分别为 0.005%~1.6% 和 0.005~0.16%。

（六）叶片结构不同，酚类物质含量不同

叶片结构越紧密，绿原酸和芸香苷的含量越高。莨菪亭含量随叶片结构的变化有一拐点，开始随疏密度增加而升高，当叶片结构变得紧密时其含量又开始降低。当烟叶厚度中等时，绿原酸的含量最高，莨菪亭的含量随叶片厚度增加明显升高，芸香苷变化不明显。这说明只要在外观上能判断出叶片的结构和身份，就能在一定程度上推断其酚类物质含量的高低，从而为了解烟叶内在品质的特点提供依据。

（七）不同矿质营养，酚类物质含量不同

随氮用量的增加，绿原酸、芸香苷、莨菪亭、莨菪苷的总和也增加。不同形态的氮素对烟叶酚类物质含量也有影响，高硝态氮溶液中生长的烟株比在高铵态溶液中生长的烟株酚类物质含量高。同一生理期的烟草叶片，莨菪亭的增加与烟草叶片中氯化物的增加有关。缺硼会使烟株的莨菪亭积累，可能是硼抑制了儿茶酚氧化酶活性。

（八）不同成熟度的烟叶，其多酚类物质含量有明显差异

各部位烟叶酚类物质含量均随成熟度的增加而增加，达到某一最大值后又表现下降趋势。由表（7-2）看出，上部叶达到成熟度 4 级、中部叶 3~4 级、下部叶 2~3 级时达到最大值，此时也是各部位叶的适宜采收期。

表 7-2 不同成熟度烟叶烤后叶中多酚含量

品种	部位	成熟度（%）					
		0	1	2	3	4	5
NC89	上	1.23	1.74	2.51	2.88	3.01	2.94
	中	1.31	1.76	2.54	2.92	2.89	2.85
	下	1.09	1.42	1.56	1.58	1.56	—
GI40	上	1.20	1.25	1.57	1.61	1.77	1.73
	中	1.23	1.39	1.59	1.80	1.80	1.75
	下	1.06	1.21	1.35	1.38	1.34	—

（九）生长调节物质用量不同，酚类物质含量不同

植物生长调节剂对多酚含量有很大影响。2，4-D（2，4-二氯苯氧乙酸，既可作除草剂，又可作植物生长调节剂）高浓度的 2，4-D 平行地抑制 PAL（苯丙氨酸解氨酶，是酚类物质合成的关键调控酶）和总酚量。萘乙酸（NAA）能明显地减少烟草组织培养物中的 PAL，顺

丁烯二酰肼（MH）能促使烟草莨菪灵和莨菪亭含量升高。关于其他生长调节剂对烟草中多酚含量的影响报道甚少，而关于这些植物生长调节剂的作用浓度、作用时期及作用机制基本没有报道，有待于进一步深入系统的研究。

（十）随海拔高度增高，烟叶中酚类化合物增加

光是控制植物生长和发育的重要外界环境因素之一，光周期对烟草不同器官内多酚类化合物的积累有重要作用，光照能诱导烟草体内酚类化合物合成代谢水平的上升。研究表明，海拔越高，多酚总量、绿原酸、芸香苷含量越高。

（十一）烤烟烘烤期间，酚类物质的变化

正常烘烤工艺条件下由于酚糖苷的特解作用和酶促分解，酚类物质含量明显增加。如果烘烤过程发生棕色化反应，随烟叶褐变酚类物质减少。

（十二）温度

烟草中绿原酸和莨菪灵含量的变化与烟株的受寒温度有关。研究表明，受过骤寒的烟株与对照烟株相比，除了根部以外，其他部位的绿原酸浓度增加了 4~5 倍，而且新绿原酸、芸香苷和莨菪灵含量增加。

第四节　酚类物质对烟质的影响

一、生物合成路线

高等植物中导致酚类物质生物合成的主要路线是芳香族氨基酸通过反-肉桂酸和对-香豆酸的脱氨作用，这是一个已被普遍接受的概念。植物中芳香族氨基酸的形成路线与这些氨基酸在微生物中的合成路线即使不完全相同，也是很相似的。这一路线在烟草植株中是可以运行的，因为关键化合物如莽原酸和奎尼酸已从烟草中检出。苯丙氨酸是烟草植株中咖啡酸很好的前体，在烟草中许多咖啡酸是结合在绿原酸中的。给烟叶圆片提供 ^{14}C 标记的肉桂酸、对-香豆酸、咖啡酸、对-香豆基奎尼酸、肉桂酸和对-香豆酸的 1-葡萄糖酯时，除了咖啡酸以外，其他所有物质在 40 h 内都有相当一部分的放射活性进入绿原酸分子中。尤其对-香豆酸是绿原酸的很好的前体。虽然肉桂酸在转换成香豆基奎尼酸时比香豆酸要多，但是对-香豆酸比肉桂酸转化成绿原酸的要多一些。从咖啡酸合成绿原酸包括所提供的咖啡酸的分解和再合成过程，导致结合的放射活性进入到咖啡酸部分的其他位置以及奎尼酸部分上。另外，肉桂酸和对-香豆酸可基本上完整地进入香豆基奎尼酸和绿原酸中。

在另一项研究中，^{14}C 标记的阿魏酸快速地被叶组织所代谢，形成它的葡萄糖苷和葡萄糖酯，以及香豆素葡萄糖苷和莨菪灵。给烟叶提供 ^{14}C 标记的阿魏酸时，有 50% 的活性转入水溶性化合物中，阿魏基葡萄糖和阿魏酸葡萄糖苷的一个酯很快形成，前者进一步结合进入纤维素，而后者则引起莨菪灵的增加。

从苯丙氨酸、苯丙酮酸、苯基乳酸到肉桂酸、香豆酸和绿原酸的顺序，被认为是烟草中生物合成的途径，如图 7-1 所示。另外一项关于香豆素的生物合成的研究中，使用了烟草组

织培养物和 U-^{14}C-苯丙氨酸、2-^{14}C-肉桂酸、2-^{14}C-葡萄糖基阿魏酸和甲基-^{14}C-蛋氨酸，经过短期的喂养研究，生物合成的动力学特性得到了证实，主要路线如图 7-2 所示，其顺序从苯丙氨酸、肉桂酸、对-香豆酸、咖啡酸、阿魏酸，最后到莨菪亭和莨菪灵。

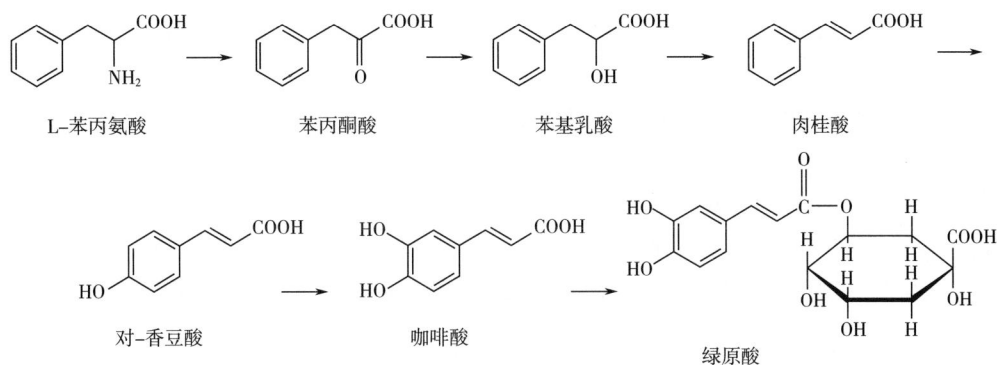

图 7-1　烟草中绿原酸生物合成的假设途径

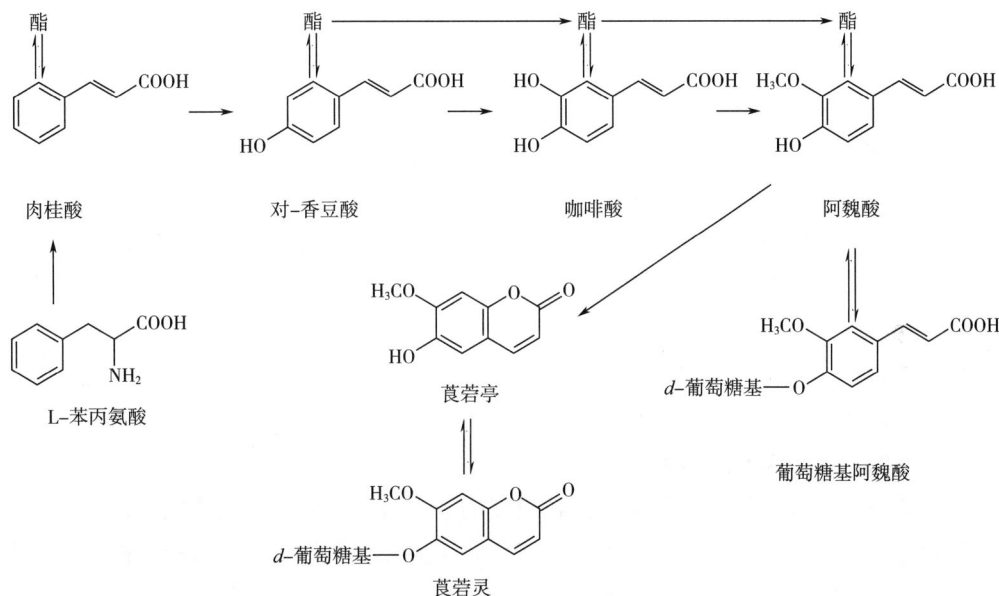

图 7-2　烟草组织培养中莨菪亭合成的假设途径

二、酚类物质的代谢、调节和积累

　　烟草中酚类物质的含量是生物合成机制的结果，其合成和转化可能彼此独立地加以调节。酚类物质的合成主要是在细胞质内，特别是在质体内进行，最后运输并存在于液泡中。叶片内的合成为主，茎和根中的合成量仅占总量的四分之一。在细胞液中，酚类物质的氧化和还原平衡地进行，某些组分可能是氧化后不能还原由呼吸作用而排除，某些组分可能是进一步聚合为复杂物质，成为棕色色素和木质素而沉积在细胞壁中。

酚类物质的积累是随着烟草生长量的增加而逐渐增加的，其积累场所大多在叶片中，小部分在茎和根中。已知有许多因素可能影响酚类物质的积累和最终含量，如烟草类型、烟叶着生部位、成熟度、光照、温度、营养和调制方法等。

各种类型烟草中酚类物质含量和组成上的差异反映了遗传因素、栽培和调制综合作用的结果，一般在烤烟和香料烟中含量较高，为 3.58% ~ 4.25%，白肋烟的酚类物质含量为 1.13% ~ 1.75%。

多酚含量随烟叶成熟度的增加而增加。绿原酸、芸香苷和莨菪灵随烟叶着生部位的升高而增加，顶叶达最大值。有人曾经测定 4 个烤烟品种不同部位叶片的多酚含量，发现其含量随烟叶部位的不同而差异显著，下部、中部和顶部烟叶的多酚含量分别为 3.15%、4.11% 和 4.22%。就一片烟叶来说，多酚的分布也有明显的规律性，从叶尖到叶基绿原酸水平逐渐降低，叶尖的含量一般为叶基的 2 倍。烟叶在调制过程中叶尖最早开始变褐可能与绿原酸含量高有直接关系，因为绿原酸可氧化变褐。

三、多酚类化合物的生理功能

烟草中，酚类化合物及其衍生物不仅是代谢产物，而且有些成分积极参与烟草植株的代谢活动并有着重要的生理意义，涉及烟株的生长发育、抗病虫害、抗寒及其他生理逆境。

（一）生长调节作用

烟草幼苗根系和茎叶中多酚含量的高低直接反映着幼苗的壮、弱。随着烟叶的成熟，烟叶中的多酚含量升高，到烟叶达到生理成熟后多酚积累开始下降，因而可以认为，烟叶中多酚积累达到最大值时表明烟叶已经成熟。烟草能够通过产生多酚来适应不利的环境变化。在烟草生长发育期，如果遇到寒冷的天气，烟株体内会增加多酚积累来抵抗低温的影响，从而减少低温对烟草生长产生的不利影响。

（二）抗病毒作用

含有单宁的 11 种植物对烟草花叶病毒有着很强的抑制性。绿原酸是已被证明的抑制烟草花叶病毒侵染的第 1 种酚，而且这种对烟草花叶病毒的抑制作用取决于单宁酸的作用浓度和时间，若去除单宁酸，病毒的活性恢复。

经病毒感染的烟草花色苷含量增加，高浓度的花色苷可以使烟草抵抗烟草花叶病毒。因此应用多酚防治烟草花叶病是一个有效的措施，但是多酚对烟草花叶病的作用机制未见报道。

（三）增强抗逆性

烟株内产生的酚类化合物可能是抵抗不利环境因素的一种方式，当烟株处于不良环境时，体内调控酚类化合物生物合成的酶活性升高，酚类化合物的积累增加。

普通烟草和粘毛烟草植株受到番茄斑点枯萎病毒侵染时，在坏死的组织周围就会有酚类化合物的积累。烟株体内积累的莨菪灵和莨菪亭可能是烟株对细菌、霉菌以及化学和机械损伤不利因素的一种反应。

四、在调制过程中的变化

在烟草中，酚类物质大部分呈多酚状态存在，而且多酚是以糖苷和酯的形式存在。在活体植株中酚类化合物含量较高，经过调制特别是晾制其含量将大大减少，如在晾制后的白肋烟中多酚含量就比烤烟中低，其原因是在较长时间的调制过程中酚类物质被破坏了。

鲜烟叶中的酚类化合物处在氧化与还原平衡状态，这种平衡是在烟草体内酶系统的催化下维持的。酚类可以被氧化为醌类，醌类可以被还原为酚类，酚与醌的氧化还原反应是可逆的，可以迅速而定量地进行，并且受着环境中 pH 值的制约。这种酚与醌的氧化还原体系在烟草生理生化过程中有着重要意义。

纯粹的酚类是无色固体。醌类是有显著颜色的晶体，对醌大部分是黄色，邻醌大部分是红色或橘红色，醌的聚合物为棕褐色乃至黑色。

在调制过程中烟叶逐渐丧失生命活力，细胞膜系统被破坏，氧气自由出入叶组织，还原酶失去生物活性，氧化酶继续存在，打破了氧化还原平衡，酚类氧化为醌类而不能再还原为酚类，所以醌类的颜色就在烟叶上表现出来，使烟叶颜色逐渐加深，变为红色、棕色以至棕褐色。这就是烟叶在调制过程中发生棕色化反应的原因之一。

由于烟叶中的酚类物质不仅存在于鲜烟叶中，而且也存在于干烟叶中。所以酚类的氧化不但在调制过程中进行，而且在贮存、发酵、陈化、加工等过程中仍然可继续缓慢地进行。因此，烟叶的颜色还会不断加深。

烟叶中以糖苷形式存在的多酚物质组成很复杂，是烟叶色素和树脂的成分。它是多酚和糖类结合的产物，比组成它的多酚和糖类更易溶于水，因此总是以液体状态存于细胞液中，常被称为水溶性色素或细胞液色素。多酚的糖苷类物质大都很不稳定，易于水解消失，在烟叶成熟和调制过程中发生强烈水解，所以它只是鲜烟叶中的一类物质，在干烟叶中几乎不存在或很少存在。

多酚的苷类物质水解产生的"苷元"（花色素），往往有令人快慰的气味，但是它易被多酚氧化酶所氧化，氧化产物包括醌类、双酮、不饱和醛等羰基化合物。这些羰基化合物可自行褐变，也可与蛋白质和氨基酸反应而褐变，后者褐变显著加快。

多酚氧化酶包括酪氨酸酶、儿茶酚氧化酶、过氧化物酶似的铁紫质酶、漆酶似的铜酶等，在氧的存在下，酪氨酸、儿茶酚、儿茶酸、花色素、绿原酸等单酚和多酚，均能被氧化，氧化后聚合形成结构极其复杂的褐色物质，使烟叶的颜色加深，这叫作酶催化下的棕色化反应。

烤烟在烘烤期间，酚类物质的变化十分剧烈，由于酚糖苷的热解作用和酶促分解，酚类物质含量明显增加。P. Chotinuchi 等（1983）对烘烤过程中绿原酸和芸香苷的测定结果表明，在烘烤的变黄期和定色期二者含量显著增大，定色期后含量比较稳定，甚至表现出减少趋势。烘烤期间二者的含量增加了 40%。烘烤时烟叶发生了棕色化反应之后，随烟叶褐变，多酚类物质在很短的时间内就会减少 85%。

晾晒烟中多酚类物质含量在调制期间有明显减少；香料烟在田间栽培期间先积累酚类，在变老期间和调制期间迅速降低。

成熟的烟叶中仍含有相当多的酚类物质，它是烟叶进行棕色化反应的物质基础。晾制过程中烟叶普遍进行棕色化反应，烤制过程中若温度、湿度不当烟叶也会褐变。变褐后的烟叶酚类物质的含量减少 85% 左右。多酚氧化酶的活性在温度达到 40~50℃ 时被活化，调制过程中烟叶棕色化反应显然是多酚氧化酶氧化多酚物质的结果，有人指出产生棕色化反应的主要因素是绿原酸和蛋白质，而且蛋白质本身就可能是多酚氧化酶。有研究指出褐变色素在鲜烟叶中较少，在晾制过程中成倍增加，而且随调制时间的延长酚的水平下降，褐色素增加，烟叶颜色逐渐加深。如果烟叶水分过大，温度过高，则多酚氧化酶的活性升高，烟叶褐变加快。在烘烤过程中已变黄的烟叶在高温（57℃）、高湿环境中6分钟就会完全变褐。因此。在烤烟时要注意多酚氧化酶的活性，特别是变黄末期，要避免高温和高湿同时出现，在相对湿度没有降到40%~50%之前温度不能超过54℃，以防止烟叶中存在的多酚类物质被氧化成褐色素而发生棕色化反应。

五、对烟质的影响

烤烟以金黄色和橘黄色较好，白肋烟以红黄和近红黄色较好，其他类型的烟叶对颜色也有相应的要求，且均为不同程度的黄色。如前所述，酚类物质对烟质的影响最显著的是对烟叶颜色的影响。在调制过程中由于多酚类物质的过度氧化而使烟叶发生棕色化反应，产生过深的颜色或不同程度的杂色，不仅影响烟叶的外观质量，而且内部化学成分也大都消耗过度，有利成分的减少，比例不协调，内在质量一般也较差。

与对烟叶颜色的影响相反，一般认为酚类物质对烟草吃味和香气有好的影响。多酚类物质在烟草燃吸时产生酸性反应，能中和部分碱性，使吃味醇和。多酚类不但本身有令人愉快的香气，而且在燃吸时由于干馏、氧化、裂解等反应，产生各种各样芳香气味的成分。因此，多酚类被认为是产生烟草香气的主要成分之一。在实际中也发现，多酚类物质含量与烟叶等级相一致，高等级烟叶多酚含量高，低等烟叶多酚含量低。卷烟也是如此，即多酚含量高低与卷烟等级也相一致。表7-3为上海卷烟厂从不同等级卷烟烟丝水浸出液得到的多酚含量，特等卷烟中多酚含量最高，为5.29%，三等卷烟为2.34%。

表7-3 不同等级卷烟的多酚含量（%）

卷烟等级	特等	特等	一等一级	二等一级	二等二级	三级
多酚含量	5.29	5.15	4.33	3.03	2.52	2.34

烟叶中含有少量的简单酚和酚醛、酚酮以及酚酸（如儿茶酚、甲基酚、羟基苯丙酸等）。由于其挥发性强，在烟支燃吸期间，这些化合物通过蒸发等途径直接进入烟气，对烟气香味产生直接影响，有些具有特定的香气，有些则使烟气增加奇异的味道，且不易被其他致香剂掩盖减轻。表7-4列举了一些酚类化合物对烟气香味的影响，被描述为甜味、药味及涩口均与甲苯酚和酚有关系，取代酚类被描述为甜味、香草味、焦糖和药味，在烟草中常常由于酚类的作用产生香味描述为辛辣和胡椒味。另外，烟气中的一些简单酚如儿茶酚和氢醌是由糖类如纤维素热解产生的。

表7-4 一些酚类对烟气香味的影响

酚类化合物	烟气吸味	烟气香味
对甲基苯酚	酚醛味、涩味	涩味
2,6-二甲基苯酚	甜、增浓	甜
4-乙基愈创木酚	甜、温和的、增浓	
丁子香酚	芳香，沉闷的	芳香、沉闷的

酚类化合物	烟气吸味	烟气香味
苯酚	甜，药物灼烧感	甜、药物气味
2，3，4-三甲苯酚	增浓感，酚醛味	
2，3，6-三甲苯酚	涩味，酚醛味	
绿原酸	弱，青味	

Snook 和 Chortyk（1982）用高效液相色谱法测定了烤烟、马里兰烟和白肋烟烟叶中多酚类的含量（表7-5），可以看出烤烟中多酚类物质的含量比白肋烟、马里兰烟高得多。

表7-5　不同类型的烟叶中多酚类物质的含量（%）

化合物	白肋烟			马里兰烟	烤烟	
	A	B	C		NC95	NC2326
新绿原酸	—	0.0063	—	—	0.190	0.16
绿原酸	0.0018	0.0180	0.0004	—	1.920	1.12
4-邻-咖啡基喹啉酸	—	0.0120	—	—	0.290	0.20
莨菪灵	—	0.0200	0.0011	—	0.086	0.073
莨菪亭	0.0029	0.0070	0.0022	0.0071	0.020	0.019
芸香苷	0.0110	0.0890	0.0410	0.0200	0.610	0.380
莰非醇-3-鼠李糖苷	0.0037	0.0270	0.0270	0.0130	0.091	0.058
总计	0.0194	0.1790	0.0717	0.0401	3.207	2.010

多酚化合物挥发性低，燃吸过程中直接进入烟气的很少，多分解为二元酚类和糠醛衍生物。它们参与调制期间所发生的一些重要反应，使调制产物和香气的复杂性增加，烟气的平衡性和协调性得到改善。在燃吸期间（600℃以上），芸香苷、槲皮苷、绿原酸热裂解产生一些挥发性较强的物质，表7-6列出了一些多酚热解产物，其中许多对烟气香味有直接影响。

表7-6　烟草中主要多酚的热解产物

产物	多酚		
	芸香苷	槲皮苷	绿原酸
苯甲酸			+
邻苯二酚	+	+	+
4-乙基儿茶酚			+
糠醛			+
5-羟甲基糠醛	+		
4-甲基儿茶酚	+	+	+
5-甲基糠醛	+		

续表

产物	多酚		
	芸香苷	槲皮苷	绿原酸
均苯三酚		+	
鸡纳酸 γ-内酯			+
间苯二酚（雷锁酚）	+	+	

为了测定烟叶成分对特定酚类物质的作用，以模拟卷烟烟气形成的方式对烤烟的各个组分进行热解。个别烟气酚类物质显然是来自于特定烟叶成分或组分。甲酚和二甲酚可归因于纤维素的热解。木质素除了对烟气中儿茶酚总量有影响外，还是愈创木酚和丁子香酚的主要来源。儿茶酚和氢醌类大部分来自绿原酸和其他烟叶多酚。

不同栽培品种的烟叶在设计的模拟卷烟烟气形成的条件下热解时，显示出了烟叶多酚含量和裂解产物儿茶酚之间的相关性，烤烟栽培品种所含多酚的量明显高于在同等条件下调制的白肋烟栽培种，而且相应地产生较多的热解儿茶酚。绿原酸通常是烟叶中存在最多的多酚，产生最多的热解转化物（儿茶酚和4-乙基儿茶酚）。黄酮类物质产生的儿茶酚和4-烷基儿茶酚要少一些。聚合酚类和烟叶组分，如木质素产生显著量的儿茶酚。儿茶酚是一种活性高的辅助致癌物质，又是烟气中含量最多的酚，可见产生致癌物质的量与烟叶中多酚类的水平有很大关系，从这个角度讲，烟叶中酚类化合物是影响烟草安全性的因素之一。

思考题

①酚类物质有哪些化学性质？
②烟草中含有哪些主要的多酚？
③简述烟叶在调制过程中多酚类物质与棕色化反应的关系。
④简述酚类物质对烟质的影响。

第八章　烟草色素

植物色素包括质体色素（存在于细胞内质体中）和细胞液色素（溶解在细胞液中）。烟草在田间成长时呈现不同程度的绿色，经调制后烟叶显现不同程度的黄色，如淡黄色、正黄色、金黄色、深黄色、红黄色、棕黄色等。烟叶的颜色是各种呈色物质（色素）的外观反映。各种烟草色素不仅与烟草生长发育过程中生理活动有着密切的关系，而且对调制后烟叶的外观质量和内在质量也有着重要的影响。不同类型烟草及调制品其质量特点和风格不同，对烟叶的颜色要求也不同。因此，了解烟草有哪些色素、各色素的性质以及这些色素在烟草生长期间和加工过程中的变化规律，可以指导人们如何在加工过程中使烟叶保持好的色泽和防止颜色变坏。了解这些问题对于研究烟草及其制品的质量有重要意义。

有关烟草色素研究已有大量报道，根据不同色素的颜色、性质及对烟草品质的影响，一般把烟草中色素分为 3 大类，即烟草绿色素、烟草黄色素和烟草黑色素。

烟草色素的总量和组成随烟草类型、品种、生长阶段、加工处理方法的不同而不同，新鲜烟叶中的色素主要有叶绿素 a、叶绿素 b、β-胡萝卜素、叶黄素、新黄质和紫黄质。一般说来，新鲜烟叶中的叶绿素变化范围为 0.5%~4%，其中叶绿素 a 约占 70%，叶绿素 b 约占 30%。成熟烟叶中黄色色素总量为叶绿素含量的 1/5~1/3。烤烟型烟叶的胡萝卜素是由 68% 的 β-胡萝卜素和 32% 的新-β-胡萝卜素所组成的混合物，而叶黄素的构成为 60% 的叶黄素 22% 新黄质和 18% 的紫黄质。

在烟叶成熟特别是在调制过程中，有色多酚和无色多酚发生酶促棕色化反应生成的多酚类转化物及发酵过程中发生的美拉德反应产物（类黑素）从而产生黑色色素。多数烟草黑色素显色为深棕色，往往随色素含量的增加而加深接近黑色，所以统称为黑色素。

第一节　烟草绿色素

烟草绿色素主要是叶绿素，是叶绿体中的质体色素，存在烟草中的叶和绿色茎中。它参与光合作用，使太阳能转化为化学能贮存在形成的有机化合物中，对烟草的生理生化和生长发育起着重要作用。叶绿素在烟草成熟和烟叶调制过程中大量降解消失，在干烟叶中是一种不利的化学成分，一般带有青杂气味，在烟叶分级中是被严格控制的指标之一。

一、叶绿素的结构

叶绿素的结构式如下：

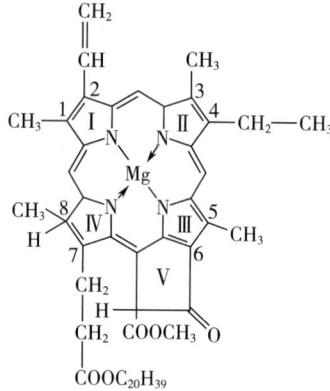

—$C_{20}H_{39}$ 为叶绿醇的碳氢链，表示如下：

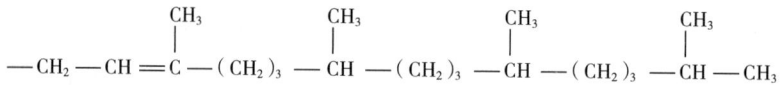

叶绿素是含氮杂环化合物，包括叶绿素 a 和叶绿素 b。叶绿素 a 的分子式如下所示：

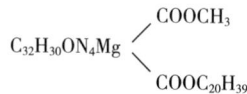

$$C_{32}H_{30}ON_4Mg \begin{cases} COOCH_3 \\ COOC_{20}H_{39} \end{cases}$$

叶绿素分子中含有一个卟吩环的基本结构，是由四个吡咯环的 α-碳原子通过次甲基（甲烯基，$=CH—$）相连而成。卟吩环呈平面型，在 4 个吡咯环中间的间隙里以共价键和配位键与镁原子结合。取代卟吩叫作卟啉化合物。血红素和细胞色素也都有卟吩环的基本结构，但取代基不同，中间络合的原子为铁。

卟吩环是一个闭合共轭体系，这是叶绿素显色的结构基础。在卟吩环上的 4 个吡咯环的 β 位上还存在着不同的取代基，对叶绿素 a 来说，1、3、5、8 位上各连接一个甲基，2 位上连接一个乙烯基，4 位上连接一个乙基，7 位上连接的是一个与叶绿醇结合成酯的丙酸基。叶绿素 b 不同于叶绿素 a 的地方在于 3 位上是一个醛基。叶绿素分子中除了环 I、II、III、IV 外，还存在着一个环 V，环 V 上的一个碳原子上连接着一个以羰基形式存在的氧原子，另一个碳原子上连接着一个以甲酯形式存在的羧基。

二、叶绿素的性质

叶绿素 a 和叶绿素 b 都不溶于水，而溶于乙醇、乙醚、丙酮、氯仿、苯等有机溶剂中，有荧光现象，对光有选择吸收。纯粹的叶绿素 a 是蓝黑色固体粉末，它在乙醇溶液中呈蓝绿色，并有深红色荧光；叶绿素 b 是暗绿色固体粉末，它在乙醇溶液中呈黄绿色，并有红色荧光。叶绿素分子存在于叶绿体中，分子的一端与亲水性的蛋白质分子相结合，另一端分子可与脂类化合物分子相结合。当细胞死亡之后叶绿素即游离出来，游离叶绿素很不稳定，对光和热都较敏感。

在碱的作用下，叶绿素的酯键发生水解，生成叶绿醇、甲醇和叶绿原素盐。叶绿原素盐为水溶性，鲜绿色，比较稳定：

$$\underset{\text{叶绿素a}}{C_{55}H_{72}O_5N_4Mg} + 2KOH \longrightarrow \underset{\text{甲醇}}{CH_3OH} + \underset{\text{叶绿醇}}{C_{20}H_{39}OH} + \underset{\text{叶绿原素钾盐}}{C_{34}H_{30}O_5N_4MgK_2}$$

叶绿素在叶绿素分解酶作用下降解为甲醇、叶绿醇和叶绿酸：

$$C_{55}H_{72}O_5N_4Mg+2KOH \xrightarrow{\text{叶绿素分界酶}} CH_3OH+C_{20}H_{39}OH+C_{34}H_{32}O_5N_4Mg$$
$$\text{叶绿素a} \qquad\qquad\qquad \text{甲醇} \quad\quad \text{叶绿醇} \qquad\quad \text{叶绿酸}$$

用酸谨慎处理叶绿素，镁被氢取代，而叶绿素其他部分不受破坏，所得产物叫去镁叶绿素，去镁叶绿素不显绿色：

$$C_{55}H_{72}O_5N_4Mg+2HCl \longrightarrow C_{55}H_{74}O_5N_4Mg+MgCl_2$$
$$\text{叶绿素a} \qquad\qquad\qquad \text{去镁叶绿素a}$$

去镁叶绿素再与铜离子等结合而重新呈现绿色，而且比原绿色较稳定。在制作植物标本时，为了保持绿色，常进行这样的处理，可以长期保存。

三、叶绿素的存在状态

叶绿素主要与蛋白质、脂类相结合以复合体的形式存在于叶绿体中，极性的卟啉头和蛋白质结合，非极性的叶绿醇尾巴和脂类结合。在所有的光合生物中，叶绿素分子都是和特定的蛋白质非共价的结合形成叶绿素蛋白复合物。

四、叶绿素对烟质的影响

叶绿素的形成取决于光诱导、养分的供应及叶片的着生部位。甘氨酸和琥珀酸盐，这两种可能的叶绿素前体似乎刺激叶绿素的形成。一般来说，老叶形成的叶绿素要比幼叶少。

烟叶中的叶绿素在代谢过程中一边合成，一边分解，不断地更新。鲜烟叶中不但存在着叶绿素合成酶，而且还存在着叶绿素分解酶，叶绿素分解酶可将叶绿素分解为甲醇、叶绿素酸，进而降解消失。在环境条件不适合时或在烟叶成熟衰老过程中，叶绿素的合成能力降低，而分解过程继续。随着叶绿素的不断分解，表现为绿色逐渐褪去，烟叶逐渐变黄，环境条件不适的变黄称为"假熟"，正常成熟时的变黄称为"落黄"。

在烤烟中，叶绿素伴随着个别叶片的衰老而降解，而成熟的白肋烟从顶部至底部叶绿素浓度是逐渐下降的。离体的未成熟烟叶比起成熟烟叶或衰老烟叶，在44 h诱发凋萎期间，其叶绿素对降解有较大的抵抗性。未离体烟叶随着长大和成熟，胡萝卜素含量显著增加，而叶绿素含量则随叶龄下降。衰老烟叶所含的过氧化酶活性、过氧化物和总酚含量都比幼叶要高，酚-过氧化酶-过氧化物系统加速了叶绿体膜结构的衰退，结果导致叶绿素降解。

烟叶在接近衰老时，随着总叶绿素的减少，除生物碱以外的所有含氮组分、水溶性酚性组分、灰分均随叶绿素的减少而减少，总糖含量是增加的，而氯含量下降。但是，当叶绿素的量降至 2 mg/g 水平时，总糖稍有减少，氯含量稍有增加。

烟叶在调制过程中，绝大部分降解消失。由于叶绿素是与蛋白质、脂类相结合以复合体的形式存在，那么当叶绿素降解的同时，蛋白质也降解。因为鲜烟叶中与叶绿素结合的蛋白质占蛋白质总量的50%左右，所以当叶绿素绝大部分被分解，烟叶显现黄色的时候，蛋白质也得到了充分的降解。淀粉的转化、分解也已达到了充分的程度，烟叶内部可自行调节的生化过程即将结束。当这些物质变化达到了理想程度时，即可结束变黄，把烟叶烤干，将有利于品质的颜色和内部化化学成分固定。如果不能及时烤干，烟叶内部的生化变化过程转变为细胞自溶自解过程，细胞解体，多酚氧化酶释放，氧气自由进入叶组织，多酚被氧化，可能会烤出黑糟烟，产生深色物质，使烟叶颜色加深，内部化学成分也向着不利于品质的方向发展。如果叶绿素没有充分降解就把烟叶烤干，就会烤出不同程度的"青黄烟"，"青黄烟"不但产生青杂气，而且由于糖类和含氮化合物没有充分降解，各种内在质量都较差。所以"青黄烟"的使用价值较低，且随着含青度的增加价值越来越低。正常调制出的原烟，会残存微量叶绿素，全部属于叶绿素 a，一般含量为 $0.01\% \sim 0.1\%$，这需要在发酵和陈化过程中促使其逐步降解，它也是发酵过程重点降解的成分之一。

第二节　烟草黄色素

烟草黄色素主要是类胡萝卜素，它们也是叶绿体中的质体色素。类胡萝卜素广泛分布于生物界，已知品种达 300 种以上，颜色从黄、橙、红以至紫色都有，不溶于水，溶于脂肪溶剂，属于脂溶性色素。

一、类胡萝卜素的结构

类胡萝卜素是以异戊二烯残基为单元组成的一类色素，是萜类化合物。这类化合物的基本结构都是一个较长的共轭体系，都属于多烯色素。类胡萝卜素是分子中含 8 个异戊二烯单位的四萜化合物，分子中间的 4 个异戊二烯单位为尾首相连，尾尾相连和首尾相连。这是各种类胡萝卜素的共同部分，分子两端各连 2 个异戊二烯单位，或 2 个开链接构，或 1 个开链接构和 1 个环状结构，或 2 个环状结构。

根据类胡萝卜素的化学结构中是否含有环状结构及环的多少，可分为双环化合物，如 α-胡萝卜素和 β-胡萝卜素；单环化合物，如 γ-胡萝卜素；无环化合物，如番茄红素。这些化合物的分子中都含有一个较长的共轭体系，是具有吸光特性而呈现颜色的结构基础。类胡萝卜素的通式如下：

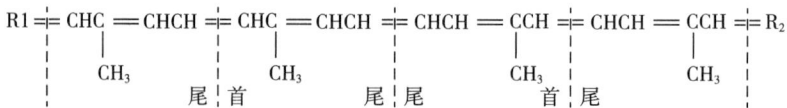

（一）胡萝卜素类

大多的天然胡萝卜素类都可看作是番茄红素的衍生物，其结构式如下：

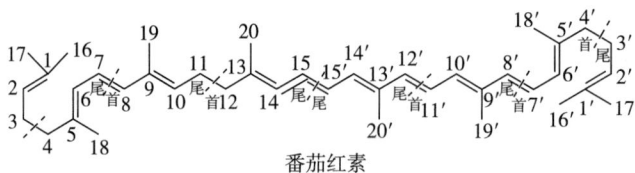
番茄红素

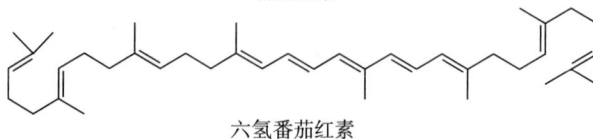
六氢番茄红素

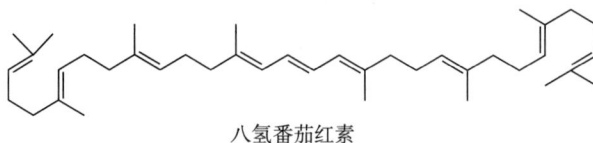
八氢番茄红素

番茄红素的一端或两端环化后，形成他的同分异构体 α-、β-和 γ-胡萝卜素。

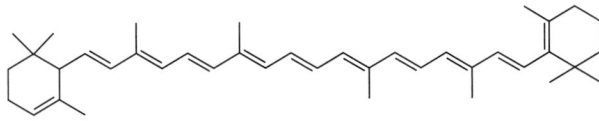

α-胡萝卜素（熔点187~188℃）

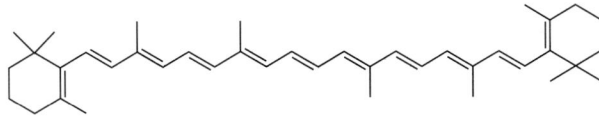

β-胡萝卜素（熔点181~184℃）

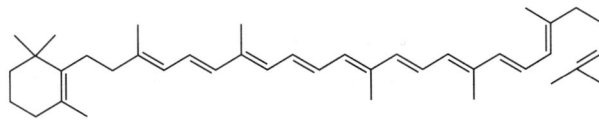

γ-胡萝卜素（熔点177.5℃）

　　类胡萝卜素与叶绿素一样由绿色植物所合成，一些微生物也能合成类胡萝卜素（如酵母菌、霉菌、细菌类等）。而人和动物体内不能合成类胡萝卜素，只能直接或间接取食于植物。一些类胡萝卜素如 β-胡萝卜素等在人体和动物体内转化为维生素 A，称为维生素 A 元，这就是类胡萝卜素的营养价值所在。类胡萝卜素端环结构的双键位置在4，5-碳位间的称为 α-紫罗兰酮，在5，6-碳位间的称为 β-紫罗兰酮，只有具备 β-紫罗兰酮环的类胡萝卜素才有维生素 A 元的功能，所以番茄红素没有维生素 A 的营养价值，α-和 γ-胡萝卜素也只有 β-胡萝卜素一半的生理价值。

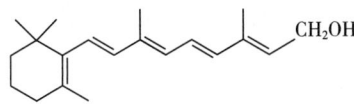

维生素A

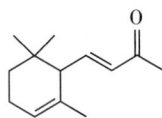
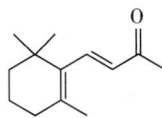
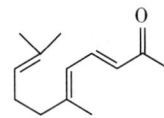

α-紫罗兰酮　　　　　β-紫罗兰酮　　　　　假紫罗兰酮

（二）叶黄素类

　　叶黄素是类胡萝卜素的含氧衍生物，多呈浅黄色、黄色、橙色等。烟叶中常见的叶黄素类有叶黄素，化学名称为 3，3'-二羟基-α-胡萝卜素；玉米黄素，化学名称为 3，3'-二羟基-β-胡萝卜素；紫黄质，化学名称为 5，6-环氧-5'-6'-环氧-玉米黄素；隐黄质，化学名称为 3-羟基-β-胡萝卜素。其化学结构如下：

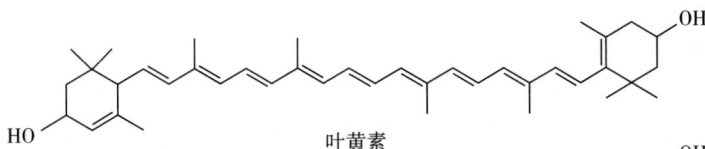

叶黄素

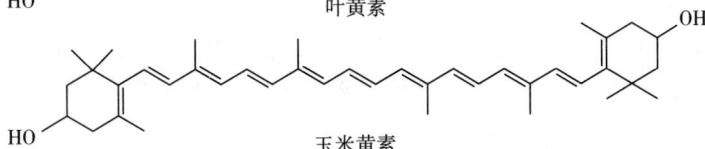

玉米黄素

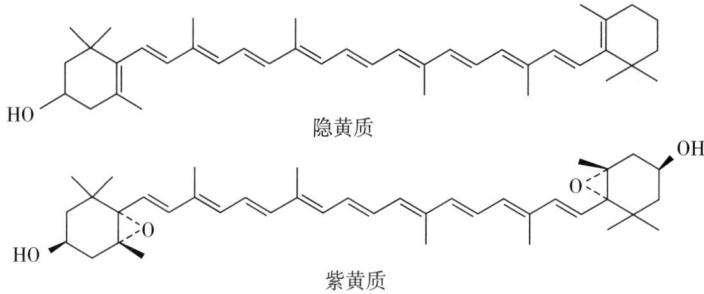

隐黄质

紫黄质

二、类胡萝卜素的性质

类胡萝卜都有较强的亲脂性，几乎不溶于水、乙醇或甲醇，大多易溶于石油醚和烷烃。但是它的含氧衍生物则随分子中含氧官能团的数目增多，亲脂性随之减弱，在石油醚中的溶解度依次减小，而在乙醇或甲醇中的溶解度则逐渐加大。

类胡萝卜素具有高度共轭双键的发色团和含有—OH 等助色团，所以具有不同的颜色，但分子中至少含有 7 个共轭双键时，才能呈现出黄色。由于这一类色素的双键可能存在顺式或反式几何构型，因此这种构型对颜色也有影响。全反式化合物颜色较深，顺式双键数目增加，颜色逐渐变浅。

类胡萝卜素耐 pH 变化，对热也较稳定，但光和氧对其起破坏作用，因为分子中含有 11 个双键，具有不饱和结构，易氧化降解和异构化。酶解也可以引起类胡萝卜素的分解而导致褪色。类胡萝卜素比叶绿素耐热，降解速度也较慢，因此比叶绿素稳定。

三、类胡萝卜素的生理作用

类胡萝卜素在光合作用中起一定作用，它们可以保护叶绿素分子，使其在强光下不被氧化而破坏。其中胡萝卜素可以吸收光能并传递给叶绿素 a，类胡萝卜素本身不能进行光化反应。叶黄素是胡萝卜素的衍生物，其生理作用与胡萝卜素基本相同。

在新鲜烟叶中 α-、β-、γ-胡萝卜素的三种异构体中尤以 β-胡萝卜素含量最多，也最为重要。烟草细胞中类胡萝卜素与蛋白质形成络合物，它比游离的类胡萝卜更稳定。

类胡萝卜素带不同程度的黄色，但在烟叶生长发育过程中，新鲜烟叶中叶绿素含量较高时，它的颜色被绿色所掩盖，只对绿色的鲜明程度有一定影响。烟叶调制过程中，叶绿素和类胡萝卜素都被氧化降解，但叶绿素降解快，类胡萝卜素降解速度较慢，因此，在调制中期就显出黄色。调制结束时，这些色素也因分解而大量减少。

四、类胡萝卜素的用途

(一) 抗氧化

简单来讲，抗氧化就是抵御自由基对于机体中蛋白质、脂质和核酸等的侵害。类胡萝卜素具有显著的抗氧化功能，其分子结构中含有多个共轭双键，能有效抵制自由基的活性，从而减少其对细胞遗传物质（DNA、RNA）和细胞膜（包括蛋白质、脂质和碳水化合物）的损伤。

（二）免疫调节

研究发现，类胡萝卜素能增强免疫系统中 B 细胞、CD4 细胞的活力，增加免疫细胞嗜中性白细胞的数目，从而提升机体免疫防御的能力；同时，还具有免疫监督的作用。体外试验结果表明，类胡萝卜素能增加自然杀伤细胞 NK 的数目或刺激吞噬细胞的吞噬作用，从而起到消灭癌细胞、预防癌症的作用。

（三）延缓衰老

人体衰老的进程与抗氧化和免疫调节能力息息相关，类胡萝卜素兼具抗氧化和免疫调节的功效，对延缓衰老有很好的作用。在抗氧化方面，类胡萝卜素尤其是 β-胡萝卜素不但能直接作为抗氧化剂来清除自由基，而且还能增加体内超氧化物歧化酶和谷胱甘肽过氧化物酶的含量，进而强化机体自身的抗氧化能力，延缓细胞和机体的衰老。

（四）预防其他慢性病

随着对类胡萝卜素抗氧化认识的不断深入，其与心血管疾病间的关系也引起人们的关注，类胡萝卜素尤其是 β-胡萝卜素具有预防心血管疾病的重要作用；叶黄素和玉米黄素具有抗氧化和光过滤作用，能预防老年性黄斑变性、白内障等眼科疾病；另外类胡萝卜素的强大抗氧化作用，对一些与自由基或氧化伤害有关疾病，如白内障、关节炎、糖尿病、肾小球肾炎、肝炎、肝硬化等均具有一定的防治作用。

五、类胡萝卜素对烟质的影响

（一）在调制过程中的变化

烟草生长期质体色素主要是叶绿素，叶绿素在成品烟叶中是一种不利成分，如果在调制过程中降解不充分就会形成青烟，会给卷烟抽吸带来青杂气。不仅影响烟叶的外观，而且严重地影响烟叶的内在品质。新鲜烟叶中叶黄素和胡萝卜素被叶绿素掩盖而显绿色，在烟叶调制过程中，尤其在调制初期，叶绿素剧烈减少，叶绿素降解速度远大于类胡萝卜素，但变化是逐渐进行的，且不完全。由此引起烟叶组织内色素比例的变化，即类胡萝卜素占色素总量的平均比例由调制前的 38% 增加到烘烤后的 76%，从而使烟叶在外观上呈现黄色。

白肋烟在晾制时色素含量的减少从视觉观察就很明显。Burton 等人通过控制温度和干燥速度研究白肋烟的调制。结果表明，叶绿素 a 的含量在最初的 3 天内没有明显的减少，但在以后的 8~10 天内非常迅速地下降到一个很低的水平，而叶绿素 b 在 10 天内线性下降到检测不出的水平。新黄质和紫黄质浓度在刚开始的两天内有明显的增加，但在第 3~11 天内又全部损失掉。这些色素浓度的增加可能是由于呼吸作用引起的干物质减少而造成的。叶绿素和 β-胡萝卜素的浓度变化相似，在调制的 10~20 天内逐渐下降。

类胡萝卜素在成熟和调制过程期间的变化趋势是逐渐减少，且在调制过程中降解加速，但不同色素、不同调制方法、不同的试验条件，结果有所不同。Weybrew（1957 年）发现成熟期间叶黄素、新黄质、紫黄质含量下降，但随着叶片的扩展和充实，胡萝卜素含量有所增加。Whitefield 等（1974 年）观察到所有色素均随成熟过程的推进而下降，但各色素下降的速度依不同部位的叶片而不同。Gopalam 等（1979 年）分析了印度烤烟成熟期间色素含量的变化，发现胡萝卜素含量逐渐下降，其他色素只在烟叶过熟以后才下降。Court（1984 年）研究结果表明，在生长发育过程中各色素含量均表现为逐渐降低，偶尔的色素含量升高与降雨或灌溉相关联，因此，土壤水分状况对色素含量有显著影响（表 8-1）。

表 8-1　烤烟成熟和调制期间类胡萝卜素含量的变化[#]（mg/g 干重）

取样时间（月/日）	新黄质			紫黄质			叶黄素			β-胡萝卜素		
	2[*]	5	7	2	5	7	2	5	7	2	5	7
7/14	0.13	—	—	0.20	—	—	0.54	—	—	0.50	—	—
7/21	0.16	0.18	—	0.18	0.28	—	0.61	0.72	—	0.50	0.58	—
7/24	0.10	0.19	0.17	0.13	0.34	0.34	0.47	0.85	0.75	0.38	0.65	0.58
7/28	0.16	0.20	0.19	0.22	0.33	0.36	0.66	0.79	0.76	0.45	0.60	0.62
7/31	0.13	0.19	0.15	0.17	0.27	0.22	0.53	0.74	0.52	0.37	0.59	0.43
8/11	0.10	0.13	0.11	0.13	0.18	0.17	0.45	0.52	0.44	0.27	0.34	0.33
8/20	—	0.055	0.045	—	0.084	0.094	—	0.25	0.21	—	0.16	0.15
8/27	—	0.055	0.043	—	0.073	0.094	—	0.26	0.22	—	0.16	0.15
9/8	—	—	0.039	—	—	0.080	—	—	0.20	—	—	0.14
烤 2 d	0.033	0.020	0.012	0.046	0.051	0.038	0.16	0.21	0.12	0.110	0.095	0.072
烤 4 d	0.010	ND	0.007	0.008	0.003	0.010	0.080	0.046	0.057	0.059	0.038	0.048
烤 6 d	ND	ND	0.003	ND	0.001	0.004	0.050	0.039	0.048	0.049	0.034	0.043
烤 8 d	—	—	ND	—	—	ND	—	—	0.031	—	—	0.033

注　[#]于 7 月 31 日移栽后 64 d 打顶；[*]表示叶位；ND 表示未检测到。

　　在调制期间类胡萝卜素含量显著降低。Forrest 等（1979 年）应用共振拉曼光谱术（resonance Raman Spectroscopy）定量分析了鲜烟叶和烘烤后烟叶中类胡萝卜素含量的变化，表明在调制期间类胡萝卜素含量大量降解（表 8-2）。Court 等（1984 年）研究表明类胡萝卜素含量在成熟衰老过程中降解的基础上，在调制期间降解加速（表 8-1），其降解程度与各色素的氧取代程度成正比，高度氧化的新黄质和紫黄质在调制期间几乎全部分解，而叶黄素和 β-胡萝卜素分别降解 85% 和 75%，高于 Forrest 等（1979 年）的结果。

表 8-2　烤烟鲜叶和烤后叶中的类胡萝卜素含量（mmol/g，烟叶）

部位	株号	β-胡萝卜素		叶黄素	
		鲜叶	烤后叶	鲜叶	烤后叶
上部	1	330	112	733	237
	2	275	223	603	263
	3	290	170	635	374
中部	1	275	130	850	319
	2	225	202	538	293
	3	150	118	463	330
下部	1	214	83	678	261
	2	213	58	545	165
	3	45	38	173	125

Burton 等（1985 年）研究了白肋烟成熟衰老期间质体色素的变化，表明各种色素在打顶后呈下降趋势，但下降幅度低于烤烟。除新黄质外，质体色素含量在打顶后 1 周内不表现明显下降，打顶 2 周后，所有色素含量显著下降。紫黄质含量最终的降低幅度较小，仅为 30%；新黄质降解幅度最大，为 47%（表 8-3）。

表 8-3　白肋烟打顶后不同时期烟叶的色素含量（mg/g）

打顶后周数	新黄质	紫黄质	叶黄素	胡萝卜素
1	0.263	0.223	1.220	0.694
2	0.230	0.198	1.221	0.643
3	0.225	0.159	0.989	0.637
4	0.206	0.164	0.841	0.520
5	0.140	0.160	0.751	0.460
LSD（0.05）	0.021	0.037	0.123	0.099

调制期间的环境条件对色素降解影响显著，黑暗条件下降解速度快于光下，提高温度可加速胡萝卜素降解，但最终含量水平比较接近。色素的降解一部分转化成为挥发性成分，另一部分则氧化形成了无色的多烯。Burton 等还研究证明有 15% 的 β-胡萝卜素转化成了挥发性成分。由于调制过程中呼吸作用可造成叶片干重的降低，而使色素含量降低，测定结果偏高，他们研究了叶片中稳定性较大的钙素含量在调制过程中的变化来间接反映呼吸作用造成干物质重量降低的幅度，结果表明：在采收后的 1 周内，3 种调制条件下的叶片呼吸损失差异较小；1 周后不同处理产生差异，在自然温度和 24℃有光条件下，叶片呼吸损失较小；约在 21 天时呼吸消耗停止，但在室温条件下，直到 28℃时呼吸消耗才停止（表 8-4）。

表 8-4　白肋烟在晾制过程中叶片胡萝卜素含量的变化（μg/g）

收后天数	新黄质			紫黄质			叶黄素			β-胡萝卜素		
	A	B	C	A	B	C	A	B	C	A	B	C
0	140	140	140	160	160	160	752	752	752	460	460	460
1	97	100	129	98	87	127	700	635	498	458	408	480
2	105	83	127	95	77	119	681	603	524	468	381	456
3	118	105	119	112	79	117	703	669	457	487	391	449
4	117	78	130	101	74	116	672	526	506	446	359	446
7	109	79	120	88	62	97	637	479	480	403	314	414
9	109	57	68	77	29	41	581	325	358	383	228	233
11	113	65	64	72	32	40	548	371	405	380	248	238
14	86	67	67	47	21	36	388	329	382	264	206	231

收后天数	新黄质			紫黄质			叶黄素			β-胡萝卜素		
	A	B	C	A	B	C	A	B	C	A	B	C
16	87	37	43	42	15	23	386	290	284	295	201	177
18	61	25	49	29	—	25	279	255	295	205	179	171
21	53	32	38	23	—	21	288	284	227	233	201	167
28	38	—	27	19	—	12	272	275	183	185	156	151
42	28	—	19	21	—	14	274	275	230	159	167	179
90	12	—	13	11	—	12	220	247	179	115	152	126

注　A 为晾棚调制；B 为室内调制24℃，70%相对湿度；C 为室内调制24℃，70%相对湿度，白炽光。

（二）调制温度的影响及新植二烯的形成

Burton 等人在固定的干燥速率条件下，研究了温度对白肋烟晾制的影响。温度对质体色素的分解代谢作用是可以预想到的。高温可加速调制白肋烟中叶绿素 a 和叶绿素 b 的分解代谢速率，低温调制则可降低这些色素消失的速率。在 15℃ 下调制相比在 32℃ 下调制，叶绿素的消失推迟了 4 天。高温还对叶黄素和胡萝卜素的分解有加速作用。不仅如此，高温还降低烟叶中这两种类胡萝卜素的最终浓度。在 32℃ 下调制的烟叶样品中这两种类胡萝卜素的含量比在 15℃ 下调制的样品要低约 25%。另外两个氧化程度更高的类胡萝卜素，紫黄质和新黄质也表现出叶黄素和类胡萝卜素同样的下降现象。较高的温度提高了这两种类胡萝卜素的损失速率，而且调制后叶片中所含浓度较低。

调制温度对于烟叶中的新植二烯的形成也有显著的影响。在 32℃ 和 83% 相对湿度下调制的白肋烟叶片中含有的新植二烯的浓度低于在较低温度下调制的浓度。降低调制温度可以降低新植二烯在调制初始 4 天内的生成速度，但到第 8 天时叶片中新植二烯含量迅速增加，在 13 天时达到顶峰。

如果假定植醇（叶绿醇）是新植二烯的一个可能的前源物的话，上述的新植二烯延迟增多就显得合理了。可以假设在叶片中植醇脱水形成新植二烯。在调制期间，植醇来自叶绿素 a 和叶绿素 b 的植醇酯的水解产物，在较低调制温度时新植二烯形成的延迟与叶绿素 a 在这个温度下降解的延迟密切相关。当叶绿素分解代谢时，游离植醇浓度增加并有可能进一步反应。但是 Amin 计算了叶绿素中的植醇只相当于调制后烟叶中新植二烯含量的 15%~30%，所以，观察到的增加现象不能完全归因于叶绿素降解形成植醇从而形成新植二烯。存在较高含量的新植二烯的原因可能主要是减少了分解破坏而不是增加了合成。

（三）在陈化过程中的变化

从陈化的白肋烟上可观察到 18 个类胡萝卜素色素带，但其总量不到新鲜白肋烟中类胡萝卜素的 26%，其中的主要成分之一（色素 X）的吸收光带在玉米黄素之上，显然是一个非醚化的顺式多元醇。α-胡萝卜素、β-胡萝卜素、隐黄质、叶黄素、玉米黄素和色素 X，以及它们的立体异构体，构成了类胡萝卜素总量的 98%。次要的组分包括 5 种色素，部分鉴定数据显示它们可能是：单羟基-α-胡萝卜素，表相性的叶黄素异构体、β-胡萝卜醛和2个顺势番茄红素。紫黄质和新黄质这两个新鲜烟叶中主要的类叶黄素，在陈化烟草中没有被发现，这与它们在调制期间消失的报道相一致。无色的多烯类——新植二烯、八氢番茄红素和六氢番茄红素也已被鉴定。除此之外，还有两个无色多烯，它们的部分鉴定数据说明可能是异去甲基脱水维生素 A 和 α-紫罗兰酮。从代表一些叶绿素遗传种型的4个烟草栽培种得到的数据表明，在植株生长期茄尼醇的含量有大量的增加，且在成熟时达到高峰。烤制时，游离茄尼醇含量有所增加，可能是茄尼醇酯降解的缘故。调节叶绿体的生长和发育的浅黄和黄绿叶绿素基因也影响着茄尼醇及其酯类在鲜叶和调制后烟叶中的积累。

白肋烟晾制时茄尼醇的浓度也有增加并可积累到多达干烟叶重的4%。新植二烯含量在调制起初的10天内可增加30%。然后稳定地下降至成熟烟叶原有量的60%。

（四）对烟质的影响

1. 对烟叶外观质量的影响

由于类胡萝卜素在氧的存在下，特别是被光线照射而分解褪色，因此烟叶如果长期贮存，会由于类胡萝卜素的氧化分解而使颜色变淡发白，对外观质量和内在质量都产生不良影响，特别是质量差的烟叶更为显著。因此烟叶储存一般都采用密封和降氧措施。

2. 对香味成分的影响

在烟草中，类胡萝卜素是最重要的萜烯类化合物之一。在烟叶中性香味成分中，很大一批化合物是类胡萝卜素的降解产物，其中不少化合物是烟草中关键的致香成分，如紫罗兰酮、大马酮和异佛尔酮等。

烟叶在成熟、调制、醇化过程中，类胡萝卜素持续降解，这可以通过这些过程中中性香味成分的持续增加得到证实。类胡萝卜素的降解反应机制如下：在单线态氧分子的攻击下，生成 A、B、C 三种氧化物中间体，重排分解后生成氧化产物（图8-1）。β-胡萝卜素在6-7、7-8、8-9 和9-10 不同位置上发生键的断裂，分别生成有9、10、11 和13 个碳的混合物，如图8-2 所示，图中4个 $C_9 \sim C_{13}$ 化合物分别为2，2，6-三甲基-5-环己烯酮、β-环柠檬醛、二氢猕猴桃内酯、β-紫罗兰酮等。实际生成的降解产物比这要复杂得多。

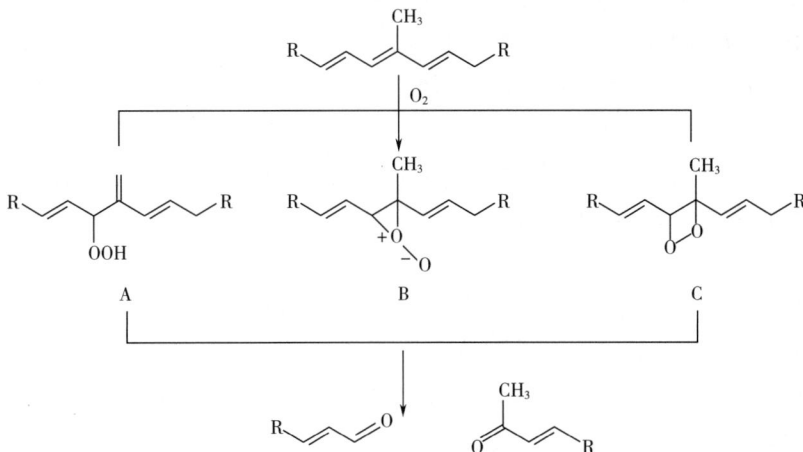

图8-1　类胡萝卜素的氧化降解机制

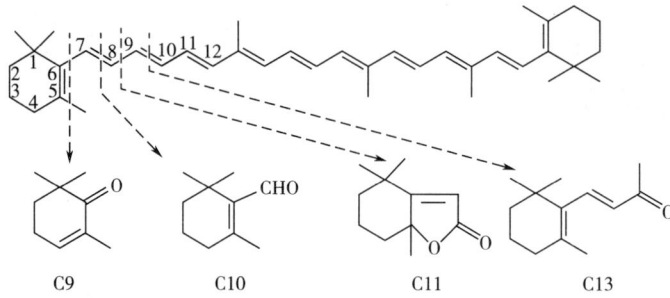

图 8-2　β-胡萝卜素的降解

在醇化发酵过程中，类胡萝卜素不仅继续降解使中性香味物质总量增加，而且降解产物继续发生转化（如氧化、还原及脱水等），生成在香味方面作用更大的化合物。如图 8-3 中的 β-紫罗兰醇和 2，2，6-三甲基-5-环戊烯酮，进一步转化可生成 β-二氢大马酮，β-二氢大马酮在卷烟加香中被广泛应用。

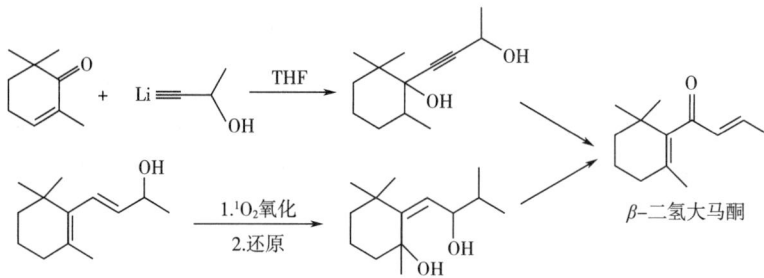

图 8-3　β-二氢大马酮的合成

叶黄素在 9-10 位发生双键断裂，可以生成 3-羟基-α-紫罗兰酮，经过氧化还原，生成 3-氧化-α-紫罗兰醇，再脱水就形成了烟草中特别重要的香味成分——巨豆三烯酮（图 8-4）。叶黄素在 6-7 位发生碳链断裂，可以生成非常重要的香味成分——氧化异佛尔酮，氧化异佛尔酮是目前国内外广泛使用的烟用香料。另外，叶黄素在 21-22 位置上发生键的断裂，生成 3-羟基-β-紫罗兰酮，它可以进一步转化生成 β-大马酮，如图 8-5 所示。β-大马酮具有玫瑰特征的香气，加入烟草能使烟气香气质量明显提高，因而在卷烟加香方面有积极作用。

新叶黄素也是烟草中主要的类胡萝卜素化合物之一，具有高度的光学活性。新叶黄素在 9-10 位置上发生键的断裂，可得到蚱蜢酮，经过多步转化，也能生成 β-大马酮，如图 8-6 所示。

无环状结构的类胡萝卜素，如六氢番茄红素和八氢番茄红素，在调制及醇化过程中降解成 6-甲基-5 庚烯-2-酮，又进一步代谢成 6-甲基-2 庚酮、异辛二烯酮（醇）等，所以在继续醇化过程中，6-甲基-5-庚烯-2-酮有所减少，异辛二烯酮有所增加。上述化合物的降解及转化如图 8-7 所示。

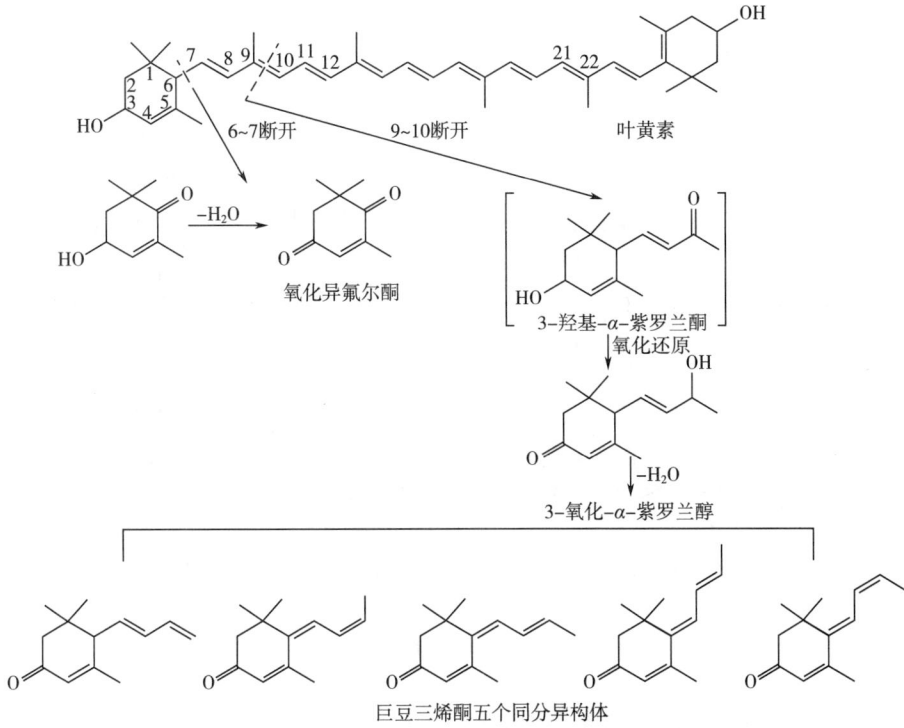

图 8-4　叶黄素降解产物及其转化

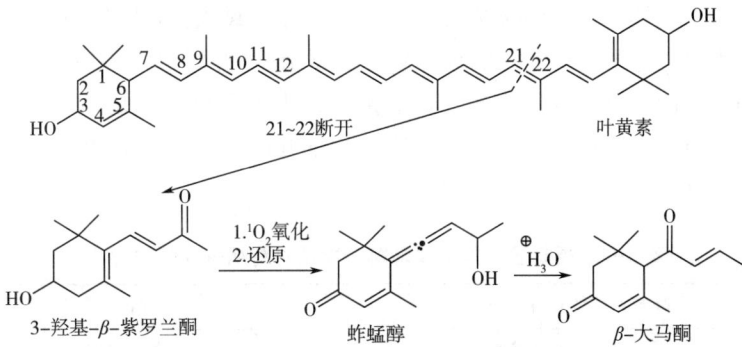

图 8-5　β-大马酮的形成路线

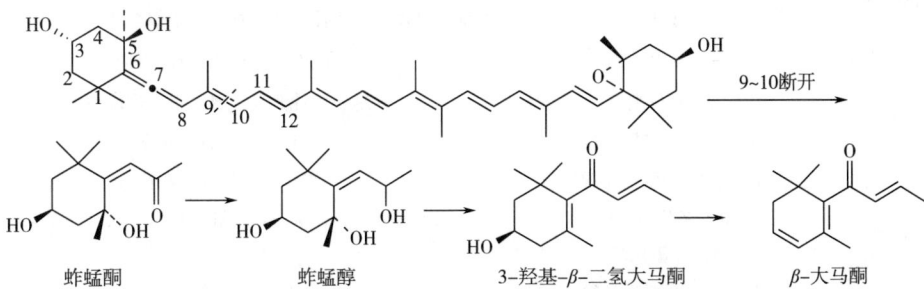

图 8-6　新叶黄素的降解及β-大马酮的生成

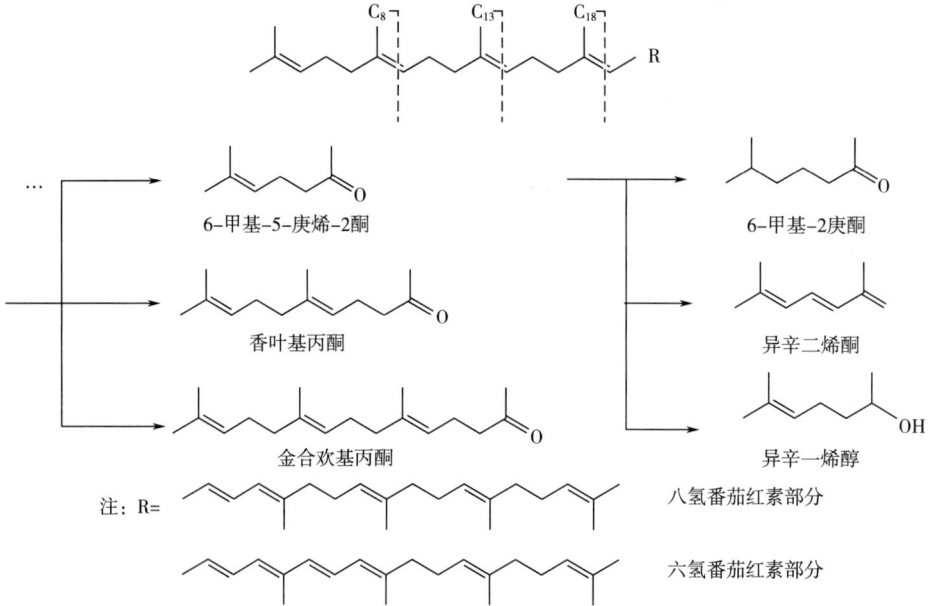

图 8-7 无环类胡萝卜素的降解

色素类物质氧化降解是因双键断裂的部位不同，可产生不同碳原子的化合物，进一步形成许多重要的香气物质。据报道，至今已有 80 多种 $C_7 \sim C_{13}$ 的挥发性成分作为类胡萝卜素的分解产物被鉴定出来，如 α-胡萝卜素生物降解生成 α-紫罗兰酮和 β-紫罗兰酮，再经连续的氧化、重排，还原生成其他多种酮类成分。六氢番茄红素氧化生物降解可生成丙酮、6-甲基-5-庚烯-2-酮及其衍生物假性紫罗兰酮等。新叶黄素衍生物降解形成蚱蜢酮和 β-大马酮。大马酮和紫罗兰酮可增加烟草的花香香味。二氢猕猴桃内酯和巨豆三烯酮等也是类胡萝卜素的降解产物，前者能消除刺激性的作用，后者能增加烟叶中的花香和木香特征。表 8-5 为类胡萝卜素主要降解产物及对烤烟香吃味的影响。

表 8-5　类胡萝卜素主要降解产物及对烤烟香吃味的影响

香气前体物	降解形成的致香物质	香气特征
β-胡萝卜素	三甲基-5-环己烯酮	果香、甜香
	β-紫罗兰酮（醇）	甜、木香、花香、顺口
	β-柠檬醛	甜、增加浓度和刺激
	二氢猕猴桃内酯	本身香气较弱、助香、降解物具有浓郁香气、可抑制刺激性
	β-二氢大马酮	可可香气、玫瑰花香、甜香
	β-大马酮	成熟烟草特征香、熟果香、玫瑰花香
叶黄素	3-羟基-α-紫罗兰酮	柔和的清甜香、花香
	3-氧化-α-紫罗兰醇	柔和的清甜香、花香
	巨豆三烯酮（5 种）	丰富充实的可可香、增加烟气舒适口感、改善侧流烟气香气
	氧化异氟尔酮	和顺、甜
	3-羟基-β-紫罗兰酮	青、玫瑰香、甜
	β-大马酮	成熟烟草特征香、熟果香、玫瑰花香

续表

香气前体物	降解形成的致香物质	香气特征
新叶黄素	蚱马酮	浓郁香气、烤烟香气
	β-大马酮	成熟烟草特征香、熟果香、玫瑰花香
	6-甲基-5-庚烯-2-酮	甜、辣、黄油味
无环类胡萝卜素	香叶基丙酮	熟果香、增加气体香气
	金合欢金丙酮	甜、坚果香、微灼
	6-甲基-2-庚酮	和顺、青
	异辛二烯酮（醇）	甜、黄油味

Weeks 等人（1985 年）对比了美国 20 世纪 40 年代、50 年代和 80 年代主要烤烟品种的中性挥发物，发现在 80 年代的品种中，在烟叶香味品质提高的同时，类胡萝卜素降解产物明显增多，含量也显著增加。

由于类胡萝卜素是烟叶中重要的香气前体物，因此人们利用各种手段试图提高烟叶的类胡萝卜素含量，以达到提高烟叶香气量的目的。例如采用育种方法筛选胡萝卜素含量高的品种；采用转基因技术培育类胡萝卜素含量高的优良品种；直接向收获后的烟叶上喷洒类胡萝卜素提取液，让胡萝卜素随调制等过程而降解；还有人将类胡萝卜素提取物进行深度氧化，生产烟用香料。但是研究发现烟叶的类胡萝卜素含量与生物碱含量呈显著的正相关，Weeks 及其同事（1985 年）发现，在用基因调节生物碱合成的烟草品系里，烟碱含量低的基因型烟草，类胡萝卜素降解产物的含量也相应较低。

第三节　烟草黑色素

根据烟草黑色素的化学性质和对烟质品质的影响，将其分为两大类：一类是多酚类转化物，包括芸香苷、绿原酸等无色多酚的氧化物和带有某种颜色的花青素、黄酮素、儿茶素等，它们在多酚氧化酶（PPO）的作用下常聚合为深棕色的物质。由于该类色素的转化是在酶促作用下进行的，所以称酶促褐变色素。另一类是糖和氨氮化合物通过分子重排形成的类黑素，也称为美拉德反应产物。由于美拉德反应没有酶的参与，所以被称为非酶棕色化色素。多数烟草黑色素显色为深棕色，往往随色素含量的增加而加深，使颜色接近黑色，所以统称为黑色素。

鲜烟叶中不存在或很少存在黑色素，但是存在这类色素的前体物，一经成熟、调制或陈化，这类色素前体物便转变为黑色素，使烟叶颜色加深。

一、多酚类色素

烟草中发现的多酚种类比较多，一类是生长状态下为无色的多酚，如绿原酸、芸香苷、莨菪亭等，这 3 种多酚是烟草中最丰富的多酚。另一类是生长状态下为有色的多酚，即多酚类色素，在烟草中的含量不高，对烟叶品质的影响也不十分重要，但色彩鲜艳，经常出现在烟草的花朵和茎叶中，主要包括花青素、黄酮素和儿茶素等。

这两种多酚类物质在 PPO 作用下，产生深棕色醌类聚合物和深橙色色素，成为烟草黑色素的主要来源。无色多酚类色素详见第六章的烟草酚类化合物，本章主要阐述有色多酚类色素。

在自然界有色多酚类色素中最常见的有花青素、黄酮素和儿茶素，它们都具有相同的 C6-C3-C6 的碳骨架，同时在苯环上都具有两个或两个以上羟基，因此这类色素又统称为多酚类色素，是植物中主要的水溶性色素。

（一）花青素

花青素多与糖以苷的形式（称为花色苷）存在于植物细胞液中，构成叶、茎特别是花的美丽色彩。

1. 化学结构

花青素的母核结构是 2-苯基苯并吡喃，其结构如下：

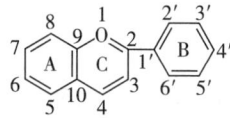

由于 B 环的各碳位上取代基的不同（或为羟基或为甲氧基），从而形成了各种不同的花青素，已知的花青素有 20 余种，其中最常见的有以下几种。

天竺葵色素：3，5，7，4'-四羟基花青素。

矢车菊色素：3，5，7，3'，4'-五羟基花青素。

飞燕草色素：3，5，7，3'，4'，5'-六羟基花青素。

芍药色素：3，5，7，4'-四羟基-3'-甲氧基花青素。

牵牛色素：3，5，7，4'，5'-五羟基-3'-甲氧基花青素。

锦葵色素：3，5，7，4'-四羟基-3'，5'-二甲氧基花青素。

植物中很少见到游离的花青素。游离的花青素通常与一至几个单糖结合成苷，成苷的位置大多在 3-，5-，7-碳位上的羟基上。成苷的糖主要有 5 种：葡萄糖、鼠李糖、半乳糖、木糖和阿拉伯糖。花色苷的种类繁多，目前已知的有 130 余种，各种植物中所含的花色苷种类多少不等。

2. 花青素的性质

花青素通常都用盐酸提取，得到的是氯化花青素。各种氯化花青素呈不同色泽的红色，氯化矢车菊色素呈紫红色，氯化天竺葵色素为橙红色，氯化飞燕草色素为蓝红色。花青素的色泽与结构的关系为：随着结构中羟基数目的增加，颜色向紫蓝方向变动；而结构中甲氧基数目增多，颜色则向红色方向变动；在 C_5 位置上连接糖苷基，其色泽趋向加深。

由于花青素分子中吡喃环上的氧原子为四价，使花青素具有碱性，由于酚羟基又使花青素具有酸性，这种两性性质使这类色素具有随介质 pH 值的改变而改变其颜色的特性。

花青素与 Ca、Mg、Mn、Fe、Al 等金属络合，生成紫红色、蓝色、或灰紫色等深色色素。

花青素对光和热极敏感，在光照下或在高温度下很快会变为褐色。

二氧化硫可使花青素褪色成微黄色，其原因不是由于它的氧化还原或 pH 值的变化，而是由于二氧化硫与花青素能发生加成反应。反应式如下：

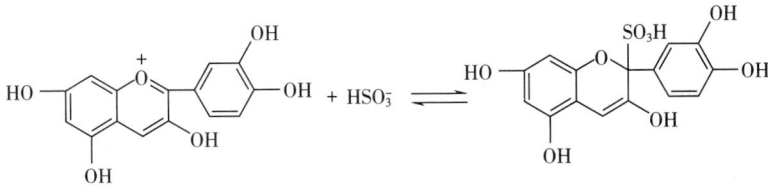

花青素在氧或氧化剂存在下极不稳定，其反应机理尚不清楚，可能是酚羟基氧化成醌型结构的缘故。花色苷还能被酶分解为糖和花青素，进而被氧化成褐色。

（二）黄酮素（花黄素）

这类色素也是广泛存在于植物组织细胞中的一类水溶性色素，多呈浅黄色乃至无色，偶尔为鲜明的橙黄色，因此也称花黄素。这类色素目前已知的近400种。

1. 黄酮类的化学结构

黄酮类的母核结构是2-苯基苯并吡喃酮。结构式如下：

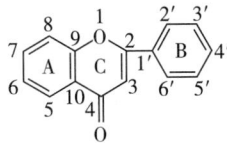

黄酮类最主要的成员有黄酮、黄酮醇、黄烷酮、黄烷酮醇。结构式如下：

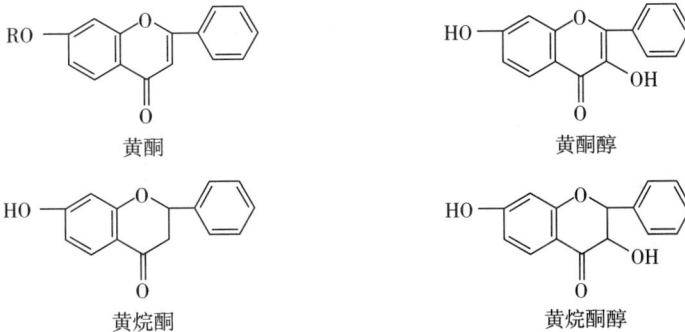

黄酮类也是以苷的形式广泛存在于植物组织中，成苷的位置在黄酮类的3-，5-，7-碳位上，成苷的糖主要有葡萄糖、鼠李糖、半乳糖、阿拉伯糖、木糖、芸香糖［β-鼠李糖（1→6）葡萄糖］、β-新橙皮糖［β-鼠李糖（1→2）葡萄糖］等。

自然界（烟草）常见的和比较重要的黄酮类色素及其苷举例如下：槲皮素（栎素）为5，7，3'，4'-四羟基黄酮醇。芸香苷（芦丁）是3-β-芸香糖苷槲皮素。芸香苷是烟草成熟烟叶和花中普遍存在的多酚物质，在许多类型烟草中都存在芸香苷，在烤烟型烟叶中的含量随烟叶叶龄和质量有很大变化，在幼苗中不存在，在温室中生长的烟叶不存在，在阳光下生长的比遮阴生长的浓度大。这说明短波的紫外线和光照时间长，都会增加芸香苷的含量。试验表明绿原酸等多酚类都是如此，芸香苷在烟叶调制过程中易被破坏。此外，烟草中还存在3-葡萄糖苷槲皮素和3-鼠李糖苷槲皮素。

圣草素为5，7，3'，4'-四羟基黄酮及其7-鼠李糖苷圣草素。橙皮素为5，7，3'-三羟基-4'-甲氧基黄烷酮。在7碳位上与芸香糖成苷，称为橙皮苷。在7碳位上与β-新橙皮糖成苷，称为新橙皮苷。

2. 黄酮类的性质

黄酮类（花黄素）带有酸性酚羟基，具有酸类化合物的通性，存在有吡喃环和羰基，构成了生色团的基本结构，分子中的酚羟基数目和结合的位置对显色有很大影响。在 3'-和 4'-碳位上有羟基（或甲氧基）多呈深黄色；在 3-碳位上有羟基仅显灰黄色；在 3-碳位上的羟基能使 3'-或 4'-碳位上有羟基的化合物颜色加深。

黄酮醇（如槲皮素）在紫外线下，由于受 3-碳位上的羟基的影响带有显著的荧光，呈亮黄色或黄绿色。如果在 3-碳位上缺少羟基，在紫外光下则呈棕色。

黄酮类化合物遇三氯化铁，则呈蓝、蓝黑、紫、棕等不同颜色，这和 3'-、4'-、5'-碳位上带有羟基数目不同有关，3-碳位上羟基与三氯化铁作用通常呈棕色。

黄酮类易溶于碱液（pH 11~12）生成苯丙烯酰苯（查耳酮型结构）而呈黄色、橙色乃至褐色。以槲皮素为例：

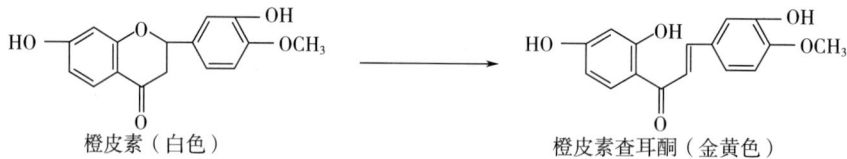

橙皮素（白色） ⟶ 橙皮素查耳酮（金黄色）

在酸性条件下，查耳酮又恢复为闭环结构，颜色消失。

黄酮类的酒精溶液，在镁粉和浓盐酸还原作用下，迅速出现红色或紫红色，如黄酮变为橙红色，黄酮醇变为红色，黄烷酮和黄烷酮醇多变为紫红色。这是因为黄酮类还原后形成各种花青素的缘故：

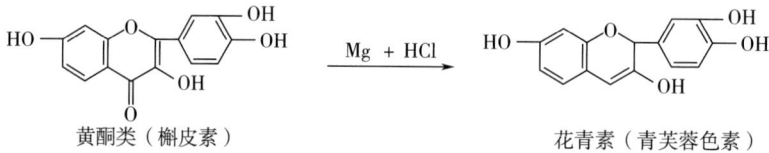

黄酮类（槲皮素） 　Mg + HCl　 花青素（青芙蓉色素）

黄酮类色素在空气中久置，氧化而成为褐色沉淀。

（三）儿茶素

1. 儿茶素的结构和组成

儿茶素在茶叶中大量存在，其含量为茶叶中多酚类总量的 60%~80%。

儿茶素的母核结构为 2-苯基苯并吡喃衍生物，其结构如下：

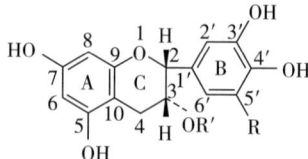

当 R =R' =H 时，B 环为儿茶酚基，称为儿茶素。

当 R =OH、R' =H 时，B 环是焦没食子酸基，称为没食子儿茶素。

当 R =H，R'= 时，为没食子酸基，是儿茶素与没食子酸发生酯化作用产生的，称为酯型儿茶素。前两种类型称为非酯型儿茶素，或游离儿茶素。

2-碳位上有 B 环和—H，3-碳位上有—OR' 和—H，若两个—H 在环平面的同一侧时，(以实线键表示)—OR' 和 B 环在另一侧（以虚线键表示）则为顺式儿茶素，又称表儿茶素。反之则为反式儿茶素，又称儿茶素。

2. 儿茶素的性质

儿茶素是白色结晶，在空气中氧化成黄棕色胶状物。儿茶素易溶于水、乙醇、甲醇、丙酮及乙醚，部分溶于乙酸乙酯及醋酸中，难溶于三氯甲烷和无水乙醚中。

儿茶素与三氯化铁生成绿黑色沉淀，遇醋酸铅生成灰黄色沉淀，可用于儿茶素的定性分析。儿茶素分子中酚羟基在空气中容易氧化，尤其是在碱性溶液中更易氧化。在高温潮湿的条件下容易自动氧化成各种有色的物质，同时易被多酚氧化酶和过氧化酶氧化生成有色物质。儿茶素在空气中的氧化称为自动氧化，它对茶叶的色泽影响很大，如绿茶茶汤放置时间较长，水色由绿变黄，以致变红，就是儿茶素自动氧化的结果。茶叶在贮存过程中，滋味变淡，汤色变深变暗，与儿茶素的自动氧化有密切的关系。儿茶素的自动氧化过程如下：

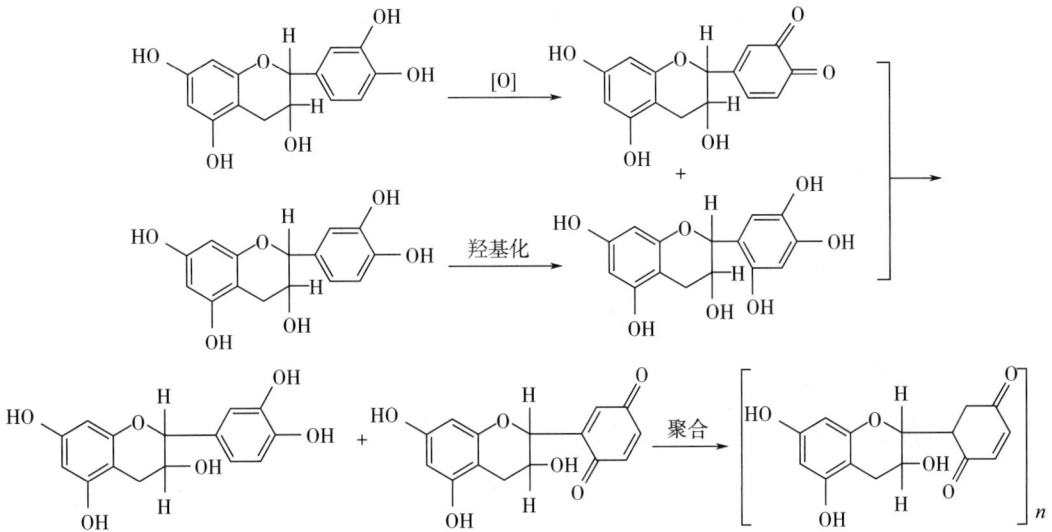

二、烟草棕色色素的形成和性质

（一）生物合成

为了考察质体色素是否直接参与棕色化反应，对成熟的遮阴烟草的杂色叶片进行了检查，这些杂色叶片上有着较大面积的绿色组织和白色组织。与调制后的杂色叶片比较表明，一方面绿色组织在调制期间产生了 2 倍于白色组织的水溶性和碱溶性的棕色色素。但是，这一差别幅度与新鲜叶子中绿色组织和白色组织区域之间的总胡萝卜素相差 50 倍相比还是很小的。另一方面，绿色组织单位面积内的绿原酸含量也恰好是白色组织的二倍。两种组织的提取物中都含有一种活性的多酚氧化酶，无论是含量、比活度都是绿色组织提取物高于白色组织。总蛋白质也是绿色区域的高。由于新鲜烟叶中绿原酸的浓度与调制后烟叶的棕色素有着直接的关系，因此，绿色组织和白色组织间绿原酸含量的差别就为调制后烟叶的棕色花纹提供了定量的基础。Zucker 等人的结论是棕色化反应不能归因于质体色素的直接化学作用，而质体色素通过光合作用中扮演的角色间接地使绿原酸的浓度产生差别。

（二）化学性质及实质

在陈化白肋烟中鉴定出一种铁-蛋白质-绿原酸-芸香苷复合物的深棕色色素，其含量相当于叶重的 0.32%。根据对自然色素的鉴定，在离体试验中关于绿原酸和芸香苷参与了晾烟的棕色化的结论得到了证实。

自溶的遮阴生长烟草叶片中的棕色色素已被分离出来并部分提纯，某些化学水解产物与绿原酸和芸香苷的水解产物是等同的。水解之后还发现了多种氨基酸，这些实验的结果表明棕色素可能是由多酚与蛋白质结合形成的。在另一项研究中，在离体的遮阴生长烟草的叶子上施用 ^{14}C 标记的绿原酸和芸香苷，在棕色色素形成后，抽提叶片分离出棕色色素，并测定其放射性。分离得到的棕色组分含有被叶片吸收的总活度中的相当多的一部分。水解 ^{14}C 标记的棕色色素，并测定水解产物中活度的相对量，来自施用标记过的绿原酸的烟草的色素在奎尼酸上产生的活性比在鼠李糖和葡萄糖上产生的活性要大得多，而施用标记过的芸香苷的情况恰好相反。

在一项关于日本晾烟和烤烟的研究中，发现随着多酚的减少，水溶性棕色素显著地增加，色素被分成可溶于乙酸和不溶于乙酸两个组分，对这些组分的水解分析揭示了两个组分中都存在多酚与蛋白质及铁的结合物，在可溶组分中还混杂有一些多糖。这个棕色素的多酚组分包括绿原酸、芸香苷、咖啡酸和异栎苷。

有不少关于棕色素的研究是从烟叶的利用和燃吸观点出发的。据报道，烤烟、白肋烟、马里兰烟和香料烟的棕色素在物理性质和化学组成上是基本相似的。烟叶色素中的不可渗析的组分以前认为是由铁、多酚和氨基酸组成，现在发现还有生物碱及有关的碱类和一种硅酮。棕色素的主要组成成分是绿原酸和蛋白质，其中蛋白质部分可能就是多酚氧化酶本身。在水解产物中存在赖氨酸的代谢物，似乎显示了赖氨酸的端基可能是绿原酸与蛋白质的结合点。

三、烟草多酚及其氧化产物对烟叶外观及内在质量的影响

烟草多酚的含量和氧化程度不仅直接影响烟叶外观质量，也明显影响烟叶内在质量。多酚物质对烟草香吃味有良好的影响，其中绿原酸、芸香苷和莨菪亭是烤烟特征香气的重要成分。多酚类在烟草燃吸时产生酸性反应，可有效中和部分烟气碱性，醇和烟气。多酚不但本身具有令人愉快的香气，而且常在燃吸时通过干馏、裂解等作用，产生多种芳香成分。另外，多酚类物质含量与烤烟等级存在一致性关系，高等级烤烟多酚含量较高，低等级烟叶的多酚含量较低。

在烟叶调制、打叶复烤、发酵陈化和制丝工艺中控制烟叶多酚过量氧化是提高烟草可用性的一项重要工艺要求。多酚过量氧化常引起烟叶颜色加深，甚至出现挂灰烟。烟叶的颜色越深，外观质量相应下降，严重影响烟叶的内在品质。

四、烟草类黑素

（一）烟草类黑素的种类

烟草类黑素是在烟叶调制后，烟叶富含的还原糖和氨基酸在一定条件下进行一系列复杂的分子重排而形成的一大类深棕色聚合物，简称类黑素。由于类黑素的整个形成过程没有酶的参与，所以将这种反应称为非酶促棕色化反应。烟草类黑素化学成分的种类很多，很复杂，

不同条件下，反应产物不同，主要产物包括：呋喃酮类、吡喃酮类、吡咯环类、噻吩类、羟基酮类、吡嗪类、吡啶类、噁唑类、噻唑类和咪唑类等，其中对卷烟香味有良好作用的成分超过 50 种。

（二）烟草类黑素对烟叶外观和内在品质的影响

烟草类黑素的颜色与名称一致，均为深棕色或黑色，显色与多酚氧化物基本一致。在加工过程中烟叶颜色不同程度地加深，一方面是由多酚氧化酶增加引起，另一方面是由类黑素增加所导致。用严格的概念来看，两大类黑色素都对烟叶外观质量产生不良影响，但烟叶内在质量比外观质量重要得多，尤其在欧美的烟草制品上更加重视内在质量。烟草类黑素具有明显的陈化烟草香气和甜香的特征，可明显改进吃味和余味，对烟草吸食品质有良好的影响。

在烟叶调制过程中，烟叶多酚物过度氧化，形成的大量多酚氧化物对烟叶内外在品质有明显的不良影响。因此，正确判断烟草黑色素的类型对认识烟叶品质具有非常重要的意义。同属烟草黑色素的多酚氧化物类和类黑素，可根据两者在烟叶中形成的先后顺序来区分，不良的栽培和调制往往引起多酚氧化物在调制后期迅速形成，在之后的工艺环节则缓慢产生。

类黑素的形成始于复烤，除复烤和之后每一个加温工艺环节有加速作用外，非酶促棕色化反应一直缓慢进行，整个过程置后于多酚氧化。

所以，在原烟收购环节判定烟叶黑色素的类型相对合理。另外，多酚氧化是酶促棕色化过程，而类黑素形成属非酶棕色化过程，性质不同，用酶失活的周期来区分两类黑色素的形成也是有依据的。这些问题的指出对指导烟叶分级和质量判断具有重要意义。

（三）酶促棕色化反应与非酶促棕色化反应的异同

酶促棕色化反应是在有氧条件下，烟叶中的酚类物质被多酚氧化酶氧化，生成深色物质，使烟叶颜色加深的反应。而非酶促棕色化反应是烟叶中的还原糖和氨基酸在一定条件下进行一系列复杂化学变化，生成高分子类黑素和许多致香物质，最后导致烟叶颜色加深，香气显露的反应，由于该反应过程没有酶的参与，所以称为非酶促棕色化反应。二者的共同点是都产生深色大分子聚合物，使烟叶颜色加深，并影响到烟叶内含物的变化。二者的不同点主要体现在以下几个方面：

1. 形成本质不同，前体物和反应产物不同

酶促反应是在酶的作用下形成的，反应前体物主要是酚类，反应产物是醌类和蛋白质的聚合物。非酶促反应不需要酶的参与，反应前体物主要是还原糖和氨基酸，产物是极其复杂的类黑素。

2. 形成时间不同

酶促反应主要在调制过程中发生，非酶促反应主要发生在调制后的陈化过程。

3. 对烟叶品质影响不同

酶促反应主要影响烟叶色泽，反应适当进行，对品质有利，过度进行产生黑糟烟；非酶促反应形成的多为致香物质，因此除影响色泽外，更重要的是影响烟叶香吃味。

4. 控制难易程度不同

酶促反应较难控制，非酶促反应较容易控制，关键是控制方法。

思考题

①简述烟草色素的种类、组成及其含量范围。
②简述在调制过程中叶绿素的变化及其对烟质的影响。
③简述类胡萝卜素的性质和对烟质的影响。

第九章　烟草脂质类化合物

广泛存在于生物体中的脂肪、类似脂肪的化合物和能够被有机溶剂抽提出来的化合物，统称为脂质类化合物。脂质类是结构不同的几类化合物，它们的分子中碳氢比例都较高，所以能够溶解在乙醚、氯仿、苯等普通有机溶剂中。根据化合物具有脂溶性这个共同特点归为一大类而称为脂质类。但这并不是一个准确的化学名称，在生物化学中通过对脂质类代谢途径的研究，发现这些化合物之间恰好有着非常密切的联系，因此脂质类作为一个适宜的类名沿用下来。

本章主要介绍油脂、脂肪酸、磷脂、甾醇、萜类等。脂质类是一些有重要生理功能的化合物。脂肪提供集体需要的能量和防止热量散发，磷脂是细胞膜的重要组分，萜类化合物大多是芳香物质和色素。

第一节　烟草石油醚提取物

对烟草脂质类化合物，常常用石油醚抽提后进行研究，但烟草石油醚提取物中除脂质类外，还有许多其他低分子化合物。

烟草样品用石油醚或乙醚作溶剂，抽提可得石油醚或乙醚提取物。石油醚提取物用水蒸气蒸馏可以蒸发出挥发油，其余的统称为树脂、油脂、蜡和类胡萝卜素。烟草挥发油包括许多物质，可分为烃类、醇类、酚类、醚类、醛类、酮类、脂类等，石油醚提取物是对烟草香味有影响的物质，其中有利影响和不利影响并存，有些是香气成分或香气成分的前体物，有些则是挥发性刺激性或其他不良成分的前体物，一种物质可能既是有益成分又是不良成分的前体物，这些物质的组成、相互作用和对烟质的影响随其他含量的高低产生不同的表现。如烷烃、亚油酸、亚麻酸酯、甾醇酯、低分子醛类，均属不利成分。石油醚提取物的含量与烟草香气量有关，但与香气质无关，因此，单纯从提取物的量来衡量烟质还找不出明显的规律性。

石油醚提取物中的挥发油与树脂、油脂、蜡相比，是分子量较小的物质，对烟草的香气具有更重要的意义，被认为是形成烟草香气的重要成分。挥发油是指在常温下即能散发出芳香气味的物质，具有较强的挥发性。树脂是指在较高温度下或燃烧过程中能产生烟草香气的物质，又比挥发油的分子量大，而且大多是呈树脂状的物质。

烟草在生长过程中不断合成、分泌挥发油和树脂，是附着在茎叶表面的一种具有黏性的物质，即腺毛分泌物，随着烟叶发育成熟而不断增加，"工艺成熟"时达到高峰。在低施氮量水平下，有机氮和无机氮配合施用时纤毛分泌物含量比单纯施用有机氮时高，在中等施氮下，较高比例的无机氮对提高表面蜡质含量有利；在高施氮量下高比例有机氮处理的分泌物含量有增加的趋势，但差异不显著。若把单位叶面积腺毛分泌物的量与该面积上纤毛数量的比称为纤毛分泌力,则在低施氮量水平下,纤毛分泌力随施氮量的增加而显著增加,但在施氮量过大时,纤毛分泌力增加不明显。此外,其积累量和组成成分还因烟草品种、气候、土壤等条件不同而不同。在烟叶调制和发酵过程中挥发油和树脂失去黏性,形成一层有光泽的物质,光泽鲜明纯净,香气吃味好,灰暗无光泽的杂气增多。

挥发油和树脂的含量不但随着烟叶的成熟而不断积累,而且经过调制、发酵和陈化过程的加深而表现出它对烟质有积极的影响。刚刚采摘的烟叶并无明显香气,经过初步调制也只有一种平淡的香气,发酵或陈化后,烟叶的香气便逐渐显得浓郁而醇美。这种现象表明,挥发油和树脂在调制、发酵或陈化过程中一直发生着量和质的变化,氧化、还原、分解、聚合等一系列化学过程在不断地进行着。

从上述分析可知,烟草石油醚提取物按分子量可分为两大类:一类是分子量较大的脂质类,包括脂肪酸、脂肪酸酯、脂肪醇、蜡质、甾醇、类脂物、色素等,这些将在本章内进一步讨论。另一类为烟草挥发油成分,前几章已分别介绍了其中的酸类、酚类,其余的如醇类、醛类、酮类、脂类将在下一章介绍。

第二节 油脂和脂肪酸

一、油脂的结构

油脂是一种重要的贮藏物质,是动植物体生命活动所需能量的主要来源之一。植物油脂大部分存在于果实和种子中,其他器官如茎和叶中也含有油脂,但含量较少。

油脂是油和脂的总称。大多数植物油如豆油、花生油等,不饱和脂肪酸含量超过70%,具有较低的凝固点(或熔点),在常温时为液体,称为油。动物油如猪油、羊油等,不饱和脂肪酸含量低,凝固点比较高,在常温时为固体,一般称为脂肪。

油脂不论是来自植物体或动物体,不论在常温时是液体或固体,它们的水解产物中均含有高级脂肪酸和甘油。因此,油脂都是高级脂肪酸和甘油所形成的脂类化合物,其通式如下:

$$
\begin{array}{ll}
H_2C - OH & H_2C - OCOR_1 \\
| & | \\
HC - OH & HC - OCOR_2 \\
| & | \\
H_2C - OH & H_2C - OCOR_3 \\
\quad\text{甘油} & \quad\text{油脂}
\end{array}
$$

R_1、R_2、R_3 代表高级脂肪酸的烃基,它们可以相同或不同。

二、脂肪酸

脂质类如油脂、磷脂的分子中都含有脂肪酸,组成油脂的高级脂肪酸种类很多,已经发现的有50多种,其中绝大多数是含偶数碳原子直链高级脂肪酸,有饱和的,也有不饱和的,它们的一些常数见表9-1、表9-2。

表 9-1 饱和脂肪酸种类及性质

种类	分子式	熔点（℃）	沸点（℃）
癸酸	C_9H_9COOH	31.6	149
月桂酸	$C_{11}H_{23}COOH$	44.2	176
豆蔻酸	$C_{13}H_{27}COOH$	54.4	199
棕榈酸	$C_{15}H_{31}COOH$	62.9	219
硬脂酸	$C_{17}H_{35}COOH$	69.6	158~160
花生酸	$C_{19}H_{39}COOH$	75.3	203~205
山萮酸	$C_{21}H_{43}COOH$	79.9	306
二十三烷酸	$C_{23}H_{47}COOH$	84.2	

表 9-2 不饱和脂肪酸种类及性质

种类	分子式	双键	熔点（℃）	碘值
油酸	$C_{17}H_{33}COOH$	Δ^9	13	89.9
芥酸	$C_{21}H_{41}COOH$	Δ^{13}	34.7	75.0
神经烯酸	$C_{23}H_{45}COOH$	Δ^{15}	42.5~43	69.2
亚油酸	$C_{17}H_{31}COOH$	$\Delta^{9,12}$	-5.0	181.0
α-亚麻酸	$C_{17}H_{29}COOH$	$\Delta^{9,12,15}$	-14.4	273.5
γ-亚麻酸	$C_{17}H_{29}COOH$	$\Delta^{6,9,12}$		
花生四烯酸	$C_{19}H_{31}COOH$	$\Delta^{5,8,11,14}$	-49.5	333.4
酮油酸	$C_{17}H_{29}COOH$	$\Delta^{9,11,13}$		

注 Δ 上角数字表示双键位置，从—COOH端碳开始。

（一）饱和脂肪酸

脂质中的饱和脂肪酸的组分主要是十六碳酸（也叫棕榈酸或软脂酸）、十八碳酸（也叫硬脂酸），其他还有二十碳的花生酸等。以棕榈酸为例，可以用一条锯齿形的碳氢链来表示它们的构型：

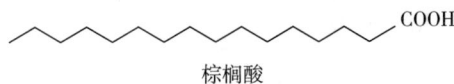

棕榈酸

脂肪酸分子中，非极性的碳氢链是"疏水"的，极性基团羧基是"亲水"的。由于疏水的碳氢链占有分子体积的绝大部分，因此就决定了分子的脂溶性。在水中不溶解的脂肪酸，由于分子中存在极性基团羧基，所以仍能被水所润湿。为了表达碳氢链在分子中的疏水亲脂性质，在结构简式上常用折线条表示碳氢链，如硬脂酸的结构简式：

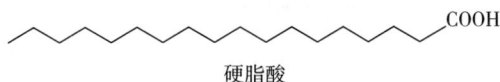

硬脂酸

（二）不饱和脂肪酸

脂质中的不饱和脂肪酸组分以十八碳烯酸为主，含 1 个双键的称为油酸，含两个双键的称为亚油酸，含 3 个双键的称为亚麻酸。这 3 个十八碳烯酸第一个双键都在 9 位和 10 位碳间，即分子的中间部位。天然的十八碳烯酸都是顺式结构。

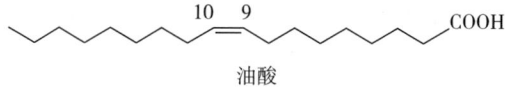

油酸

不饱和脂肪酸分子因含有双键，所以有顺反异构体，例如顺式的油酸用亚硝酸处理后转化为反式油酸。

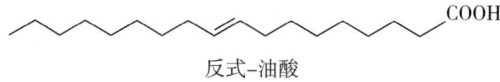

反式–油酸

天然脂肪中尚有含 4 个双键的二十碳四烯酸，这个名称是因二十碳烷酸叫花生酸而称花生四烯酸，并非存在于花生油中，双键位置在 5，8，11，14 位上。

花生四烯酸

各种油脂并不是某一种单一的甘油酯，而是多种高级脂肪酸所组成的甘油酯的混合物。如果组成甘油酯的 3 个高级脂肪酸是相同的（即 $R_1 = R_2 = R_3$），叫作单纯甘油酯；如果有 2 个高级脂肪酸不相同或者 3 个都不相同，这类甘油酯叫作混合甘油酯。天然油脂大多是混合甘油酯，而且常是几个混合甘油酯的混合物。但同种油脂所含脂肪酸的种类基本上是一定的，每种脂肪酸甘油酯的含量也不会有很大变化。在天然油脂中，也有少量的单纯甘油酯和游离脂肪酸存在。

第三节　类脂

在烟叶和烟气中已鉴定出数百种类脂化合物，它们大部分由脂肪酸和糖类、脂肪醇、甾醇和萜醇等酯化而成。

一、单糖酯

Rowland 等在烤烟中发现的极性酯中有单半乳糖甘油二酯（MGDC）、二半乳糖甘油二酯（DGDG）、硫代鼠李糖甘油二酯（SQDG）等。

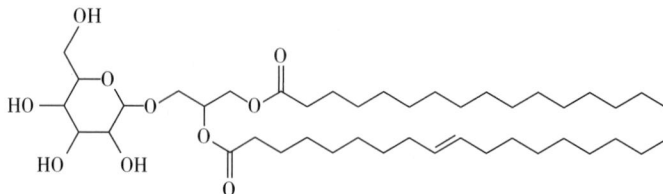

单半乳糖甘油二酯

二、蔗糖酯

蔗糖酯（SE）是香料烟和部分雪茄烟特有的一种酯类化合物。Severson 等（1981）首先分离出了一系列蔗糖酯，其中葡萄糖部分被由 4 个 $C_2 \sim C_8$ 脂肪酸组成的混合物所酯化，主要的酸为乙酸、3-甲基丁酸和 3-甲基戊酸。

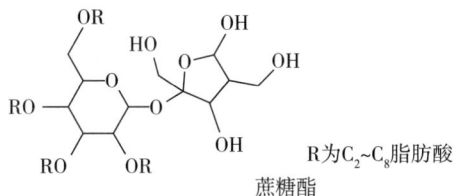

R为$C_2 \sim C_8$脂肪酸

蔗糖酯

Severson 等（1984 年）进一步对不同类型烟叶的蔗糖酯成分进行了比较，并对蔗糖酯的异构体化学结构进行了分离鉴定（Severson，1985 年）。在烟叶成熟和调制过程中，蔗糖酯水解产生葡萄糖酯，如三乙酰葡萄糖吡喃苷和四乙酰葡萄糖吡喃苷，进一步水解产生挥发性酸性物质。因此，蔗糖酯和葡萄糖酯是香料烟重要香味物质——异戊酸、β-甲基戊酸、异丁酸的前提物。

Severson 等（1986 年）用气相色谱把烟草蔗糖酯分为 6 个组分，用气相色谱-质谱联用仪鉴定了它们的结构，蔗糖酯的结构具有如下特点：①每组化合物之间相差一个 "CH_2" 结构单元；②都是四元酯；③4 个酰基化基都在蔗糖的葡萄糖结构单元上，果糖上无一个羟基被酯化；④葡萄糖结构中第 6 个碳原子上的羟基都是乙酯化的；⑤其余 C_3、C_4、C_5 上的羟基的酰基碳数为 3~8。

从香料烟品系 TI 165 中分离的蔗糖酯加入到烤烟品种 NC2326 烟叶卷制的卷烟中，结果表明，当按 1.0 mg 以上应用时，提高烟气中的 3-甲基戊酸的效果几乎是线性的。

三、脂肪醇和蜡

高级脂肪醇有以游离状态存在的和以脂或醚的形式存在。

蜡是由高级脂肪酸和高级脂肪醇所形成的酯。蜡的主要成分是含有 24~26 个偶数碳原子的长链脂肪酸和含有 16~36 个偶数碳原子的长碳链脂肪醇所形成的酯的混合物，还含有少量的长碳链的烃、醇、醛、酮和酸等各类化合物，因此蜡的成分是很复杂的。

蜡包括植物蜡和动物蜡。昆虫中，蜂蜡是棕榈酸和三十碳醇所成的酯；紫胶虫的蜡的成分中有 $C_{26} \sim C_{34}$ 的游离高级脂肪醇、$C_{30} \sim C_{34}$ 的游离脂肪酸以及由这些醇和酸所成的酯。植物中，巴西蜡和棕榈蜡是由三十碳醇或二十六碳醇与棕榈酸所成的酯。植物蜡常成为一薄层覆盖在茎叶果实及种子的表面，植物细胞内也存在蜡质。植物表层蜡的主要作用是防止水的侵入、微生物的侵害和减少植物体内水分的蒸发

四、磷脂

磷脂有甘油磷脂和神经鞘磷脂，他们都是含有磷酸组分的脂质。

甘油磷脂中常见的有卵磷脂和脑磷脂。磷脂酸是最简单的甘油磷脂，它的结构是 1，2-二酸甘油的磷酸酯。

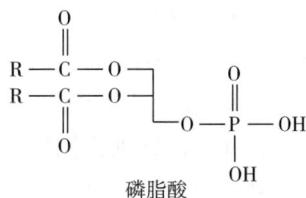

磷脂酸

一般的磷脂是指磷脂酸与另一个羟基化物所组成的磷脂酰化物，卵磷脂就是磷脂酰胆碱，脑磷脂称为磷脂酰胆胺，丝氨酸磷脂也称磷脂酰丝氨酸。结构式如下：

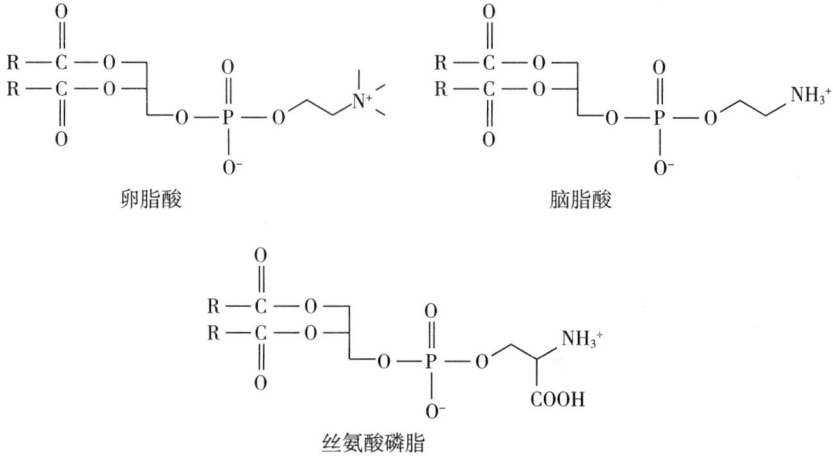

卵脂酸

脑脂酸

丝氨酸磷脂

神经鞘磷脂简称鞘磷脂，是一个由神经酰胺的羟基与卵磷脂所成的磷酸二酯。这个磷脂有两段长的碳氢链，鞘氨醇的一端有 14~18 碳的碳氢链，连接在氨基上的有棕榈酸、二十三烷酸或神经烯酸等，都是碳数较多的脂肪酸，其结构如下：

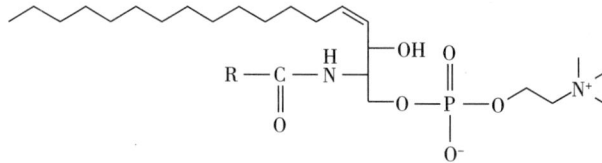

神经鞘磷脂（R为棕榈酸、二十三烷酸、神经烯酸等）

磷脂分子结构中磷酸部分具有酸性，而胆碱（或胆胺）部分具有碱性，因此可以形成内盐。磷脂分子中的内盐结构具有亲水性，而脂肪酸长链部分是非极性的疏水基，因此磷脂能降低水的表面张力，具有表面活性，是一种良好的乳化剂。磷脂在生物体内能使油脂乳化，有助于油脂的运输、消化和吸收。

磷脂也是细胞膜的主要成分，细胞膜使细胞具有选择性的渗透屏障作用。它不仅可以使细胞在膜内执行生理功能，而且细胞膜的表面活性很强，能有选择地从周围环境中吸收养分，防止外界有害物质的侵入，排出代谢产物等。细胞膜的这些重要功能是与磷脂有重要关系的。

细胞膜的主要成分是磷脂和蛋白质，另外还有甾醇等类脂化合物。

五、烟草中的油脂、磷脂及其他类脂物

（一）组成和含量

1. 脂肪酸

在烟草种子中和烟草中含有许多长链脂肪酸。在烟草种子油中，脂肪酸的组成为：75% 的亚油酸；15% 的油酸；7% 的棕榈酸；3% 的硬脂酸。在调制后的烟叶中测定出了 16 种酸的甲酯化合物，其中有月桂酸、豆蔻酸、棕榈酸、硬脂酸、油酸、亚麻酸和亚油酸等。

有研究对烘烤后烟叶中 7 种游离脂肪酸含量进行测定，结果表明：烟叶中饱和脂肪酸所占比例较高，占总脂肪酸含量的 77.18%。7 种脂肪酸以豆蔻酸含量最高，平均占总脂肪酸含

量的 58.93%，其次为月桂酸、亚麻酸和亚油酸，其相对含量分别为 11.67%、10.95%、7.97%，硬脂酸和油酸含量较低，分别为 1.18% 和 3.40%。在不饱和脂肪酸中，随着脂肪酸不饱和程度的提高，含量相应增加。

考察了 7 个类型陈化后或发酵后烟叶中的游离高级脂肪酸的含量，结果表明，棕榈酸、亚油酸和亚麻酸的含量相对其他酸较高。烤烟中主要游离态和结合态的高级脂肪酸具有 16 或 18 个碳原子，其中棕榈酸为 2.1%，油酸为 3.5%，亚油酸为 5.8%，亚麻酸为 26.2%。总酸含量的 90% 为 10~34 个碳原子的无支链结构，只有 4.1% 的酸为相应的单甲基或环己基取代化合物，5.9% 的酸具有较复杂的直链结构。由简单直链酸衍生而来的饱和烃类化合物被证明具有 15~26 个碳的 2-甲基和 3-甲基异构体的同系物和具有 22~25 个碳的 1-环基异构体的同系物。另一项研究进一步证实了 C_{12}、C_{14}、C_{15} 和所有 C_{20}~C_{26} 的饱和酸在烤烟、晒烟和晾烟中的存在，并发现这些酸在晾烟中有较高浓度。

2. 磷脂

红花烟草 Samsun 品种的悬浮液培养的细胞膜中磷脂的组成大约为 50% 卵磷脂，25% 磷脂酰乙醇胺，10% 的磷脂酰肌醇，4% 的磷脂酰甘油，2% 的磷脂酸。在 3 种主要的磷脂成分中脂肪酸结合在甘油分子上的 1 位和 2 位上，频率最高的是在 C_1 上连有棕榈酸和在 C_2 上连有亚油酸。这些数据提示饱和脂肪酸一般结合在甘油分子的 1 位上，而不饱和脂肪酸结合在 2 位上。

3. 蜡质

烟叶表面的蜡质，烷烃为其主要成分。烟叶上每 100 cm² 含有 5~10 mg 烷烃化合物，其含量随烟叶的叶龄逐渐增加，叶位较高的烟叶比较低的烟叶含有更多的烷烃。具有从 27~33 个碳原子的成分占烷烃总含量的 98% 以上。

从陈化的白肋烟叶叶肉中分离出占叶干重 0.31% 的总石蜡族烃类化合物。二十七烷（$C_{27}H_{56}$）和三十一烷（$C_{31}H_{64}$）分别为石蜡烃类中熔点最低和最高的烷烃。不同类型如烤烟、白肋烟、马里兰烟、香料烟、明火烤烟、雪茄烟中石蜡族烃类含量无明显变化。调制和发酵期间长链烃含量略有减少，降解为较低级的烃，但总石蜡烃含量保持不变。

（二）、在烟株生长期间的变化

1. 脂肪酸的变化

马里兰烟在生长期间的各个阶段中，烟叶、烟花、种子中的高级脂肪酸的变化表明：上部嫩叶中的脂肪酸含量在移栽后 75 天的早花期达到高峰，较老叶片中的脂肪酸含量逐渐减少；亚麻酸的相对含量随烟叶的生长逐渐增加，从早期的 30% 增长到成熟时的 60%，但其他脂肪酸在同期是减少的，表明存在饱和脂肪酸向不饱和脂肪酸的转化过程；在烟花转变成种子的蒴果期间脂肪酸含量迅速增加，特别是亚油酸，占烟草种子油的 75%；晾制过程脂肪酸减少，特别是不饱和脂肪酸。

有研究测定了烤烟生长期、衰老期和烤制过程中的脂肪酸含量的变化：移栽后 4 周总脂肪酸含量达到高峰；高级脂肪酸，特别是不饱和酸，在衰老初期就开始下降，调制的变黄期降低最快，降低的程度与不饱和度成正比；在同一时期，短链饱和脂肪酸略有增加，但与长链不饱和脂肪酸下降没有相互转关系。

2. 类脂物的变化

对烤烟和白肋烟研究表明：烟叶中的总类脂物包括中性类脂物如三甘油脂类、蜡脂类等，极性类脂物如磷脂类、糖脂类等，含量变化范围为 8%~20%，并表现出在生长的不同阶段的特征值。通过检测类脂物的含量可以确定工艺成熟度，已测定在烟叶生长的最后阶段其类脂物含量最大。

通过对烤烟调制期间类脂物的变化分析，发现脂肪酸甲酯和亚麻油酸脂含量明显降低，但是在变黄阶段初期出现暂时性的增加，而二半乳糖基二甘酯、单半乳糖基二甘油酯、硫代奎诺糖基二甘油酯和磷脂酰甘油的含量显著降低，磷脂酰肌醇、磷脂酰丝氨酸、磷脂酰胆碱降解不明显，说明其有一定的抗降解作用。

3. 环境因素影响

在干燥环境中，烤烟的表皮厚度增加，腺毛渗出物增加，类脂物含量提高，长光照期和低温与单位叶面积脂类化合物总量相关。类脂物的生物合成和不饱和脂肪酸的积累的最佳温度在 20~26℃。

六、对烟质的影响

烟叶中油脂对品质的影响主要表现在物理特性方面，含油脂多的烟叶色泽鲜明纯净，油润丰满，组织细致柔软，弹性强；含油脂少的烟叶灰暗无光泽，有枯燥感觉，组织粗糙脆硬，弹性差，易破碎。

第四节　甾醇类

一、甾体及甾醇的结构

（一）甾体的结构

甾体化合物是广泛存在于动植物组织中很重要的天然产物。它们的分子中都具有一个环戊烷多氢菲的基本骨架，骨架中环的饱和度不同，可以是饱和的，也可以在不同位置上具有不同数目的双键，并且一般都含有三个侧链：在 C_{10} 和 C_{13} 位置上通常是甲基（有时是伯醇基或醛），C17 位置上连接的是氢或烃基。下式表示这类化合物的基本碳架和环上碳原子的编号以及侧链所在的位置：

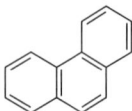　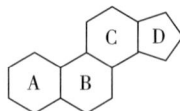　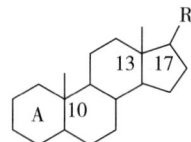

菲　　　　　　　　　　环戊烷多氢　　　　　　　　甾体

（二）甾醇的结构

甾醇类为甾体的羟基衍生物。由于它们是含有羟基的固体化合物，所以又称为固醇，从化学结构上讲，它们是一类饱和或不饱和的仲醇。最常见的甾醇是胆甾醇，也称胆固醇，它是最早发现的甾体化合物之一，来源于植物的称为植物甾醇，植物甾醇大都是与糖结合成糖苷存在于植物组织中，也可以游离的醇和酯的形式存在。植物甾醇中常见的有豆甾醇、β-谷甾醇、菜油甾醇等，其结构如下：

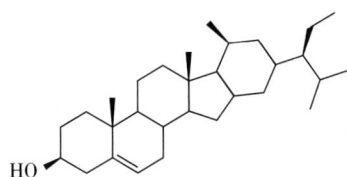
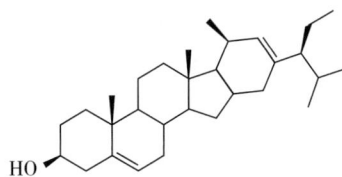

β-谷甾醇　　　　　　　　　　　　　　　　豆甾醇

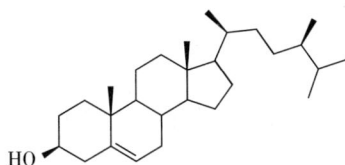
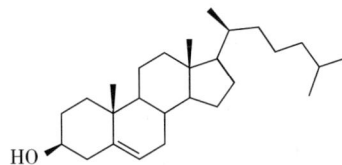

菜油甾醇　　　　　　　　　　　　　　　　胆甾醇

甾醇的生理功能至少有以下3种：作为形成其他甾体化合物的前体；作为膜的成分；作为对主要的植物生长激素的辅助激素。

二、烟草中的甾醇类

一般植株最初生长的组织含甾醇量最高，最嫩的组织也是甾醇生物合成最活跃的组织。随着组织年龄的增加，甾醇合成速率降低，但甾醇含量继续慢慢增加，直到植株开始衰老为止。甾醇类化合物之间的比例随植株发育而变化，一般分生组织的谷甾醇含量高，豆甾醇含量低，而在细胞发育的后几个阶段豆甾醇具有相对较高的含量。

烟草中4种主要的甾醇为豆甾醇、β-谷甾醇胆、胆固醇、菜油甾醇，另外在霉变的烟叶中还含有麦角甾醇。烟草甾醇含量受很多因素影响，如烟草类型、品种、生长阶段、调制方法以及其他环境因素。

烤烟的鲜叶、陈化后烟叶中的游离的、酯化的和糖苷化的甾醇类化合物含量如表9-3所示，调制和陈化并不使鲜烟叶中的甾醇含量产生明显变化。

表9-3　烤烟中游离态、酯化态和糖苷态甾醇化合物含量（%，以干重计）

样品	糖苷	酯	游离	合计
鲜烟叶	0.11	0.06	0.10	0.27
鲜烟梗	0.03	0.05	0.05	0.13
陈化烟叶	0.16	0.16	0.13	0.45
陈化烟梗	0.05	0.04	0.06	0.15

第五节　萜类化合物

一、萜的种类和结构

萜类是指存在于自然界中，分子式为异戊二烯（C_5H_8）倍数的烃类及其含氧衍生物，它们也可以具有不同的饱和度。萜类化合物根据其所含异戊二烯单位的数目，可分为单萜、倍半萜、二萜、三萜、四萜和多萜等 6 类，如表 9-4 所示。烟草中不含多萜。

表 9-4　萜类化合物分类

指标	单萜	倍半萜	二萜	三萜	四萜	多萜
异戊二烯单位	2	3	4	6	8	>8
碳原子数	10	15	20	30	40	>40

（一）单萜

单萜是由两个异戊二烯单位首尾相连而成的萜类化合物。根据碳架的不同，单萜可分为开链萜、单环萜、双环萜 3 类。

1. 开链萜

单萜以开链萜以主，柠檬醛是开链萜中重要化合物，天然柠檬醛存由两种异构体，即香叶醛和橙花醛组成。其结构如下：

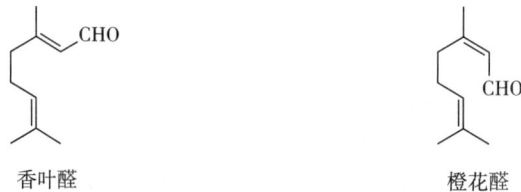

香叶醛　　　　　　　　　　橙花醛

在碱存在时柠檬醛可与丙酮缩合生成假紫罗兰酮，假紫罗兰酮在酸存在时，环化生成 α-紫罗兰酮和 β-紫罗兰酮的混合物，α- 和 β-紫罗兰酮的香味似紫罗兰，是重要的香味成分。

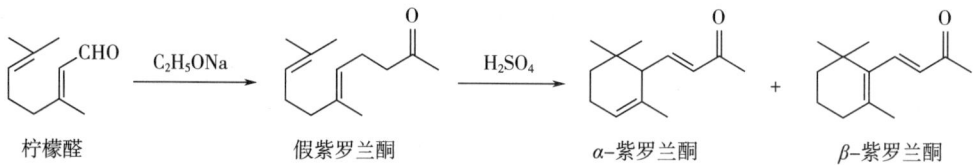

柠檬醛　　　　　　假紫罗兰酮　　　　　　α-紫罗兰酮　　　　　β-紫罗兰酮

香叶醇是玫瑰油的主要成分之一，具有温和、甜的玫瑰花气息，其顺式构型为橙花醇，主要存在于橙花油、玫瑰油中。二者结构如下：

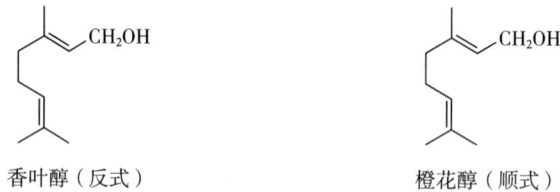

香叶醇（反式）　　　　　　　橙花醇（顺式）

2. 单环萜

单环萜为含有一个六元环的单萜，主要有柠檬烯、松油烯、水芹烯、薄荷醇和薄荷酮。

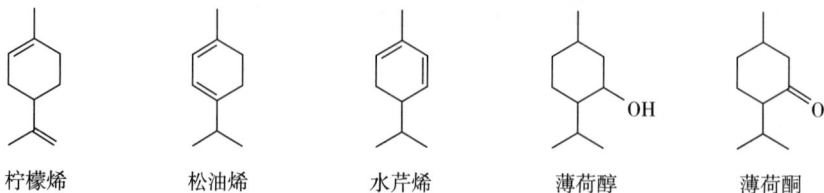

柠檬烯　　　　松油烯　　　　水芹烯　　　　薄荷醇　　　　薄荷酮

3. 双环萜

当萜烷中的第八位碳原子分别与环中不同的碳原子相连时，就构成几种双环萜的骨架，其中最重要的是蒎族和莰族化合物，它们的母体分别为蒎和莰：

蒎　　　　　　　　　　莰

蒎烯是重要的蒎族化合物，有 α- 和 β- 两种异构体，两种蒎烯均存在于松节油中。α-蒎烯是松节油的主要成分（含量达 80%），β-蒎烯的含量较少。

α-蒎烯　　　　　　β-蒎烯　　　　　　莰醇　　　　　　莰酮

莰醇和莰酮都是莰的含氧衍生物。莰醇又叫龙脑或冰片，是一种无色片状结晶，有清凉气味，主要存在于热带植物龙脑的挥发油中。莰酮又称樟脑，无色片状结晶，有芳香气味，主要存在于樟木油中。

（二）倍半萜

倍半萜是由 3 个异戊二烯单位相连而成的一类化合物，相当于单萜的一倍半，所以叫倍半萜，也存在开链和环状形式。植物中主要的倍半萜是金合欢醇，又称法尼醇，其结构式如下：

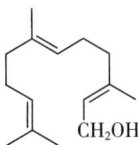

金合欢醇

金合欢醇为无色黏稠液体，有微弱的花香气，存在于菩提花、金合欢花中及金合欢油、茉莉油、玫瑰油、橙花油中，用于配制紫丁香香型等高级香精。

（三）二萜

二萜是 4 个异戊二烯单位相连而成的化合物。叶绿醇（植醇）、维生素 A 都是二萜化合物。烟草中重要的二萜有新植二烯、赖百当类、西柏烷类。

1. 新植二烯（neophytadiene）

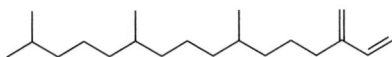

2. 赖百当类（labdranoids）

赖百当类物质最早从陈化的土耳其香料烟中分离出来。主要的赖百当类萜醇有顺-冷杉醇和赖百当-13-烯-8，15-二醇。

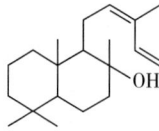

顺-冷杉醇

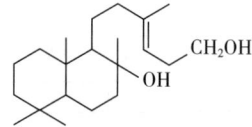

赖百当-13-烯-8，15-二醇

3. 西柏烷类（cembranoids）

新鲜烟叶中主要含有两类西柏烷物质，α-和β-4，8，13-西柏三烯-4，6-二醇，二者比例约为3∶1，占烟叶鲜重的0.7%，占叶面总脂类物质的50%，但在烤后烟叶中含量极低，只占干重的0.001%。

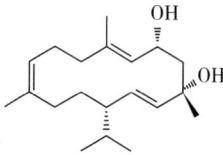

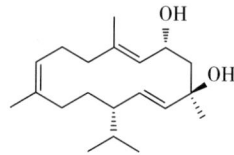

α-4，8，13-西柏三烯-1，3-二醇

β-4，8，13-西柏三烯-1，3-二醇

（四）三萜

三萜是6个异戊二烯单位相连而成的萜类，角鲨烯是烟草中主要的三萜化合物，其分子中双键是全反式。

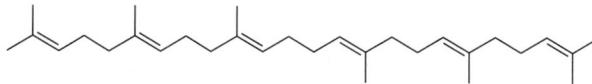

角鲨烯

（五）四萜

四萜含有8个异戊二烯单位，类胡萝卜素是四萜中的主要化合物。在烟草色素一章中已详细介绍。

二、烟草中萜类化合物

对烟草萜类化合物的研究已进行了多年，许多萜类化合物与烟草香味有关。过去烟草研究者把萜类归入石油醚提取物。

许多萜类化合物在烟草中被鉴定出来，包含了单萜到四萜，如柠檬醛、香叶醛、薄荷醇、法尼醇、新植二烯等都是产生烟草香味的重要化合物。类胡萝卜素的降解产物如α-和β-紫罗兰酮、蚱蜢酮、β-大马酮等也都是烟草香味的提供者。烟草中两类重要的二萜醇是赖百当类和西柏烷类，是烤烟和白肋烟表面类脂物中的主要成分，也存在于许多红花烟草品种和烟草引进种中。

（一）生物合成场所

腺毛是萜类物质生物合成的主要场所，但文献中很少有明确的证据来支持这个假设。Ke-one报道了一个烟草品种TI-1068中的西柏三烯二醇在腺毛头的内部和外部都有，并涉及腺毛头中的叶绿体。由于2，7，11-西柏三烯-4，6-二醇类在烟草中的含量丰富，因此它们被认为是烟草中40种西柏烷类化合物生物合成的重要的中间体。

（二）在成熟和调制过程中的变化

1. 新植二烯

新植二烯为烟叶中重要的萜烯类化合物，其本身不仅具有一定的香气，而且可以分解转化形成低分子香味物质。新植二烯可由叶绿素裂解产生的叶绿醇脱水生成，在青烟叶中含量较低，烟叶成熟和烘烤过程中新植二烯含量增加，尤其是烘烤过程的变黄期和定色期。

在烟叶的陈化过程中，一般前期的新植二烯含量增加，但延长陈化时间，其含量呈下降趋势，表明新植二烯可进一步发生代谢变化。Wahlberg 等研究表明烟叶在陈化 6 个月时其含量最高，约比鲜烟叶中高 10 倍。

2. 西柏烷类

烟叶生长发育过程中西柏三烯含量变化为先增加后减少。一项研究表明（表 9-5），烟苗移栽时西柏三烯二醇含量很低，此后含量逐渐增加，至移栽后 96 天达到最大值，然后又逐渐下降，各期烟株上部叶片西柏三烯含量均高于下部叶片。另一项研究表明，生长 14 周与生长 10 周的白肋烟相比，上、中、下部叶片西柏三烯二醇含量分别减少了 27.99%、48.76% 和 87.83%，此时，下部叶片已全部变黄。在调制过程，西柏三烯二醇大量降解，降解量可达调制初期的 60%~70%。

表 9-5　不同时期和部位鲜烟叶的西柏三烯二醇含量

叶位	生长周龄	西柏三烯二醇	
		质量（μg/g 鲜重）	占总蜡质（%）
上部	10	661	46.2
	14	476	26.4
中部	10	201	17.7
	14	103	6.0
下部	10	115	9.5
	14	14	1.2

3. 赖百当类

赖百当类萜醇一般只存在于香料烟和部分雪茄烟中，而不存在于烤烟、白肋烟、马里兰烟等类型的品种中。在烟叶生长期间，赖百当萜醇含量逐渐增加，尤其以顺-冷杉醇含量增加明显。其在成熟和调制过程中逐步降解，降解产物对香料烟的独特香味有一定的贡献。

（三）降解和转化

1. 新植二烯的降解

在烤烟、白肋烟和香料烟的中性、挥发性成分中，新植二烯都是含量最大的成分。新植二烯由叶绿素分解生成，同时又可发生光氧化反应，生成植物呋喃。烤烟经过 6 个月醇化期后，新植二烯含量达到最大，相当于青烟叶的 10 倍，继续醇化则含量减少，原因可能是转化为植物呋喃及其他化合物（图 9-2、图 9-3）。

2. 西柏烷类的降解

西柏三烯二醇在调制后大部分发生降解，主要产物是茄酮及其衍生物（图9-1）。

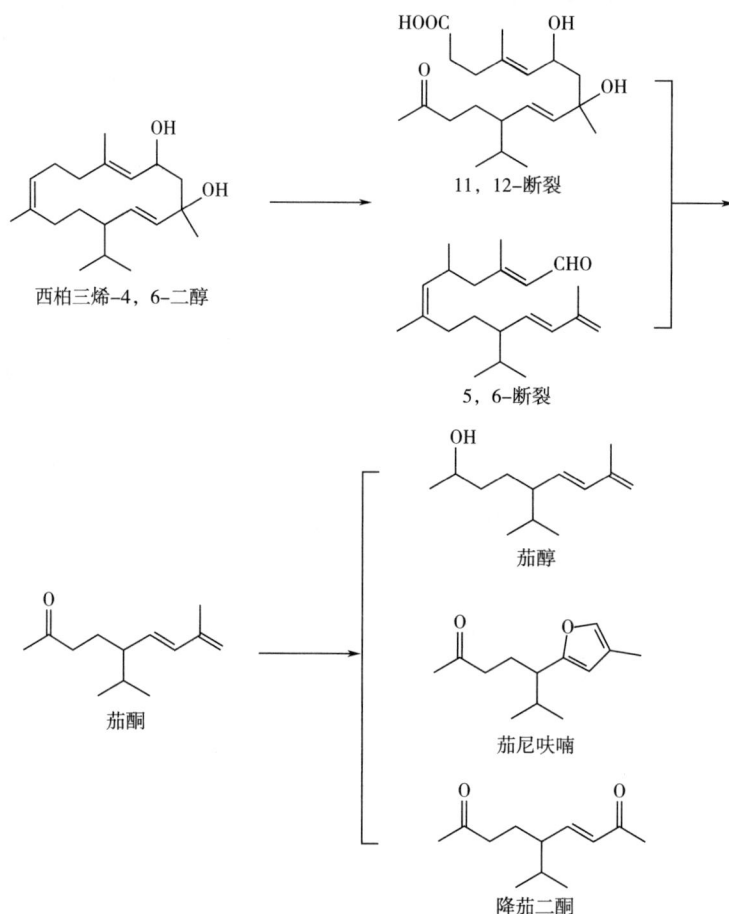

图9-1　西柏三烯二醇降解

茄酮是烟草中含量最丰富的中性香味物质之一，本身具有很好的香气。茄酮的转化产物，如茄醇、茄尼呋喃、降茄二酮也是很重要的烟草香味物质。在烤烟自然醇化过程中，茄酮含量持续增加，并在醇化两年后达到最高。

3. 赖百当类的降解

香料烟经过调制和醇化，90%以上的冷杉醇和赖百当烯二醇发生降解，转化为多种降赖百当类化合物。

降赖百当类化合物在卷烟加香及其他香料工业中应用广泛，其中比较有实用价值的是几种16碳的化合物，即降龙涎香醚、龙涎香内酯、脱氢龙涎香内酯、γ-双环同法尼醛等（图9-2、图9-3）。这些化合物都具有强烈的龙涎香香气，对增进卷烟香气和吃味非常有效。

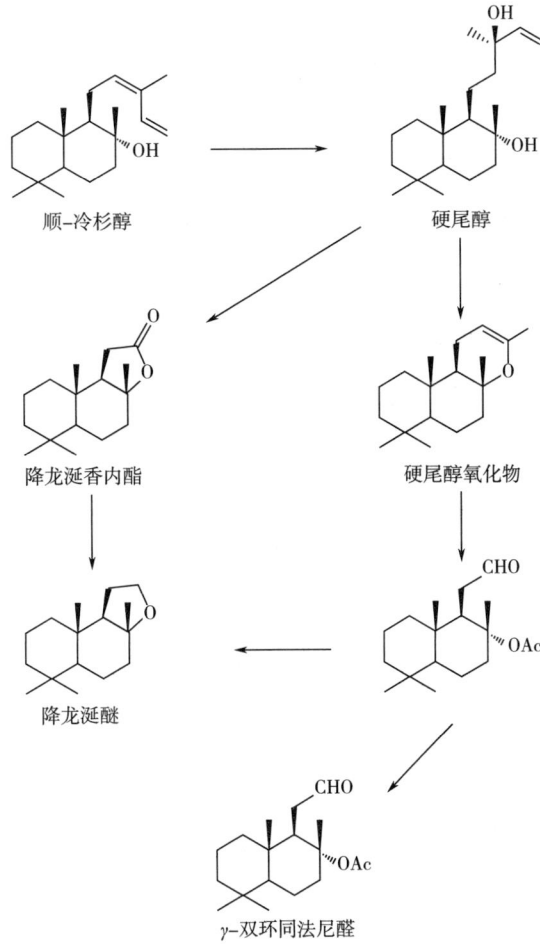

图 9-2　冷杉醇的降解及产物转化

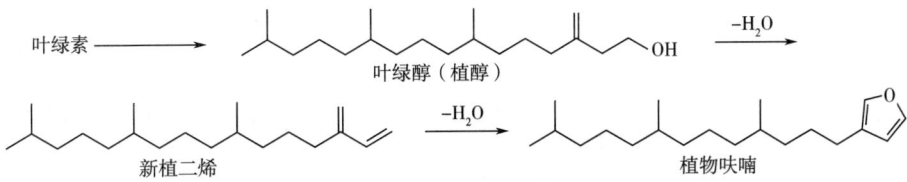

图 9-3　新植二烯的降解及产物转化

思考题

①什么是烟草石油醚提取物和挥发油？各包括哪些类化合物？

②烟草挥发油和树脂对烟草香味有什么作用？在发酵和陈化过程中有什么变化？

③烟草油脂含量和表面类脂物对烟草质量各有什么影响？

④烟草中含有哪些主要的萜类化合物？简述两种主要的二萜在生长期间的变化情况？

第十章 烟草醇类、酯类和羰基化合物

烟草中各种化学成分对烟草质量都有不同程度的影响。最主要的是碳水化合物、含氮化合物和烟草生物碱类，这些物质是形成烟草外观质量和吸食品质的基本物质。其次是烟草色素、有机酸、酚类和脂质类物质，这些物质对烟草品质特点的形成也起着重要的作用。上述化学成分的结构和性质，在烟草生长过程中的积累、变化和调制后的变化范围，以及对烟草质量的影响，在以上各章节已经进行了详细的讨论。此外，烟草中还有一些化学成分如醇类、酯类、羰基化合物等，对烟草质量也有一定影响，在本章中做简单介绍。

第一节 醇类化合物

在烟草化学成分分析研究中发现有大量的醇类化合物。在烟叶中鉴定有 334 种，烟气中有 157 种，其中包括脂肪醇、脂环醇、芳香醇、甾醇、萜醇等。烟草中醇类化合物的含量为 0.77% ~ 1.25%。

烟草中的脂肪醇主要有：甲醇、乙醇、丙醇、丁醇、3-甲基戊醇-1、十七烷醇-1、十八烷醇-1、十九烷醇-1、二十烷醇-1、二十一烷醇-1、二十三烷醇-1。脂环醇主要有：糠醇、薄荷醇、环己六醇。芳香醇主要有：苯甲醇、β-苯乙醇。还有多元醇类如：二甘醇、三甘醇、丙二醇、丙三醇。甾醇类、萜醇类已在其他章节中介绍过。

烟叶中醇类化合物对烟质有一定的影响，它们都是烟草挥发油和树脂的组成成分，对烟草香气和吃味起一定作用。C_1 ~ C_6 的直链饱和脂肪醇从吃味微弱到有青草香气，C_7 ~ C_{13} 的直链饱和脂肪醇从吃味到有微弱的玫瑰花香气，C_{13} 以上几乎无气味。苯甲醇和 β-苯乙醇是烤烟挥发油中主要的致香物质，其浓度在烟叶陈化的最初 6 个月中不断增加，继续陈化，醇类反而减少，据人们推测是因为随陈化时间的延长而形成了酯。芳樟醇、龙脑、薄荷醇等对卷烟香气和吃味也有明显的作用，已用于烟草加香中，薄荷醇也是制造薄荷型卷烟的重要香料。高级脂肪醇和二萜醇类都是烟草香气物质的前体，在烟叶加工过程中降解为一系列的小分子香气成分，是烟草和烟气中香气的重要来源之一。

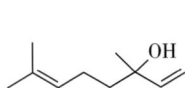 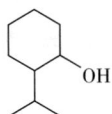 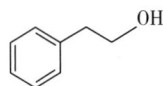

芳樟醇　　　　　　薄荷醇　　　　　　苯甲醇　　　　　　苯乙醇

高级脂肪醇和二萜醇类都是烟草香气物质的前体，在烟叶加工过程中降解为一系列的小分子香气成分，是烟草和烟气中香气的重要来源之一。

表 10-1 列出了烤烟挥发物中分离的醇类物质及香味特征。

表 10-1　烤烟挥发物中分类的醇类物质及香味特征

化学名称	常用名	香味特征
苯甲醇		弱的花香、平和
2，3-丁二醇		清香
反-3，7-二甲基-2，6-辛二烯-1-醇	香叶醇	花香
3，7-二甲基-1，6-辛二烯-3-醇	芳樟醇	甜，花香
3，7-二甲基辛-3-醇	四氢芳樟醇	花香，甜
糠醇		油香，增加浓度
庚醇		甜，花香，酒香
顺-3-己烯-1-醇	叶醇	青味
5-羟基-6，7-二甲基-苯基呋喃		
2-异丙基-5-甲基环己醇	薄荷醇	凉，新鲜香气
5-异丙基-8-甲基-6，8-壬二烯-2-醇	茄醇	甜，花香，和顺
2-(4-甲基-3-环己烯基)-2-丙醇	α-松油醇	松香，甜，霉味
2-（4-苯甲基）-2-丙醇	对散花烯-8-醇	
6-甲基-5-庚烯-2-醇		青味，甜
1-辛醇		花香，果香
1-苯乙醇		甜，坚果香
2-苯乙醇		玫瑰花香
四氢糠醛		干草香，增加浓度
3，7，11，15-四甲基-2-十六烯-1-醇	植醇	清香
4-(2，6，6-三甲基-1-环己烯-1-基)-3-丁烯-2-醇	β-紫罗兰醇	花香
3，7，11-三甲基-1，6，10-十二烯-3-醇	橙花叔醇	木香，花香

第二节　酯类化合物

在烟草化学成分分析中发现有大量的酯类化合物。在烟叶中鉴定有 529 种，烟气中 456 种，其中包括低级脂肪酸酯、高级脂肪酸酯和芳香酸酯。形成酯的醇类大多是乙醇、甲醇、丙醇、丁醇，也有多元醇。烟草中主要的酯类见表 10-2。

表 10-2 烟草中主要酯类化合物

酯类	结构
乙酸乙酯	
丙酸乙酯	
丁酸乙酯	
戊酸乙酯	
异戊酸乙酯	
β-甲基戊酸乙酯	
己酸乙酯	
十一碳酸乙酯	
其他高级脂肪酸酯	
乙酸苄酯	
水杨酸甲酯	
苯乙酸乙酯	
甘油酯	
茄尼醇酯、甾醇酯	

另外，在烤烟中已鉴定出 $C_{14}\sim C_{16}$ 脂肪酸的胆固醇酯和菜油甾醇酯，萜醇的酯也有报道。分子量较大的酯主要存在于烟叶蜡质中，在烤烟中还鉴定出高级脂肪酸（棕榈酸、硬脂酸、油酸、亚油酸和亚麻酸）的甲酯和乙酯。

烟草中酯类化合物对烟草的香气和吃味有重要的影响。低级脂肪酸的酯类具有甜味、水果香味或酒香味，与烟香特别是烤烟香气协调。高级脂肪酸的甲酯和乙酯具有脂肪味和蜡味，使烟气醇和。乙酸乙酯、戊酸乙酯、异戊酸乙酯、异戊酸异戊酯常用作烟草加香原料。一些酯类对烟草的作用特点见表10-3。

表10-3　酯类化合物

化合物	烟气吃味	烟气香气
异戊酸乙酯	甜，酒味，坚果	酒，坚果
异戊酸甲酯	水果味，酒味	甜，水果味，酒味
戊酸甲酯	水果味，酒味	酒味，水果味
水杨酸甲酯	薄荷味，甜	薄荷，花香，辛香
辛酸乙酯	醇和，蜡味，增加浓度	醇和，蜡味
壬酸乙酯	脂肪，蜡味，醇和	脂肪，蜡味
癸酸乙酯	甜味，增加浓度	醇和，增加浓度
十二酸乙酯	醇和，甜味	醇和，增加浓度
十四酸乙酯	醇和，增加浓度	醇和
十六酸乙酯	甜，醇和	醇和
油酸甲酯	淡的烤烟风味	淡的
亚油酸甲酯	甜，醇和	甜
亚麻酸甲酯	甜，增加浓度	增加浓度

以上酯类常作为单体香料用于烟草调香。

烤烟中许多挥发性内酯成分对烟叶香气也有显著影响，如二氢猕猴桃内酯可起到消除刺激性作用。表10-4为烤烟挥发性成分中鉴定出来的部分内酯类化合物及其香味特征。

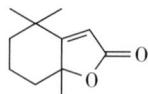

二氢猕猴桃内酯

表10-4　烤烟中的内酯及其香味特征

化学名称	常用名	香气
2，4-二羟基-3，3-二甲基丁酸内酯		甜，黄油
2，3-二甲基-4-羟基-6-氧代庚酸内酯		
2，3-二甲基-4-羟基-2，4-壬二烯酸内酯		
4-羟基丁酸内酯	γ-丁内酯	

化学名称	常用名	香气
4-羟基己酸内酯	γ-己内酯	
7-羟基-6-甲氧基香豆素	莨菪亭	弱，甜香
4-羟基-4-甲基己酸内酯	4-甲基-γ-己内酯	青气，甜
5-羟基-4-甲基己酸内酯	4-甲基-δ-己内酯	甜，酚味
4-羟基-3-甲基戊酸内酯	3-甲基-γ-戊内酯	甜，增加浓度
4-羟基壬酸内酯	γ-壬内酯	可可味
4-羟基-2,4-壬二烯酸内酯	γ-戊二烯内酯	
4-羟基戊酸内酯	γ-戊内酯	甜，轻，松脂
5-羟基戊酸内酯	δ-戊内酯	
4,4,7a-三甲基-5,6,7,7a-四氢-1-苯并呋喃-2 (4H)-酮	二氢猕猴桃内酯	香豆素香气，降低刺激性

第三节 羰基化合物

烟草中的羰基化合物被认为是影响烟草香味的重要成分。在烟叶中已鉴定出醛类 111 种，酮类 384 种，大部分为烟叶成熟、调制、陈化过程中的降解产物，主要的醛类和酮类见表 10-5。烤烟烟叶精油成分中的主要羰基化合物见表 10-6。

表 10-5　烟草中主要的醛类和酮类化合物

名称	结构式
醛类	
甲醛	HCHO
乙醛	CH_3CHO
丙醛	⌃CHO
丁醛	⌃⌃CHO
异丁醛	⌃CHO
戊醛	⌃⌃⌃CHO
异戊醛	⌃CHO

名称	结构式
丙烯醛	
巴豆醛	
二羟基丙烯醛	
丙酮醛	
羟基乙醛	
糠醛	
5-甲基糠醛	
5-羟甲基糠醛	
苯甲醛	
茴香醛	
3-甲基苯甲醛	
酮类	
丙酮	

续表

名称	结构式
2-丁酮	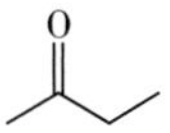
2-戊酮	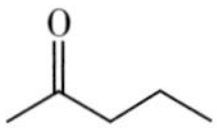
4-甲基-2-戊酮	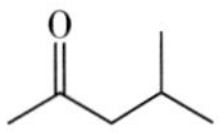
乙酰基吡咯	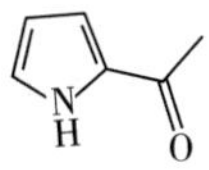
4-甲基苯乙酮	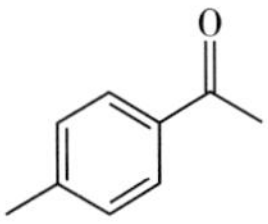
4-甲基-5-异丙基苯乙酮	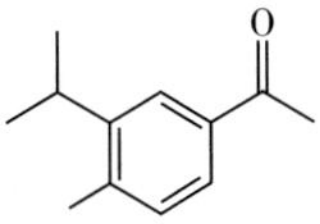
6-甲基-2-庚烯-5-酮	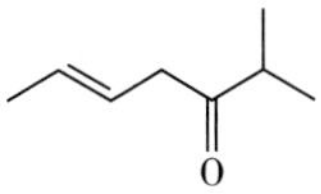

表 10-6 烤烟烟叶精油成分中主要的羰基化合物

化学名称	常用名	香气
醛类		
5-乙酰糠醛		
苯甲醛		杏仁
癸醛		清香，柠檬
糠醛		甜，面包，黄油
2，4-庚二烯醛		脂肪味
4-羟基-3-甲氧基-苯甲醛	香兰素	香草味
5-强甲基糠醛		甜，花香，增加浓度
3-甲基苯甲醛		樱桃香，增加浓度

化学名称	常用名	香气
5-甲基糠醛		甜，增加浓度
苯乙醛		花香，皂香
2-苯-2-丁醛	巴豆醛	辣，胡椒味
反-3-苯基-2-丙醛	肉桂醛	肉桂，甜
吡咯-2-羧甲醛		甜，和顺
2，6，6-三甲基环己烯羧甲醛	β-环柠檬醛	甜，增加浓度
酮类		
苯乙酮		甜，辛，樱桃味
2-乙基呋喃		清香，草
2-乙基-5-甲基呋喃		
4-（1，3-丁二烯基）-3，5，5-三甲基-2-环己烯-1-酮	巨豆三烯酮	干草，烟草本香
1，4-环己烯二酮		
反-6，10-二甲基-5，9-十一碳二烯-2-酮	香叶基丙酮	青味，增加浓度
顺-6，10-二甲基-5，9-十一碳二烯-2-酮	橙花基丙酮	花香，甜，增加浓度
4-（3-羟基-1-丁烯）-3，5，5-三甲基-2-环己烯-1-酮	3-氧代紫罗兰醇	甜，增加烤烟味
2，6，6-三甲基-2-环己烯-1，4-二酮	4-氧代异佛尔酮	和顺，甜
1-（4-羟基-2，6，6-三甲基-1-环己烯基）-2-丁烯-1-酮	3-羟基-β-二氢大马酮	青，玫瑰，甜
5-异丙基-2-甲基-2-环己烯-1-酮		青，草味，药草
5-异丙基-8-甲基-6，8-壬二烯-1-酮	茄酮	平和，酮味
5-异丙基-3-壬烯-2，8-二酮	氧化茄酮	甜，酮味
4-甲基苯乙酮		和顺，甜，焦糖
2-甲基苯乙酮		葡萄味
4-甲基苯乙酮		甜，果香，似香豆素
甲基环戊烯醇酮	MCP	甜，焦糖
3-甲基-2-环戊酮		甜
6-甲基-5-庚烯-2-酮		和顺，青
2-甲基四氢呋喃-3-酮		甜，烤烟味
2，5，8-壬三酮		甜，坚果，增加浓度
3，5-辛二烯-2-酮		
2-戊酮		甜，坚果，酮味
1-（2，6，6-三甲基-1-环己烯基）-2-丁烯-1-酮	β-二氢大马酮	增加浓度，白肋烟味
1-（2，6，6-三甲基-1，3-环己二烯基）-2-丁烯-1-酮	β-大马酮	增加浓度，白肋烟味

续表

化学名称	常用名	香气
4-（2，6，6-三甲基-1-环己烯基)-3-丁烯-2-酮	β-紫罗兰酮	甜，木香，花香，顺口
4-（2，6，6-三甲基-2-环己烯基)-3-丁烯-2-酮	α-紫罗兰酮	甜，木香，花香，顺口
6，10，14-三甲基-5，9，13-十五碳三烯-2-酮	法尼基丙酮	甜，青烤烟味
6，10，14-三甲基-十五碳-2-酮	六氢法尼基丙酮	微甜，顺口

一些高沸点的酮如 4-甲基苯乙酮、4-甲基-5-异丙基苯乙酮、6-甲基-2-庚烯-5-酮，以及 β-大马酮、β-二氢大马酮、β-紫罗兰酮等具有明显的致香作用，不少已用于烟草制品的加香中。

β-大马酮和 β-二氢大马酮首次在玫瑰中发现，存在于玫瑰花精油中，也成为了玫瑰酮类化合物，它们在玫瑰中的含量极低，约为 0.015%，却显示了玫瑰的特点。β-大马酮嗅觉阈值很低，约为 $3×10^{-12}$，自然界中有 50 多种食品及加工食品中含有这类物质，包括咖啡、茶叶和啤酒等。β-大马酮和 β-二氢大马酮在烟草中的发现首先是在白肋烟中，赋予烟叶木香、花香、果香、甜香以及烟草特征香味。β-紫罗兰酮具有紫罗兰花香和柏木香气特征，可增进烟草花香和木香香韵。

挥发性羰基化合物一部分是在生长期间形成，另一部分是在调制、陈化期间由前体物通过光催化、酶催化、氧化、棕色化等反应形成。如类胡萝卜素中的紫黄质可降解生成 β-大马酮，β-胡萝卜素可降解生成 β-紫罗兰酮，西柏三烯二醇降解生成茄酮，而巨豆三烯酮则由 3-氧代-α-紫罗兰醇糖苷降解而来。

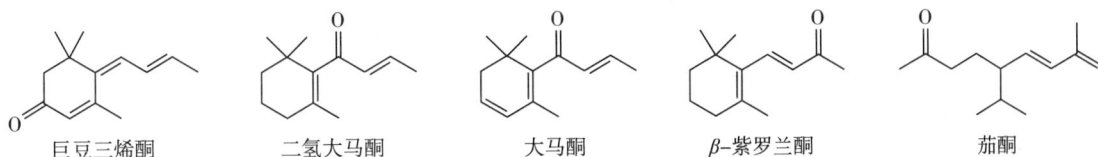

巨豆三烯酮　　　二氢大马酮　　　大马酮　　　β-紫罗兰酮　　　茄酮

思考题

①烟草中的醇类化合物主要有哪些？对烟质有哪些影响？
②烟草中的酯类化合物主要有哪些？对烟质有哪些影响？
③烟草中的醛、酮化合物主要有哪些？对烟质有哪些影响？

思政小课堂

在我国正式签署 WHO《烟草控制框架公约》后，卷烟和烟叶市场国际化程度逐步加深，中国烟草面临着新的形势与新的挑战。如何稳守和主导我们的卷烟市场，尽快提高我国卷烟产品的市场竞争力和全行业的总体竞争实力，已成为全行业迫切需要解决的重大问题。因此，国家烟草专卖局颁布实施的《中国卷烟科技发展纲要》确立了"以市场为导向，保持和发展中国卷烟的特色，大力发展中式卷烟"的卷烟科技发展方向，由此提出中式卷烟发展战略。其中，香原料的自我掌控即为中式卷烟战略实施的重要一环。本章的醇类、酯类、醛酮类化合物，以及第九章的糖酯类、萜类等化合物是卷烟加香加料的重要香原料，也是中式卷烟香味风格形成的基础。但是，我国烟草行业目前的烟用香精香料技术水平与世界先进技术仍有一定的差距，主要表现在行业香精香料基础研究薄弱，对香料缺乏系统研究，可供选择的香原料品种不够丰富，以及烟草企业烟用香精香料方面的技术人才缺乏等。这需要开展国内外烟叶和卷烟的香味特征研究，掌握不同品质、不同风格的烟叶和卷烟的香味特征，开展香料单体在卷烟中作用的基础研究，实现对香料单体的把握和掌控，建立具有自主知识产权的中式卷烟香精香料核心技术体系。

第十一章　烟草矿质元素

烟草在生长过程中，为了正常的营养需要，除了不断从周围空气中和土壤吸收二氧化碳和水，以获得碳、氢、氧以外，还要从土壤中吸收另一组重要元素，即矿质元素，来维持正常的生命活动。

第一节　烟草的元素组成

烟草植物体的元素组成，除碳（C）、氢（H）、氧（O）、氮（N）外，发现还有43种主要的元素，如磷（P）、钾（K）、钙（Ca）、镁（Mg）、硫（S）、铁（Fe）、锰（Mn）、钼（Mo）、铜（Cu）、硼（B）、锌（Zn）、氯（Cl）、砷（As）、氟（F）、碘（I）、汞（Hg）、硒（Se）、硅（Si）、铝（Al）、钡（Ba）、铯（Cs）、铬（Cr）、钴（Co）、锂（Li）、镍（Ni）、钋（Po）、镭（Ra）、铷（Rb）、金（Au）、银（Ag）、钠（Na）、锶（Sr）、铊（Tl）、锡（Sn）、钛（Ti）、钒（V）、铀（U）、镉（Cd）、溴（Br）、铅（Pb）、铂（Pt）、锑（Sb）、铋（Bi）。

烟草在生长过程中，必须吸收一定数量且比例协调的 C、H、O、N、P、K、Ca、Mg、S、Fe、Mn、Mo、Cu、B、Zn、Cl 等16种元素，这些元素称为必需元素。虽然吸收这些元素的数量有多有少，但是这16种元素都是同等重要且不能相互代替的。某种元素吸收不足或过多，都会影响烟株的正常生长发育，甚至产生病害（如缺素症、中毒症等生理病害或诱发其它侵染性病害），从而降低产量和品质。

必需元素中又可分为大量元素和微量元素。烟草需要量大的、对产量和质量影响显著的为大量元素，如 N、P、K、Ca、Mg、S，其中 N 不是矿质元素，但必须从土壤中吸收。Fe 的需要量不大，但却很重要。Fe、Mn、Mo、Cu、B、Zn、Cl 是烟草必需微量元素。Cl 的生理作用尚不完全清楚，可看作微量元素，但有时烟草体内含量并不少。

第二节　矿质元素的吸收

矿质元素是烟草根系从土壤中吸收的，进入烟草体内经过运输和转化过程产生生理作用，叫作矿质营养。矿质元素被吸收时先通过细胞壁，再经过细胞质膜进入细胞质。根系吸收离子态的矿质元素有两个方式：被动吸收和主动吸收。被动吸收靠纯物理学原理，不需要能量，称非代谢吸收；主动吸收需要借助呼吸作用产生的能量，称代谢吸收。

土壤中有许多正离子和负离子，烟草吸收哪些正离子和负离子是有选择性的。水培实验表明，烟草不是按所施肥料的各种正、负离子比例吸收的，对各种离子的吸收能力也不一样，这种选择性是随时间和烟草生长发育阶段的改变而变化的。

烟草吸收各种矿质元素的离子时，总体上是保持电中性的，也就是说吸收了一定数量电荷的负离子时，也必须吸收相同数量电荷的正离子，才能维持电中性。这样在吸收相同电荷的离子时就存在着相互排斥的作用，这叫作拮抗作用。例如烟草吸收 NH_4^+、K^+、Ca^{2+}、Mg^{2+} 等正离子时存在着拮抗作用，吸收 NO_3^-、SO_4^{2-}、Cl^-、PO_4^{3-} 等负离子时也存在着拮抗作用。

正是由于烟草吸收矿质元素有选择性和拮抗作用，以及各地区土壤供应各种矿质元素的量和比例不同，形成烟草的矿物质组成既有相同之处也有不同之处。同一地区同一品种的烟草其元素组成大体是相同的，而不同地区、不同品种的烟草元素组成差别较大，不同地区的同一品种烟草或相同地区的不同品种烟草也有差异。利用元素组成来衡量烟质是相当困难的，因为影响烟质的因素很多，特别是有机物质的组分对烟草香气和吃味的影响占主导地位，所以很难做到在有机组成和其他元素不变的基础上来比较某一种元素的含量对烟质的影响。

第三节　主要元素的生理作用

一、大量元素

（一）氮

氮是影响烟叶产量和质量的关键元素。氮素作为植物体蛋白质的构成成分，在维持生命活动和代谢上起着极其重要的作用。烟草细胞中不管是组成部分、调节部分和激活部分都含有氮。氮是叶绿素的成分，直接参与光合作用。氮也是烟碱的成分，对烟草质量有重要影响。此外，氮还以硝酸盐及其他形式存在于烟草中。

烟草植株主要以硝态氮（NO_3^-）的形式吸收氮素，铵态氮（NH_4^+）也能被直接吸收。两种形态氮素对烟草化学成分和产量质量有着不同的影响，硝态氮在酸性介质中的利用较为有效，而铵态氮在 pH 值为 7~9 的范围内最易被吸收。烟苗喜欢吸收铵离子，而较大烟株吸收硝态氮的比例较大。一般认为，一旦吸入植物体内，硝态氮即被还原转化为铵态氮，以合成为高级化合物，直到合成蛋白质。

植物体内的氮素是较易流动的。根据示踪原子 ^{15}N 实验，进入根部的 ^{15}N 在 72 h 后即在叶片蛋白中出现。2 天或 3 天后，^{15}N 位置完全改变，并且均匀分布于整个植株中，不管是通过根施或叶面喷洒，均是如此，标记原子的其他研究表明，在植株各个器官中的氮，存在着连续的往返运动。

适当增施氮肥，使土壤中有足够的硝酸盐和其他形式的氮素供烟草吸收，可以提高烟叶产量和烟叶中烟碱及其他氮化物的积累量，从而使烟草正常生长，烟叶品质优良。烟草缺氮时，烟株矮小，叶片少，叶色浅淡，烤后色泽灰暗，烟碱含量低；严重缺氮时，烟叶会出现白化现象，这是由于缺氮时叶绿素合成受阻，烟草不能正常进行光合作用，这种现象在下部叶更为显著。相反，如果氮素供应过多，烟株旺长，叶色深绿，粗筋暴叶，蛋白质和烟碱含量大大增加，而糖类则相应减少，这种烟叶不能正常落黄成熟，难以调制。

（二）磷

磷作为烟草体的成分不像氮那么多，但也是一种重要成分。蛋白质、核酸中含磷较多，磷对于蛋白质、核酸、磷脂的合成起重要作用，间接参与生理和遗传作用。磷促进细胞分裂，与细胞分裂的数目和细胞的大小都有关系，因此影响植株的生长。磷在生长点及细胞代谢活动旺盛的部位含量丰富，因此对根系的生长和种子成熟都有重要作用。磷能促进糖类代谢，糖类的合成、运输、转化和分解的中间产物都含有磷。磷与糖分含量呈正相关，能改进烟叶的色泽，这可能与糖类的新陈代谢有关。磷更突出的作用是参与能量代谢，ATP 是高能磷酸键的携带者，当它水解时，放出较多的能量，供生命活动的需要。它所携带的 3 个磷酸基团可提供其他化合物磷酸化作用所需的磷，从而参与光合作用和呼吸作用。

土壤供磷适当，烟草生长正常，能提高品质和产量，提高品质的作用大于提高产量的作用。烟草的早期生长中，磷被迅速积累，移栽的幼株需要马上供给有效磷肥，此时是吸收磷的高峰，第二个吸收磷的高峰是烟株的开花期。如果磷供应不足，叶片狭长，呈柳叶状，下部叶片出现棕色斑点，烤后叶片灰暗无光泽。过量施磷没有明显的有害症状，但可能引起减产，其原因可能是磷促进成熟和引起早花。

磷只有与适量的氮相配合，才能达到糖类的正常合成和积累，使烟叶的色泽和吸食品质得到改善，获得优良的外观和内在品质。

（三）钾

烟草是喜钾植物，需要钾的量高于其他植物，并且钾的含量高低对烟叶品质有很大的影响。但是钾与氮、磷的作用完全不一样，它不是用来合成有机体的成分（烟草有机物中很少含有钾），而是作为激活剂来促进生命活动。

钾在烟草体内大部分以离子形态溶解于细胞液中，小部分是和有机成分构成松散结合和状态。钾的移动性大，被吸收后分布在代谢功能较强的部位，如幼芽、幼叶和根尖。钾不足时，优先供给顶部，钾充足时，主要积累在下部叶片中。打顶后烟株各部分钾的含量重新分配，一般来说，下部叶片钾含量减少，上部叶片钾含量增加，钾在叶片中积累的总量增加。

钾参与糖类的合成、硝酸根的吸收及其还原后蛋白质的合成等，其作为离子活化各种酶，加速酶促反应，由此可以推测钾对碳水化合物和氮化合物代谢起作用。钾在细胞内调节水分，起着维持适度膨压的作用。另外，对气孔的开关、根压的形成、提高原生质的水合度，钾都起着重要作用。钾有利于机械组织发达，增强抗倒伏、抗病、抗干旱的能力。

钾供应适量，烟株生长旺盛，糖分积累增加，烟叶燃烧性和持火力增强。含钾多的烟叶，叶片柔软，组织细致，烟叶外观质量好。钾供应不足，叶片呈淡黄色，叶尖和叶缘发生红棕色斑点，并向叶背卷曲，相应地叶面向上隆起。钾供应过多时，烟株内糖类的代谢受阻，引起淀粉大量积累，叶片变厚变脆，在调制过程中脱水慢，淀粉转化不良，烤干后烟叶色泽不佳，吸湿性强。

（四）钙

由于钙盐在土壤中的含量非常丰富，所以烟草吸收利用钙较多，在烟叶的灰分中，钙的含量经常高于钾，钙与钾占烟叶灰分总量的 70% 左右。钙的生理作用还不完全清楚，据资料介绍钙能促进蛋白质的代谢；同时钙是顶端分生组织所必需的元素，因此对茎顶和根尖生长的影响很大，缺钙时细胞分裂受阻；钙可中和代谢过程中产生的有机酸，对细胞内 pH 值起调节作用；钙可以与细胞中的果胶质结合生成果胶酸钙，起到加固细胞壁的作用；钙能抵抗镁和锰过多的毒害作用。活体内的钙中，70%乙醇可溶的离子态的钙少，2%醋酸可溶性有机态果胶酸盐等和10%盐酸可溶的草酸盐、磷酸盐等则较多，在生理上认为2%醋酸可溶性钙是重要的。

烟草缺钙时上部叶片发育不全而成为畸形，由叶尖叶缘最先受害，向下弯曲，直至一部分死亡脱落，使叶边缘不整齐。烟株开花期缺钙，花蕾脱落，如有不脱落的花，花冠亦死亡。上部叶片首先受害的原因是，钙在烟株内分布不一样，老叶片比新叶片含钙量高，钙在植株内移动缓慢，下部叶片吸收土壤中的钙发育正常，上部叶片发育时因土壤缺钙不能满足供应，下部叶片中的钙又不易向上部移动，致使叶片畸形。

一般认为，钙对烟草的填充力有好的作用，钙含量高，填充力也高。白肋烟和马里兰烟的填充力高，其含钙量高是原因之一。钙对烟草的燃烧性表现为中等。

（五）镁

镁是叶绿素结构中的金属元素，占叶绿素组成的2%以上，直接参与光合作用的进行。尤其重要的是镁是磷酸化酶的激活剂，如葡萄糖激酶、果糖激酶、柠檬酸形成酶、磷酸转位酶等，因此镁对促进糖类的合成和分解作用是特别突出的。

烟草缺镁时，叶绿素和类胡萝卜素含量均下降，叶片出现白化现象，由叶尖叶缘开始，再向叶面发展，严重时除叶脉外整片烟叶白化。白化现象先从下部老叶开始，逐步向中上部叶片发展。这与缺钙症状正好相反，说明镁在活体中是容易移动的。烟草叶片镁含量约为0.15%时，常常有明显的缺镁症状，含镁量为0.25%时，一般不会发生缺镁症状。当植株严重缺镁时，鲜烟叶积累的淀粉量少，减缓植株生长发育，叶片颜色变浅，种子、茎、根和叶的产量按顺序降低。施白云石（释放氧化镁）和硫酸镁可避免缺镁症状的发生。

烟叶中镁的含量与钾和钙的存在及其含量有着密切的联系，如果钾和钙缺乏，则镁含量增加，反之亦然。在植株中镁以各种形态存在，如果把它划分为水溶性、醇溶性和盐酸可溶性等形态时，盐酸可溶性形态能最好地反映镁的营养状况。

镁对烟草的燃烧性有重要影响，镁的含量适中能保持烟灰完整，不易散落。镁含量高时降低烟草燃烧性，烟灰颜色变暗，且呈片状脱落，燃烧不均匀。

（六）硫

烟草中硫的含量随烟草类型和栽培条件不同而变化，一般为0.2%～0.7%。从生理作用的角度讲，硫和氮的作用是同样重要的作用。硫是以可溶性的硫酸盐被烟草吸收的，被结合到半胱氨酸、胱氨酸和蛋氨酸中，进而形成各种蛋白质，对植株的生长起着重要作用。硫还是一些酶、硫胺素（维生素 B_1）、生物素（维生素 H）、辅酶 A 的成分，这些化合物参与氧化、还原、生长调节等重要的生理作用，从多方面参与三羧酸循环和脂肪代谢。

烟草如果缺硫，会影响蛋白质的合成，出现类似缺氮时的萎黄病，但实际上还没有在烟草栽培区发现过这种症状。其原因是，每年都施一定量的硫酸铵、硫酸钾等含有硫酸根的肥料。因此，现在要注意的不是缺硫问题，而是不宜施用过多的硫，以免引起土壤理化性质的恶化。

硫对烟草的燃烧性有不良影响，烟株中过量的硫会使钾与有机酸的结合减少，显著地降低其燃烧性，表现为减少持火力，并严重影响烟草的吃味。有研究表明，当硫含量为0.59%、

0.67%、0.78%、0.93%时，其燃烧性依次为好、尚好、差、极差。

二、微量元素

（一）铁

铁是烟草生长必需的微量元素，铁在活体内作为各种酶和载体的构成成分，如过氧化物酶、过氧化氢酶、铁氧化蛋白酶和细胞色素氧化酶，以二价铁（Fe^{2+}）和三价铁（（Fe^{3+}）的相互变化，参与氧化还原反应，尤其是在呼吸作用中起着重要作用。铁也是叶绿素形成的催化剂，缺铁时，即使镁供应充足，叶绿素的形成也要受到阻碍，导致烟叶黄化现象，从上部叶片开始，自叶尖到整个叶面变为黄白色，叶脉是绿的，叶肉是白的，其原因就是叶绿素形成受阻。

（二）铜

1931 年索姆玛·李普曼阐明了铜作为植物微量元素的必要性。铜是酪氨酸酶、抗坏血酸氧化酶的构成成分，由此可以推测，铜在生物体内的生理作用主要是氧化还原作用，是通过一价铜（Cu^+）和二价铜（Cu^{2+}）的相互变化来实现的。烟草缺铜，从上部叶片开始发黄、萎蔫（膨压降低的结果），下部叶片生长正常，说明铜在体内移动性小。开花期缺铜，花序连同花柄一起向下弯曲。烤烟缺铜时含糖量减少，含氮量增加，糖氮比不协调，对烟叶质量不利。

（三）锰

锰是植物体内含量最高的微量元素之一，它对烟草的生长发育有很大的影响。锰与叶绿素形成有关，进而影响光合作用。锰与维生素关系密切，植物体内含维生素多的地方含锰较多。与锰有关的酶有 30 余种，如硝酸还原酶，糖酵解过程中的磷酸化酶，三羟酸循环中的 α-酮戊二酸脱氢酶、苹果酸脱氢酶等。

烟草缺锰时，叶脉间发生褪绿现象，开始时整株叶片逐渐褪绿变黄，叶面上出现淡色网状花纹，这种花纹是黄底绿纹，进而呈现棕褐色枯斑，最后变成白色。烟草缺锰，其生长会受严重影响，若增施锰肥，叶片颜色可再度变绿，生长恢复正常。

烟草供应过多的锰会出现过量症状。尽管烟草能耐一定量的锰，但过量施锰也可能引起锰的中毒。烟草生长初期施锰过量，中部叶片乃至上部叶片将出现与缺铁症相似的褪绿现象。锰严重过量时，烟草将停止生长发育，甚至叶片出现干死。

（四）硼

硼与细胞膜及细胞的形成有关。植物生殖细胞的分裂比营养器官细胞的分裂旺盛得多，因而缺硼时，细胞膜的形成过程受到阻碍，生殖细胞的分裂就会发生异常。硼与植物体内糖类的转移有关，缺硼时，植物叶部的糖含量增加，茎部的糖含量下降，试验表明，用 ^{14}C 标记的糖在缺硼时移动受阻，不能从叶部向其他部位转移。硼与植物对无机养分的吸收有关，在有硼存在的时候，硼可以促进植物对铵、钾、钙等正离子的吸收，同时抑制对硝酸根、磷酸根等负离子的吸收。

烟草生长初期缺硼时，顶端的生长点停止延伸，植株生长缓慢，继而顶心部呈现暗褐色，最后枯萎以至死亡。现蕾后缺硼时，植株不开花，也不结实，叶肉变厚而且失去柔软性，根系发育不良，呈褐色。

硼虽然是烟草的一种必需元素，但烟草对它的需求量很小，极易出现硼过量。日本垣江的试验表明，1 kg 土壤施用 0.5 g 硼砂时，即出现显著的硼过量症。轻度硼过量症的症状是，下部叶片的叶缘呈现黄褐色，并逐渐干枯；重度硼过量症的症状是，茎部不再延伸，叶细长，向上方弯曲呈现杯状，而且出现黄色甚至白色。

（五）锌

锌是植物需要量和含量相当高的微量元素，与铜一样，锌在植物体内氧化还原过程中起催化剂的作用，如果缺锌，细胞内的氧化还原电位将发生紊乱。同时锌是保护植物生长激素及形成植物生长激素的前体——色氨酸所不可少的元素。

烟草无锌栽培试验表明，从试验开始后第 15 天，烟草即停止生长，其后上部叶片变得暗绿肥厚，下部叶片则出现大而不规则的浅棕色或黑棕色的枯斑，但与缺钾不一样，在枯斑上有黑色的小颗粒或螺纹。随着时间的延长，枯斑逐渐扩大最后叶片枯死脱落。

（六）钼

钼是植物需要量最低的一种微量元素，一般烟株利用钼的范围为 $0.001 \sim 1 \times 10^{-5}$。钼最主要的作用是参与植物体内的硝酸还原作用。当对植物施用的硝态氮比铵态氮高时，植物对钼的需求量就高。硝态氮多积累于缺钼的植物体内，在移栽用的液体肥料中增加钼可显著提高植株钼含量及硝酸还原酶的活性和烟叶产量。缺钼可降低植物体内抗坏血酸含量，植物的呼吸作用得到增进，而光合作用受到抑制。缺钼症的表现是在较嫩的烟叶上呈现有小的坏死斑，在过熟烟叶上呈现褪绿。

（七）氯

植物体内氯的含量依土壤性质、地域特性、施肥种类、栽培方法等而有相当大的变动。少量的氯（占肥料的 2%）可提高烟叶产量，改善某些品质因素如颜色、水分含量、弹性、燃烧性以及烟叶的贮藏质量。随着烟叶氯含量的增加，糖类代谢受阻，淀粉积累过多，叶片厚而脆。随着氯含量的增加，含糖量增加，吸湿性和平衡水分增加，水溶性灰分的碱度、填充力和持火力则降低。

一般认为氯离子是对烟叶阻燃的主要因素。经验表明，烤烟含氯量超过 1%，烟叶燃烧速度减慢；超过 1.5%，就显著阻燃；含氯量超过 2%，烟叶则发生黑灰熄火现象。

第四节　我国烤烟元素组成状况

在云南的玉溪地区，贵州的遵义地区，河南的平顶山、三门峡和驻马店地区，山东潍坊地区，辽宁开原市和安徽的歙县采取随机取样的方法抽取一定数量的等级为 C_3F 的烟叶样品，分析了烟叶中 N、P、K、Ca、Mg、S、Cl、Fe、Mn、Cu、Zn、Mo、Na、Al、Cd 的含量。

一、大量元素含量

表 11-1 是我国烟叶大量营养元素含量情况。我国烟叶氮含量并不高，全国平均为 1.688%，处在较好的位置，但低于美国烟草界认为的最佳含量（2.5%）。北方烟叶含氮量变幅较小，南方烟叶变幅较大。由于烟叶氮含量主要取决于土壤氮素状况和氮肥施用量，因此，

上述结果一方面反映了南方烟区植烟土壤以山地为主，情况比较复杂，另一方面也说明南方烟区在氮素用量的掌握上比北方烟区差，氮肥使用的不合理情况比北方严重。

烟叶磷含量的正常范围是 0.15%~0.5%，我国烟叶的磷含量大多处于正常范围内，云南、贵州、河南和山东烟叶磷含量十分接近，但安徽和辽宁烟叶磷含量却明显高于另外四省。我国有关烟叶磷素营养问题的研究相对氮和钾而言较少，但磷对烟叶品质影响也极大，因此对其正确使用值得进一步研究。

表 11-1　烟叶氮（N）磷（P）钾（K_2O）平均含量（%）

项目	贵州	云南	河南	山东	安徽	辽宁	全国
氮含量	1.606	1.748	1.694	1.860	1.685	1.431	1.688
最小值	0.82	1.02	1.2	1.33	1.55	1.25	0.82
最大值	3.35	2.98	2.58	2.37	1.78	1.47	3.35
磷含量	0.275	0.223	0.224	0.283	0.611	0.605	0.265
最小值	0.11	0.14	0.15	0.17	0.51	0.57	0.11
最大值	0.65	0.65	0.42	0.53	0.7	0.66	0.7
钾含量	2.13	2.05	1.41	1.56	2.54	1.57	1.81
最小值	1.00	1.07	0.75	1.08	2.28	1.46	0.75
最大值	3.29	3.05	2.09	2.15	2.77	1.74	3.29
样本数	94	62	108	36	8	8	319

通常烟叶中钾含量为 2%~8%（以 K_2O 计），香料烟中的钾含量一般高于烤烟。烤烟对钾有较高的需要量和吸收强度，而含钾量高被认为是优质烤烟的指标之一。目前我国烟叶的钾含量较 20 世纪六七十年代已有明显的提高，这主要归功于烤烟生产中钾肥的使用。从地区来看，烟叶钾含量仍存在南高北低的总趋势，以河南、山东为代表的黄淮烟区烟叶含钾量仍徘徊在 1.5% 左右，云南、贵州为主的云贵烟区烟叶含钾量则一般高于 2%。另外，在土壤母质以花岗岩为主的福建三明地区烟叶钾含量一般为 3%~4%。

二、中量元素含量

对于优质烟叶，钙应是烟草灰分中仅次于钾的主要成分。但我国烟叶钙平均含量达 3.45%，超过了钾的含量，大大高于国外优质烟的钙含量（2.5% 左右），相当一部分超过了 3.6% 的上限（表 11-2）。总体来看，南北方烟区部分烟叶的钙含量过高，这是因为黄淮烟区土壤大部分为 $CaCO_3$ 饱和的石灰性土壤，而贵州省的烟区土壤也有相当大一部分发育于石灰岩和碱性紫色土，土壤盐基中钙的含量较高。烟叶中平均钙含量为河南>山东>安徽>贵州>辽宁>云南。镁在烤烟烟叶内的含量一般为 0.3%~1.2%，我国烟叶的镁含量大多处于该范围内。由表 11-2 可见，我国烟叶一般不会出现缺镁，但南方烟区的安徽、云南、贵州等省少数烟叶镁含量较低，特别是皖南，不排除缺镁的可能。所以，南方的酸性土壤，特别是质地较轻的土壤，可考虑适当补充含镁肥料（钙镁磷肥和硫酸镁）。而我国北方石灰性土壤尽管绝对镁含量较高，但有可能因钙镁比例失调而出现缺镁问题。

表 11-2 我国烤烟中量元素含量（%）

项目	贵州	云南	河南	山东	安徽	辽宁	全国
钙含量	3.332	2.663	3.969	3.699	3.462	3.13	3.451
最小值	2.24	0.21	2.53	2.89	2.98	2.76	0.21
最大值	5.15	3.61	5.53	4.6	3.77	3.39	5.53
镁含量	0.471	0.595	0.459	0.544	0.178	0.611	0.496
最小值	0.2	0.25	0.24	0.29	0.14	0.56	0.14
最大值	1.18	1.33	1.16	1.16	0.21	0.68	1.33
硫含量	0.661	0.510	0.506	0.555			0.552
最小值	0.35	0.18	0.28	0.38			0.18
最大值	1.1	1	0.84	0.72			1.1
样本数	94	62	108	36	8	8	319

烤烟正常的硫含量为 0.2%~0.7%，烤烟硫含量略低有助于烟叶烘烤后具有光泽，但如果缺硫，调制后烟叶颜色会比硫含量正常的烟叶浅得多。烟叶硫含量大于 0.7% 时，烟叶的燃烧性变差，外观质量也欠佳。我国烟叶硫含量总体上处于合理范围内，最高和最低含量均出现在南方烟区，可能是南方烟区土壤本身含量较低，在施含硫肥料不足的情况下，就生产出低硫含量烟叶，而大量施用含硫肥料时，就生产出高硫含量烟叶。由表 11-2 可见，云南和贵州许多烟叶硫含量均已达到 1%。

三、微量元素含量

传统上认为烤烟为忌氯作物，可能是受历史上我国烟草的氯含量偏高，大多数黄淮烟区的植烟土壤存在着氯含量超标的威胁，与黑灰、熄火的卷烟时常报道有关。但近年来，北方烟区严格控制了含氯肥料的使用，烟叶氯含量大大降低，氯超标已不是一个严重的问题。烤烟氯的最佳含量范围为 0.5%~0.8%，而我国烤烟烟叶氯含量大都低于 0.5%，但仍有一些地方甚至大于 1.5%。由于氯是烤烟必需的营养元素，含量过低会导致烤烟光合能力降低，内含物不足，叶片薄而易碎，烟叶产量降低、品质变差。贵州、云南和河南都有一部分烟叶的氯含量低于 0.1%，对这部分烟田，应考虑适当的补充氯，以保证烤烟正常生理活动对氯的需求。

表 11-3 是我国烟叶其他微量元素含量情况。尽管河南烟区土壤全铁和有效铁含量均低于云南烟区，但铁在烟叶中含量河南略高于云南，这可能是由于生长在 pH 值较高土壤中的烟草根系能分泌出铁载体，从而活化土壤中的铁，这与温室盆栽的结果相吻合。因此，即使土壤铁的供应能力较差，烟草缺铁的可能性也较小。

表 11-3 微量元素含量（mg/kg）

项目	贵州	云南	河南	山东	安徽	辽宁	全国
铁含量	545.0	289.1	567.4	366.11	221.1	290	465.29
最小值	121	50	257	194	158	219	50

续表

项目	贵州	云南	河南	山东	安徽	辽宁	全国
最大值	1892	1251	1330	607	309	366	1892
锰含量	176.8	67.90	84.69	173.2	65.75	213.88	122.28
最小值	30	16	24	43	53	168	16
最大值	1384	326	170	625	76	257	1384
铜含量	13.21	14.31	23.56	13.62	14.64	20.97	17.25
最小值	3.73	4.22	7.47	5.71	7.78	15.31	3.73
最大值	65.3	56.64	98	73.43	30.84	31.8	98
锌含量	37.23	32.29	26.70	22.11	33.70	71.66	31.76
最小值	2.1	5.22	痕量	0.72	5.21	46.96	痕量
最大值	98.45	98	79.11	42	96.65	98.56	98.56
硼含量	16.34	26.66	31.87	27.79	35.26	25.13	25.68
最小值	5.68	9.99	11.11	14.22	25.07	19.19	5.68
最大值	39.14	47.17	99.99	40.54	46.39	32.58	99.99
钼含量	1.49	1.53	1.19	0.83	2.311	0.43	1.32
最小值	痕量	痕量	痕量	痕量	痕量	痕量	痕量
最大值	5.81	3.92	3.33	2.63	4.32	0.69	5.81
样本数	94	62	108	36	8	8	319

我国烟叶锰含量在地理上分布没有明显区别,南方和北方烟叶锰含量的变幅都特别大,在贵州出现了锰的最高值,达 1384 mg/kg,此时,烟叶有可能发生锰中毒。因此,在酸性较强的土壤上,应考虑施用石灰来降低土壤有效锰的含量。从总体上看,我国烟叶锰含量并不高,但高于报道的烤烟缺锰临界浓度。

在美国,一直存在对烤烟施用硫酸铜的习惯,有许多报道表明增施铜对烤烟产量和品质均有改善。烟叶铜含量通常在 15~21 mg/kg 内。由表 11-3 可知,我国烟叶铜基本上都处于正常值内,但贵州、云南、山东等省的烟叶均有 50% 以上烟叶铜含量低于 15 mg/kg,其他各省也都有许多烟叶铜含量较低。因此,我国烟叶生产中也可以考虑铜肥的施用。

一般烟叶的锌含量为 20~80 mg/kg,可见我国烟叶平均锌含量大多处于正常范围,在地区上,烟叶锌含量辽宁>贵州>安徽>云南>山东。烟叶锌含量主要与土壤 pH 值有关,所采辽宁烟叶基本上种植于 pH 值为 6 左右的棕壤上,安徽烟叶主要采自皖南的酸性红壤,贵州和云南土壤 pH 值较河南和山东低。河南有些烟叶的锌含量低得无法检测,土壤化验表明,河南有相当一部分土壤速效锌低于临界值。

烟叶硼含量一般为 10~40 mg/kg,我国烟叶硼含量均在此范围内。从地区上来说,我国烟叶硼含量是安徽>河南>山东>云南>辽宁>贵州,与我国土壤硼含量的分布规律基本一致,缺硼主要发生在南方地区。当烟株顶芽硼含量低于 15 mg/kg 时,烟株就可能出现缺硼症状。贵州烟叶硼含量最低,近一半烟叶硼含量低于 15 mg/kg。此外,江西、福建、广东、湖南等省均有烤烟缺硼现象。种植烤烟时，土壤缺硼临界值为 0.1 mg/kg。钼是植物必需微量元素中需要量最少的，钼在烟叶中的含量较低且变幅较大，我国烟叶钼含量地区南方略高于北方。

四、其他元素

钠不是烤烟必需的营养元素，但有研究认为钠可部分替代烤烟对钾的需求而对烤烟有益。由表 11-4 可知，河南烟叶平均钠含量明显高于其他省，达 576.1 mg/kg，以下依次为云南>贵州>山东，后面三省烟叶钠含量差别不大。研究表明，硝酸钠的增产效果好于施用硝酸钙，也好于硝酸铵。所以，硝酸钠是较好的烟草肥料。

有研究认为低浓度的铝对烟草生长速率有促进作用。我国烟叶铝含量以河南最高，以下依次为贵州、山东和云南。目前，铝在我国烤烟生产中对产量和质量并不具有特别意义。

镉对人畜及微生物有剧毒，对植物的毒性较小。磷肥中带有较高的镉，磷矿粉中更高。表 11-4 指出，云贵烟叶（特别是贵州烟）的镉含量远远超过了黄淮烟叶（为 2.3 倍），可能与云贵地区磷矿含镉较多有关。

表 11-4 我国烤烟其他元素含量（%）

项目	贵州	云南	河南	山东	全国
钠含量	288.0	325.6	576.1	284.9	399.0
最小值	22	23	161	102	22
最大值	1303	1078	1343	518	1388
铝含量	544.6	318.0	632.6	387.5	493.592
最小值	121	95	288	190	95
最大值	1833	1204	1341	715	1833
镉含量	3.021	1.401	1.008	1.242	1.667
最小值	0.55	0.52	0.2	0.85	0.2
最大值	9.99	4.01	1.92	2.12	9.99
样本数	70	54	100	28	255

第五节　烟草灰分

一、烟草灰分的概念

烟草燃烧时，各种有机物质发生蒸馏、热解、燃烧等反应，大多分解形成烟气而散去，剩余的就是一些矿质元素形成的灰分。烟草中含量较多的元素如碳、氢、氧、氮几乎全部形成气态化合物，如二氧化碳、一氧化碳、水蒸气、氮氧化物等烟气成分（氯和硫在燃吸的情况下也可能有一部分随烟气挥发掉），而灰分中的主要元素有钾、钙、镁、硫、氯、硅、铝、铁等。

严格地说，烟叶或者烟支自由燃烧生成的烟灰不叫作烟草灰分，因为自由燃烧不可能完全，一些有机物质仅停留在焦化、炭化程度，而没有完全氧化，所以生成的烟灰量要大于实际的烟草灰分。烟草灰分的概念是，烟草样品经初步灰化后放在特制的高温炉（如马弗炉）中，在 500~600℃ 的高温下灼烧灰化，发生一系列变化，水分及挥发物质以气态逸散，有机物质分解后，与有机物本身的氧和空气中的氧生成二氧化碳、氮的氧化物和水分而散失，残留的灰分包括金属的氧化物、氯化物、碳酸盐等，即为烟草总灰分。

烟草灰分元素一般不直接影响烟叶的吸食质量，灰分含量越高，相应的有机成分含量越低，有利于吸食质量的成分也就越少，因此，灰分含量越高，烟叶品质越差。

矿质元素除了对烟草生长发育和新陈代谢有生理意义外，主要与烟草的燃烧性有关。灰分颜色可表示烟叶燃烧状态及烟叶燃烧的完全程度。燃烧性好的卷烟应是凝聚性好的白灰。

二、烟草灰分与烟草类型的关系

不同类型的烟草其灰分含量差异较大，白肋烟和马里兰烟的灰分含量最高，可高达 20% 以上，烤烟灰分含量最低，一般在 10% 左右，香料烟灰分含量居中，在 15% 左右。不同类型烟草灰分中各种矿质元素含量的差别也很大，烤烟灰分中氧化钾含量较高，而白肋烟、马里兰烟和香料烟灰分中氧化钙含量高，在马里兰烟灰分中硫的含量相当高，可达 3.5% 左右，各种类型烟草灰分中磷的含量相接近。详细情况见表 11-5。

表 11-5　不同类型烟草灰分含量（%）

指标	烤烟	白肋烟	马里兰烟	香料烟
总灰分	10.81	24.53	21.98	14.78
Ca（以 CaO 计）	2.22	8.01	4.79	4.22
K（以 K_2O 计）	2.47	5.22	4.40	2.33
Mg（以 MgO 计）	0.36	1.29	1.03	0.69
P（以 P_2O_3 计）	0.51	0.57	0.53	0.47
Cl（以 Cl^- 计）	0.84	0.71	0.26	0.69
S（以 SO_4^{2-} 计）	1.23	1.98	3.34	1.40

三、烟草灰分与烟叶部位等的关系

对河南烤烟（40 级）各等级烟叶总灰分及主要矿质元素的含量研究结果表明，河南烤烟（40 级）各等级烟叶总灰分含量集中在 11%~16% 范围内；钾含量集中在 1.0%~1.5% 范围内；钙含量集中在 3.5%~5.5% 范围内；镁含量集中在 0.3%~0.6% 范围内；磷含量各等级间相接近，集中在 0.24%~0.35% 范围内；硫含量各等级间也较接近，集中在 0.22%~0.44% 范围内；氯含量各等级间差别较大，其范围在 0.3%~1.0%。

进一步分析后，得出如下规律。

（一）总灰分及主要矿质元素与烟叶部位的关系

烟叶部位不同，总灰分及主要矿质元素含量不同，见表 11-6。总灰分含量是下部>中部>

上部，下部高出的幅度较大，中、上部相差的幅度较小。钾含量是中部高，下部和上部接近；钙含量是下部>中部>上部，其规律与总灰分含量相似；镁含量是中部>下部>上部；磷含量是各部位间均较接近；硫含量上部>下部>中部；氯含量是下部>上部>中高，硫和氯含量低的烟叶综合质量高。

表11-6　总灰分及主要矿质元素含量（%）与烟叶部位的关系

烟叶部位	总灰分	钾	钙	镁	磷	硫	氯
下部	15.8	1.30	4.96	0.46	0.28	0.27	0.61
中部	13.6	1.41	4.27	0.53	0.27	0.25	0.43
上部	13.1	1.30	4.03	0.31	0.29	0.38	0.55

（二）总灰分及主要矿质元素与烟叶颜色的关系

下部烟叶总灰分和钙含量橘黄的高于柠檬黄的，钾、镁、硫、氯含量柠檬黄的高于橘黄的。中部烟叶总灰分及主要矿质元素含量柠檬黄的与橘黄的较接近。上部烟叶总灰分和钾含量随颜色加深而增加，即红棕>橘黄>柠檬黄。镁、磷、硫、氯含量橘黄>柠檬黄，颜色加深到红棕时呈无规律变化。值得一提的是，各部位烟叶磷含量虽然相接近，但是同部位均随颜色加深而增加，即红棕>橘黄>柠檬黄。上述规律见表11-7所示。

表11-7　总灰分及主要矿质元素含量（%）与烟叶颜色的关系

烟叶颜色	总灰分	钾	钙	镁	磷	硫	氯
下部柠檬黄	15.3	1.39	4.76	0.51	0.27	0.31	0.68
下部橘黄	16.3	1.21	5.17	0.41	0.30	0.24	0.55
中部柠檬黄	13.7	1.42	4.33	0.52	0.25	0.27	0.47
中部橘黄	13.3	1.40	4.20	0.53	0.29	0.27	0.39
上部柠檬黄	12.4	1.13	3.95	0.32	0.25	0.33	0.46
上部橘黄	12.8	1.32	3.42	0.34	0.30	0.39	0.48
上部红棕	14.4	1.48	3.98	0.33	0.32	0.33	0.78

（三）总灰分及主要矿质元素含量与烟叶成熟度的关系

从表11-8可以看出，成熟和尚熟烟叶的总灰分及主要矿质元素含量都较接近。钾含量随成熟度提高而增加，规律明显，即完熟>成熟>尚熟>欠熟；总灰分、钙和硫含量是完熟和欠熟的均较高，成熟和尚熟的均较低；镁和磷含量是完熟和欠熟的均较低，成熟和尚熟的均较高。

（四）总灰分及主要矿质元素含量与烟叶等级的关系

烟叶等级与总灰分及主要矿质元素含量有一定的关系。在同一组内，总灰分含量随着烟叶等级的升高而减少，中部柠檬黄组和中部橘黄组不明显，上部红棕组相反；镁含量随烟叶等级的升高而减少，上部柠檬黄组和上部橘黄组各等级间相接近，上部红棕组相反；磷含量随烟叶等级的升高而增高，规律明显；硫含量随烟叶等级的升高而减少，上部红棕组相反；氯含量随烟叶等级的升高而减少，上部杂色组相反。

表 11-8　总灰分及主要矿质元素含量（%）与烟叶成熟度的关系

烟叶成熟度	总灰分	钾	钙	镁	磷	硫	氯
完熟	14.2	1.34	4.58	0.38	0.26	0.51	0.51
成熟	13.6	1.35	4.21	0.40	0.29	0.31	0.77
尚热	13.5	1.30	4.17	0.37	0.27	0.31	0.77
欠熟	14.6	1.25	4.71	0.45	0.22	0.33	0.73

此外，烟草灰分及主要矿质元素的含量，还受气候特点、土壤理化特性和施肥、灌溉等栽培措施影响，但是其关系错综复杂，必须综合分析各种因素的影响，才能找出其规律性。

第六节　烟草燃烧性

一、烟草燃烧性

烟草燃烧性是指烟叶或烟支点燃后，在自由状态下无火焰燃烧的性能。它是烟叶或烟制品最为重要的物理特性。烟草燃烧性包括阴燃性、燃烧速度、燃烧均匀性、燃烧完全性以及烟灰的颜色和凝聚性。

阴燃是指无火焰燃烧，又称静燃和自由燃烧。阴燃性又称持火力，持火力延续时间越长，燃烧性越好。烟叶持火力在 2 s 以下，烟支持火力在 40 mm 以下，均被认为是熄火烟。

燃烧速度是指单位时间内烟叶及其制品燃去的面积、重量或长度。一般认为中等燃烧速度有利于燃吸。

燃烧均匀性是指烟叶及其制品在燃烧时，各部分保持均匀的速度。均匀的为好，它与阴燃持火力有关。

燃烧完全性是指烟叶及其制品所含物质充分燃烧的程度，燃烧充分完全的有利于吸食品质的发挥，反之则影响燃吸质量。燃烧是否完全可以从烟灰颜色来判断。

烟灰的颜色和凝聚性是指烟叶及其制品燃烧后剩余烟灰的颜色和凝结能力。烟灰以白色或灰白色为好，黑灰则较差，且与熄火相联系。烟灰凝聚不易过早散落者为好，反之则不好。

烟草的燃烧性直接关系到烟叶及其制品的质量。一般燃烧性好的烟叶或烟支其外观质量和内在质量均好，燃烧性不好的则较差。反之亦然。更重要的是烟草的燃烧性直接影响烟气中总粒相物、烟碱和总挥发性酚的量的多少，进而影响卷烟安全性。提高卷烟燃烧性可以减少焦油生成量。因此，研究烟草燃烧性对于提高烟制品的质量和安全性都是很有意义的。

二、影响因素

影响烟草燃烧性的因素较多，但主要是烟草水分含量、各种有机化学成分的含量及其比例关系、烟叶的组织结构、各种矿质元素的含量及其比例关系等。

（一）水分的影响

烟草水分含量对燃烧性影响很大，水分含量过高，烟叶或烟支燃烧速度慢，燃烧不完全，产生的烟气中水分含量大，各种内在质量发挥不出来，香气量小，劲头小，烟味平淡。水分含量过小，燃烧速度快，氧化反应进行剧烈，产生的烟气温度高，水分含量小，挥发、蒸馏、热解、合成等化学反应不能适当进行，产生的烟气灼热、辛辣，刺激性大，烟味浓烈，不易接受。

虽然烟草水分含量对燃烧性和烟气质量影响大，但是在加工过程中其水分含量易于改变和控制，易于达到人们所需要的适宜含量。例如成品烟支的水分含量控制在12.5%左右，既有利于燃烧性，又有利于内在质量的发挥。

（二）有机成分的影响

烟草中的有机物质是可燃成分，但是有的有机物质有利于燃烧，有的不利于燃烧，有些则无影响。利于燃烧的物质如纤维素、木质素等，使持火力增强，燃烧完全。水溶性的有机酸的钾盐和钠盐等也有利于燃烧。不利于燃烧的物质有蛋白质、淀粉和水溶性糖类，这些物质虽然可以燃烧，但是其燃烧性不好，持火力差，容易焦化和炭化，不易完全氧化而阻碍持续燃烧。含氮化合物的相对分子质量增加，阻止燃烧的效应增加。下部烟叶有机物质含量少，纤维素和木质素的含量比例高，含氮化合物的比例低，因而燃烧性好，上部烟叶则相反。

不利于燃烧的物质还有低分子氮素物质，例如含有酰胺基团的分子明显阻碍燃烧，发酵加工能够改善燃烧性的原因之一就是由于脱氨基作用。

（三）组织结构的影响

烟草的组织结构是影响燃烧性的重要因素。组织结构疏松的持火力强，质地紧实的持火力差。重而紧实的烟叶，无论其化学组成如何，都不能很好地燃烧。其原因是组织结构疏松的烟叶自然孔隙度大，透气性好，燃烧时可以维持空气的有效供应量，接触氧气机会多，燃烧充分完全。组织结构紧密的则相反。现代卷烟工艺技术例如膨胀技术，可有效地改善烟丝的组织结构，使之达到或接近田间生长时最大的细胞体积及其收缩后的细胞间隙，以增加自然孔隙度，增强燃烧性。这是目前广泛使用的最有效的提高烟草燃烧性的工艺技术。

（四）矿质元素的影响

烟草燃烧性受各种矿质元素含量及其比例关系的影响很大。一般说来，钾含量与燃烧性呈正相关，钾的助燃是由于它的催化作用，即在高温时形成过氧化物，稍低温时又分解放出氧，氧化其他物质而助燃。钙和镁能控制燃烧达到完全程度，并改变灰分的颜色使之发白。氯和硫被认为是阻燃因素，特别是氯，它通过减少钾的有机酸盐而间接影响燃烧性。在影响燃烧性的矿质元素中，钾和氯的影响最为重要，多元回归分析表明，钾的有利效应是氯的不利效应的1.2倍，优质烤烟钾含量应>2%，氯含量应<1.0%，钾/氯比值是表示烟叶燃烧性的简单又可靠的指标，其比值>1时烟叶不熄火，比值>2时燃烧性好。

此外，烟草生长过程中的环境因素对燃烧性也有影响。灌水有提高燃烧性的作用。在潮湿气候下生长的烟草其组织结构较疏松，有较高的含钾量和较低的含氯量、含硫量，因此燃烧性较好。对卷烟来说，烟支的松紧度和压降、盘纸的透气度和燃烧力，以及烟草添加剂的使用，也都会影响卷烟的燃烧性。

思 考 题

①简述烟草的元素组成。必需元素有哪些？主要的大量元素和微量元素有哪些？

②试述氮、磷、钾对烟草生长发育的生理作用？

③什么是烟草灰分？烟草灰分含量受哪些因素影响？

④烟叶及其制品的燃烧性包括哪些方面？其具体概念是什么？

⑤影响烟叶及其制品燃烧性的因素有哪些？其作用是什么？

参考文献

1. 闫克玉. 烟草化学 [M]. 郑州：郑州大学出版社，2002.

2. 韩富根. 烟草化学 [M]. 2版. 北京：中国农业出版社，2010.

3. 黄梅丽，江小梅. 食品化学 [M]. 北京：中国人民大学出版社，1986.

4. 邵颖，刘洋. 食品化学 [M]. 北京：中国轻工业出版社，2018.

5. 李汉超，王淑娴. 烟草·烟气化学及分析 [M]. 郑州：河南科学技术出版社，1991.

6. 闫克玉，李兴波，李成刚，等. 烤烟国家标准（40级）河南烟叶水浸液pH、总酸度和总挥发酸含量的研究 [J]. 烟草科技，1997（4）：17-18.

7. 张敦铁，殷发强，何佳文. 三种Amadori化合物的热解研究 [J]. 中国烟草学报，2006，12（2）：13-16.

8. 毛多斌，李山，牟定荣，等. 1-L-谷氨酸-1-脱氧-D-果糖的热裂解分析研究 [J]. 中国烟草学报，2014，20（2）：18-29.

9. 王林，周平，贺佩，等. 糖类物质对烟草香气品质的影响研究进展 [J]. 中国烟草科学，2021，42（6）：92-98.

10. 刘百战，徐玉田，孙哲建，等. 加料前后烟草中游离及糖苷结合态香味成分的分析研究 [J]. 中国烟草学报，1998，4（1）.

11. 段海波，解万翠，姜黎，等. 玫瑰醇-β-D-吡喃葡萄糖苷的卷烟增香及缓释作用 [J]. 烟草科技，2019，52（4）：57-64.

12. 符云鹏，刘国顺，刘学芝，等. 烤烟叶片发育过程中氨基酸含量变化的研究 [J]. 中国烟草学报，1998，4（1）.

13. 史宏志，刘国顺. 烟草香味学 [M]. 北京：中国农业出版社，1998.

14. 朱尊权等译. 烟草的生产、生理和生化学 [M]. 上海：上海远东出版社，1993.

15. 吴鸣，冼可法，赵明月. 云南烤烟中半挥发性碱性成分的分析 [J]. 中国烟草学报，1999，5（1）.

16. 李汉超，王淑娴. 烟草、烟气化学及分析 [M]. 郑州：河南科学技术出版社，1991.

17. 郭培国，李荣华，陈建军. 烟叶中FI蛋白的简捷提取技术及其氨基酸成分分析 [J]. 中国烟草学报，2000，6（2）.

18. 金闻博. 烟草化学分析与烟气分析 [M]. 南昌：江西科学技术出版社，1993.

19. 李宗平，覃光炯，陈茂胜，等. 不同调制方法对烟草烟碱转化及TSNA的影响 [J]. 中国生态农业学报，2015，23（10）：1268-1276.

20. 李娥贤，李超，余腾琼，等. 不同香型烟叶生物碱的差异规律 [J]. 福建农业学报，2017，32（9）：987-995.

21. 赵晓丹，鲁喜梅，史宏志，等. 不同烟草类型烟叶中性致香成分和生物碱含量差异 [J].

中国烟草科学，2012，33（2）：7-11.

22. 史宏志，黄元炯，刘国顺，等．我国烟草和卷烟生物碱含量和组成比例分析［J］．中国烟草学报，2001，7（2）.

23. 杨彩艳，莫丽娟，孙佩玲．烟草化学成分及生物活性研究现状［J］．天然产物研究与开发，2016，28（10）：1657-1663，1621.

24. 金云峰，李军营，张建波，等．烟草烟碱代谢的生化和分子机制及其调控［J］．基因组学与应用生物学，2015，34（4）：882-891.

25. 明宁宁，郭俊成，刘强，等．烟草中生物碱的提取和分析方法研究进展［J］．中国烟草学报，2007，13（3）：64-70.

26. 易建华，吕芬，杨焕文．烟草中烟碱形成及影响因素［J］．西南农业学报，2004，17（S1）：259-262.

27. 张真娜，张桂治．烟碱对帕金森病治疗的潜在作用［J］．中国烟草学报，2013，19（6）：114-119.

28. 戚元成，刘卫群．烟碱生物合成分子机制的研究进展［J］．中国烟草学报，2011，17（1）：87-94.

29. 王俊，史宏志，靳彤，等．烟叶生物碱组成差异对白肋烟高温贮藏前后 TSNAs 形成的影响［J］．中国烟草学报，2017，23（6）：69-76.

30. 刘非，胡海洲，徐志强，等．烤烟烟叶石油醚提取物与感官舒适度的关系［J］．安徽农业大学学报，2015，42（3）：484-488.

31. 肖艳霞，朱金峰，许自成，等．烤烟石油醚提取物含量影响因素的研究概况［J］．江西农业学报，2011，23（11）：85-88.

32. 师君丽，孔光辉，李勇，等．烤烟种子中有机酸的气相色谱法分析及聚类分析［J］．西南农业学报，2014，27（6）：2650-2653.

33. 马丽伊，徐志强，田振峰，等．LC-MS/MS 法测定烟草中 7 种高级脂肪酸［J］．中国烟草学报，2018，24（6）：1-8.

34. KOIWAI A, KISAKI T. Changes in glycolipids and phospholipids of tobacco leaves during flue-curing［J］. Agricultural and Biological Chemistry，1979，43（3）：597-602.

35. 贾春晓，李博，魏涛，等．UPLC-MS" 法分析烟叶中蔗糖四酯类化合物［J］．烟草科技，2017，50（10）：55-61.

36. SEVERSON R F, ARRENDALE R F, CHORTYK O T, et al. Quantitation of the major cuticular components from green leaf of different tobacco types［J］. Journal of Agricultural and Food Chemistry，1984，32（3）：566-570.

37. SEVERSON R F, ARRENDALE R F, CHORTYK O T, et al. Isolation and characterization of the sucrose esters of the cuticular waxes of green tobacco leaf［J］. Journal of Agricultural and Food Chemistry，1985，33（5）：870-875.

38. 刘少民，周桂园，方力，等．烟草中植物甾醇的形态及分布［J］．烟草科技，2009，42（1）：29-36，42.

39. YAN N, DU Y M, LIU X M, et al. A review on bioactivities of tobaccocembranoid diterpenes［J］. Biomolecules，2019，9（1）：30.

40. WAHLBERG I, FORSBLOM I, VOGT C, et al. Tobacco chemistry. LXII：Five newcembranoids from tobacco ［J］. Journal of Organic Chemistry, 1985, 50：4527-4538.

41. HIEDA T, MIKAMI Y, OBI Y, et al. Microbial transformation of the labdanes, cis-abienol and sclareol ［J］. Agricultural and Biological Chemistry, 1983, 47：243-250.

42. 黄婷婷, 王静, 符云鹏. 烟草赖百当二萜代谢调控机制研究进展 ［J］. 中国烟草学报, 2019, 25 (1)：105-110.

43. 吴丽君, 刘玮, 曹金莉, 等. 大理红花大金元烟叶中醇类香气物质含量差异的研究 ［J］. 中国烟草科学, 2012, 33 (6)：71-74.

44. 赵嘉幸, 陈黎, 任宗灿, 等. GC-MS/MS 法测定烟草中的 57 种酯类香味成分 ［J］. 烟草科技, 2019, 52 (12)：39-49.

45. 郑阳, 许秀丽, 纪顺利, 等. 固相萃取结合气相色谱-串联质谱法测定烟草制品中 23 种酯类香料 ［J］. 色谱, 2016, 34 (5)：512-519.

46. 张梦玥, 史宏志, 毕艳玖, 等. 白肋烟、晒烟和烤烟烟叶在 6 年贮藏过程中主要酮类香气成分的变化趋势 ［J］. 中国烟草学报, 2018, 24 (5)：23-34.

47. 闫甜甜, 王晓瑜, 彭桂新, 等. 高分辨 GC-QTOF MS 法分析烟草中的醛酮类香味成分 ［J］. 烟草科技, 2020, 53 (3)：36-49, 81.

48. BOLT ANTHONY J N, PURKIS STEPHEN W, SADD JOHN S. Adamascone derivative from Nicotiana tabacum ［J］. Phytochemistry, 1983, 22 (2)：613-614.

49. JOHNSON R R, NICHOLSON J A. The structure, chemistry, and synthesis of solanone. A new anomalous terpenoid ketone from Tobacco1 ［J］. J Org Chem, 2002, 30 (9)：2918-2921.

50. 王全宏. 矿质元素对烟草生产的影响与对策分析 ［J］. 黑龙江科技信息, 2012 (18)：57.

51. 张涵, 祖庆学, 聂忠扬, 等. 铵态氮/硝态氮配比对烤烟生长以及碳氮代谢和水溶性氮含量的影响 ［J］. 江苏农业科学, 2022, 50 (7)：73-77.

52. 李翠英. 烟草缺钾症的诊断及治疗方法研究 ［J］. 种子科技, 2020, 38 (18)：96-97.

53. 吴庚福, 黄振瑞, 陈迪文, 等. 不同类型磷肥对土壤磷素形态和烟草生长的影响 ［J］. 中国烟草科学, 2021, 42 (6)：1-7.

54. 王佩云, 李璐, 陈照峰, 等. 钙、镁、铁亏缺对烟草生长和生理指标的影响 ［J］. 湖南农业科学, 2022 (10)：21-24.

55. 王林, 周红审, 王昊, 等. 烟叶中微量元素差异及其与外观品质关联分析 ［J］. 烟草科技, 2021, 54 (3)：9-16.

56. 刘崇盛, 张丽娜, 许利平, 等. 微量元素对烟叶品质的影响研究进展 ［J］. 农产品加工, 2020 (11)：72-74.

57. 冉法芬, 许自成, 李东亮, 等. 我国主产烟区烤烟钾、氯、钾氯比与评吸质量的关系分析 ［J］. 西南农业学报, 2010, 23 (4)：1147-1150.

58. 胡国松, 赵元宽, 曹志洪, 等. 我国主要产烟省烤烟元素组成和化学品质评价 ［J］. 中国烟草学报, 1997, 3 (1).

59. 周顺, 宁敏, 王孝峰, 等. 烤烟烟叶主要元素与燃烧热关系研究 ［J］. 中国烟草学报, 2015, 21 (2)：35-39.